人工智能技术丛书

TensorFlow
语音识别实战

王晓华 著

清华大学出版社
北京

内 容 简 介

本书使用新的 TensorFlow 2 作为语音识别的基本框架，引导读者入门并掌握基于深度学习的语音识别基本理论、概念以及实现实际项目。全书内容循序渐进，从搭建环境开始，逐步深入理论、代码及应用实践，是语音识别技术图书的首选。

本书分为 10 章，内容包括语音识别概况与开发环境搭建、TensorFlow 和 Keras、深度学习的理论基础、卷积层与 MNIST 实战、TensorFlow Datasets 和 TensorBoard 详解、ResNet 模型、使用循环神经网络的语音识别实战、有趣的词嵌入实战、语音识别中的转换器实战、语音汉字转换实战。

本书内容详尽、示例丰富，适合作为语音识别和深度学习初学者必备的参考书，同时非常适合作为高等院校和培训机构人工智能及相关专业师生的参考教材。

本书封面贴有清华大学出版社防伪标签，无标签者不得销售。
版权所有，侵权必究。举报：010-62782989，beiqinquan@tup.tsinghua.edu.cn。

图书在版编目（CIP）数据

TensorFlow 语音识别实战/王晓华著. —北京：清华大学出版社，2021.7（2024.1 重印）
（人工智能技术丛书）
ISBN 978-7-302-58485-8

Ⅰ．①T… Ⅱ．①王… Ⅲ．①人工智能－算法 Ⅳ．①TP18

中国版本图书馆 CIP 数据核字（2021）第 121706 号

责任编辑：夏毓彦
封面设计：王　翔
责任校对：闫秀华
责任印制：沈　露

出版发行：清华大学出版社
网　　址：https://www.tup.com.cn，https://www.wqxuetang.com
地　　址：北京清华大学学研大厦 A 座
邮　　编：100084
社 总 机：010-83470000
邮　　购：010-62786544
投稿与读者服务：010-62776969，c-service@tup.tsinghua.edu.cn
质量反馈：010-62772015，zhiliang@tup.tsinghua.edu.cn
印 装 者：三河市龙大印装有限公司
经　　销：全国新华书店
开　　本：190mm×260mm　　印　张：16.75　　字　数：429 千字
版　　次：2021 年 8 月第 1 版　　印　次：2024 年 1 月第 4 次印刷
定　　价：69.00 元

产品编号：092579-01

前　言

自动语音识别（Automatic Speech Recognition，ASR）简称为语音识别，是目前科学界、互联网界和工业界研究的一大技术热点及重点方向，也是很有前途和广阔发展空间的一大新兴技术领域。语音识别可以看成一种广义的自然语言处理技术，目的是辅助人与人之间、人与机器之间更有效的交流。语音识别目前已经应用在人们生活中的各个方面，常用的有文字转语音、语音转文字等。

随着深度学习在图像处理中获得成功，科研人员尝试使用深度学习解决语音识别的问题，因为这两个领域的相关特征信息都是相对低层次的，可以借助深度学习的强大学习能力学习其中的复杂信息，目前来看这个尝试是成功的，深度学习同样能够帮助语音识别取得长足进步。

本书选用 TensorFlow 2.1 作为深度学习的框架，从 TensorFlow 2 的基础语法开始，到使用 TensorFlow 2 进行深度学习语音识别程序的设计和实战编写，全面介绍使用 TensorFlow 2 进行语音识别实战的核心技术及其相关知识，内容全面而翔实。

本书并不是一本简单的实战"例题"性图书，本书在讲解和演示实例代码的过程中，对 TensorFlow 2 的核心内容进行深入分析，重要内容均结合代码进行实战讲解，围绕深度学习基本原理介绍了大量实战案例，读者通过这些案例可以深入地了解和掌握深度学习和 TensorFlow 2 的相关技术，并对使用深度学习进行语音识别进一步掌握。

本书是一本面向初级和中级读者的优秀教程。通过本书的学习，读者能够掌握使用深度学习进行语音识别的基本技术和在 TensorFlow 2 框架下使用神经网络的知识要点，掌握从基于深度学习的语音识别模型的构建到语音识别应用程序的编写这一整套开发技巧。

本书特色

（1）重实践，讲原理。本书立足于深度学习，以语音识别实战为目的进行讲解，提供了完整可运行的语音识别全套代码，并对其基本原理进行讲解，读者可以直接将其应用到实际生产环境中。

（2）版本新，易入门。本书详细介绍 TensorFlow 2 的安装及使用、默认 API 以及官方所推荐的 Keras 编程方法与技巧。

（3）作者经验丰富，代码编写细腻。作者是长期奋战在科研和工业界的一线算法设计和程序编写人员，实战经验丰富，对代码中可能会出现的各种问题和"坑"有丰富的处理经验，使得读者能够少走很多弯路。

(4）理论扎实，深入浅出。在代码设计的基础上，本书还深入浅出地介绍了深度学习需要掌握的一些基本理论知识，作者通过公式与图示结合的方式对理论进行介绍，方便读者快速理解。

(5）对比多种应用方案，实战案例丰富。本书采用了大量的实例，同时提供了一些实现同类功能的其他解决方案，覆盖了使用 TensorFlow 2 进行深度学习开发的常用技术。

本书内容及知识体系

本书完整介绍使用 TensorFlow 2.1 进行语音识别的方法和一些进阶教程，基于 TensorFlow 2 版本的新架构模式和框架进行讲解，主要内容如下：

第 1 章详细介绍 TensorFlow 2 版本的安装方法以及对应的运行环境的安装，通过一个例子验证 TensorFlow 2 的安装效果，并将其作为贯穿全书学习的主线。同时介绍了 TensorFlow 2 硬件的采购，记住一块能够运行 TensorFlow 2 GPU 版本的显卡能让你的学习和工作事半功倍。

第 2 章是本书的重点，从模型的设计开始，循序渐进地介绍 TensorFlow 2 的编程方法，包括结合 Keras 进行 TensorFlow 2 模型设计的完整步骤，以及自定义层的方法。本章内容看起来很简单，却是本书的基础和核心精华，读者一定要反复阅读，认真掌握所有内容和代码的编写方法。

第 3 章是 TensorFlow 2 的理论部分，介绍反馈神经网络的实现和两个核心算法，通过图示结合理论公式的方式详细地介绍理论和原理，并手动实现了一个反馈神经网络。

第 4 章详细介绍卷积神经网络的原理和各个模型的使用及自定义内容，讲解借助卷积神经网络算法构建一个简单的 CNN 模型进行 MNIST 数字识别。

第 5 章是 TensorFlow 2 新版本的数据读写部分，详细介绍使用 TensorFlow 2 自带的 Dataset API 对数据进行序列化存储，并通过简单的想法对数据重新读取，以及调用程序的方法。

第 6 章介绍 ResNet 的基本思想和内容，ResNet 是一个具有里程碑性质的框架，标志着粗犷的卷积神经网络设计向着精确化和模块化的方向转化。ResNet 本身的程序编写非常简单，但是其中蕴含的设计思想却是跨越性的。

第 7 章主要介绍自然语言处理的一个基本架构——循环神经网络进行语音识别的方法，这与第 6 章的内容互补，可以加深读者对深度学习中不同模块和架构的理解。

第 8 章主要介绍自然语言处理基本的词嵌入的训练和使用，从一个有趣的问题引导读者从文本清洗开始，到词嵌入的计算，以及利用文本的不同维度和角度对文本进行拆分。

第 9 章介绍更为细化的自然语言处理部分，总结和复习本书前面所学习的内容，并使用深度学习工具实现一个"解码器"，从而解决拼音到文字的转换。这一章的目的是对前期内容的总结，也为下一章语音识别的转换部分打下基础。

第 10 章是本书的最后一章，着重介绍语音识别的应用理论和实现方法，并带领读者完整地实现一个语音文字转换的实战案例。此实战案例既可以作为学习示例使用，又可以作为实际应用的程序进行移植。

适合阅读本书的读者

- 语音识别初学者。
- 深度学习初学者。
- 机器学习初学者。
- 高等院校人工智能专业的师生。
- 专业培训机构的学员。
- 其他对智能化、自动化感兴趣的技术人员。

源码、数据集、开发环境下载和技术支持

本书配套的资源请用微信扫描右边的二维码下载,也可按扫描出来的页面填写自己的邮箱,把链接转发到邮箱中下载。如果学习本书的过程中发现问题,可发送邮件至 booksaga@163.com,邮件主题填写"TensorFlow 语音识别实战"。

勘误和鸣谢

由于笔者的水平有限,加之编写时间跨度较长,同时 TensorFlow 版本演进较快,在编写此书的过程中难免会出现不准确的地方,恳请读者批评指正。

感谢所有编辑在本书编写中提供的无私帮助和宝贵建议,正是他们的耐心和支持才让本书得以顺利出版。感谢家人对我的支持和理解,这些都给了我莫大的动力,让我的努力更加有意义。

著　者
2021 年 5 月

目　　录

第 1 章　语音识别之路 ·· 1

1.1　何谓语音识别 ··· 1
1.2　语音识别为什么难——语音识别的发展历程 ··· 2
  1.2.1　高斯混合－隐马尔科夫时代 ··· 3
  1.2.2　循环神经网络－隐马尔科夫时代 ··· 4
  1.2.3　基于深度学习的端到端语音识别时代 ··· 5
1.3　语音识别商业化之路的三个关键节点 ··· 5
1.4　语音识别的核心技术与行业发展趋势 ··· 7
1.5　搭建环境 1：安装 Python ··· 8
  1.5.1　Anaconda 的下载与安装 ··· 8
  1.5.2　Python 编译器 PyCharm 的安装 ··· 11
  1.5.3　使用 Python 计算 softmax 函数 ··· 14
1.6　搭建环境 2：安装 TensorFlow 2.1 ··· 15
  1.6.1　安装 TensorFlow 2.1 的 CPU 版本 ··· 15
  1.6.2　安装 TensorFlow 2.1 的 GPU 版本 ··· 15
  1.6.3　练习——Hello TensorFlow ··· 18
1.7　实战——基于特征词的语音唤醒 ··· 19
  1.7.1　第一步：数据的准备 ··· 19
  1.7.2　第二步：数据的处理 ··· 20
  1.7.3　第三步：模型的设计 ··· 21
  1.7.4　第四步：模型的数据输入方法 ··· 22
  1.7.5　第五步：模型的训练 ··· 24
  1.7.6　第六步：模型的结果和展示 ··· 25
1.8　本章小结 ··· 25

第 2 章　TensorFlow 和 Keras ·· 26

2.1　TensorFlow 和 Keras ··· 26
  2.1.1　模型 ··· 27
  2.1.2　使用 Keras API 实现鸢尾花分类（顺序模式） ··································· 27
  2.1.3　使用 Keras 函数式编程实现鸢尾花分类（重点） ··································· 30

|　　2.1.4　使用保存的 Keras 模式对模型进行复用 ································· 33
|　　2.1.5　使用 TensorFlow 标准化编译对 iris 模型进行拟合 ····················· 34
|　　2.1.6　多输入单一输出 TensorFlow 编译方法（选学）······················· 38
|　　2.1.7　多输入多输出 TensorFlow 编译方法（选学）······················· 41
|　2.2　全连接层详解 ·· 43
|　　2.2.1　全连接层的定义与实现 ·· 43
|　　2.2.2　使用 TensorFlow 自带的 API 实现全连接层 ······························ 44
|　　2.2.3　打印显示已设计的 Model 结构和参数 ······································ 48
|　2.3　懒人的福音——Keras 模型库 ·· 49
|　　2.3.1　ResNet50 模型和参数的载入 ··· 50
|　　2.3.2　使用 ResNet50 作为特征提取层建立模型 ·································· 52
|　2.4　本章小结 ·· 54

第 3 章　深度学习的理论基础 ·· 55

|　3.1　BP 神经网络简介 ··· 55
|　3.2　BP 神经网络两个基础算法详解 ··· 59
|　　3.2.1　最小二乘法详解 ·· 59
|　　3.2.2　道士下山的故事：梯度下降算法 ··· 61
|　3.3　反馈神经网络反向传播算法 ·· 63
|　　3.3.1　深度学习基础 ··· 64
|　　3.3.2　链式求导法则 ··· 65
|　　3.3.3　反馈神经网络原理与公式推导 ··· 66
|　　3.3.4　反馈神经网络的激活函数 ··· 71
|　　3.3.5　反馈神经网络的 Python 实现 ··· 72
|　3.4　本章小结 ·· 76

第 4 章　卷积层与 MNIST 实战 ··· 77

|　4.1　卷积运算的基本概念 ·· 77
|　　4.1.1　卷积运算 ·· 78
|　　4.1.2　TensorFlow 中卷积函数实现详解 ·· 79
|　　4.1.3　池化运算 ·· 82
|　　4.1.4　softmax 激活函数 ··· 83
|　　4.1.5　卷积神经网络原理 ·· 84
|　4.2　编程实战：MNIST 手写体识别 ·· 86
|　　4.2.1　MNIST 数据集 ··· 86

  4.2.2 MNIST 数据集特征和标签介绍 ······································· 88

  4.2.3 TensorFlow 2.X 编程实战：MNIST 数据集 ···························· 90

  4.2.4 使用自定义的卷积层实现 MNIST 识别 ······························ 95

 4.3 本章小结 ··· 98

第 5 章 TensorFlow Datasets 和 TensorBoard 详解 ······················· 99

 5.1 TensorFlow Datasets 简介 ··· 99

  5.1.1 Datasets 数据集的安装 ·· 101

  5.1.2 Datasets 数据集的使用 ·· 101

 5.2 Datasets 数据集的使用——FashionMNIST ····························· 103

  5.2.1 FashionMNIST 数据集下载与展示 ································· 104

  5.2.2 模型的建立与训练 ··· 106

 5.3 使用 Keras 对 FashionMNIST 数据集进行处理 ·························· 108

  5.3.1 获取数据集 ··· 108

  5.3.2 数据集的调整 ··· 109

  5.3.3 使用 Python 类函数建立模型 ····································· 109

  5.3.4 Model 的查看和参数打印 ··· 111

  5.3.5 模型的训练和评估 ··· 112

 5.4 使用 TensorBoard 可视化训练过程 ····································· 114

  5.4.1 TensorBoard 文件夹的设置 ······································· 115

  5.4.2 TensorBoard 的显式调用 ··· 115

  5.4.3 TensorBoard 的使用 ··· 118

 5.5 本章小结 ··· 121

第 6 章 从冠军开始：ResNet ·· 122

 6.1 ResNet 基础原理与程序设计基础 ······································· 123

  6.1.1 ResNet 诞生的背景 ·· 123

  6.1.2 模块工具的 TensorFlow 实现——不要重复造轮子 ·················· 126

  6.1.3 TensorFlow 高级模块 layers 用法简介 ······························ 126

 6.2 ResNet 实战：CIFAR-100 数据集分类 ·································· 134

  6.2.1 CIFAR-100 数据集简介 ·· 134

  6.2.2 ResNet 残差模块的实现 ·· 136

  6.2.3 ResNet 网络的实现 ·· 139

  6.2.4 使用 ResNet 对 CIFAR-100 数据集进行分类 ························ 142

 6.3 ResNet 的兄弟——ResNeXt ·· 143

6.3.1　ResNeXt 诞生的背景 ··· 143
6.3.2　ResNeXt 残差模块的实现 ··· 145
6.3.3　ResNeXt 网络的实现 ··· 146
6.3.4　ResNeXt 和 ResNet 的比较 ·· 148
6.4　本章小结 ··· 149

第 7 章　使用循环神经网络的语音识别实战 ································ 150

7.1　使用循环神经网络的语音识别 ··· 150
7.2　长短期记忆网络 ·· 151
　　7.2.1　Hochreiter、Schmidhuber 和 LSTM ······················· 152
　　7.2.2　循环神经网络与长短时间序列 ····························· 153
　　7.2.3　LSTM 的处理单元详解 ······································· 154
　　7.2.4　LSTM 的研究发展 ··· 157
　　7.2.5　LSTM 的应用前景 ··· 158
7.3　GRU 层详解 ··· 159
　　7.3.1　TensorFlow 中的 GRU 层详解 ······························· 160
　　7.3.2　单向不行，那就双向 ··· 160
7.4　站在巨人肩膀上的语音识别 ··· 161
　　7.4.1　使用 TensorFlow 自带的模型进行文本分类 ············· 162
　　7.4.2　用 VGGNET 替换 ResNet 是否可行 ······················· 164
7.5　本章小结 ··· 165

第 8 章　梅西-阿根廷+意大利=？：有趣的词嵌入实战 ················· 166

8.1　文本数据处理 ··· 167
　　8.1.1　数据集介绍和数据清洗 ······································ 167
　　8.1.2　停用词的使用 ·· 169
　　8.1.3　词向量训练模型 Word2Vec 使用介绍 ···················· 172
　　8.1.4　文本主题的提取：基于 TF-IDF（选学） ················ 175
　　8.1.5　文本主题的提取：基于 TextRank（选学） ············· 179
8.2　更多的 Word Embedding 方法——fastText 和预训练词向量 ···· 181
　　8.2.1　fastText 的原理与基础算法 ································· 182
　　8.2.2　fastText 训练以及与 TensorFlow 2.X 的协同使用 ······ 183
　　8.2.3　使用其他预训练参数做 TensorFlow 词嵌入矩阵（中文） ··· 189
8.3　针对文本的卷积神经网络模型：字符卷积 ························· 191
　　8.3.1　字符（非单词）文本的处理 ································ 191

8.3.2 卷积神经网络文本分类模型的实现：conv1d（一维卷积） 199
8.4 针对文本的卷积神经网络模型：词卷积 200
8.4.1 单词的文本处理 201
8.4.2 卷积神经网络文本分类模型的实现：conv2d（二维卷积） 203
8.5 使用卷积对文本分类的补充内容 206
8.5.1 汉字的文本处理 207
8.5.2 其他的一些细节 209
8.6 本章小结 210

第 9 章 从拼音到汉字——语音识别中的转换器 211

9.1 编码器的核心：注意力模型 212
9.1.1 输入层——初始词向量层和位置编码器层 212
9.1.2 自注意力层（重点） 214
9.1.3 ticks 和 LayerNormalization 218
9.1.4 多头自注意力 219
9.2 构建编码器架构 222
9.2.1 前馈层的实现 223
9.2.2 编码器的实现 224
9.3 实战编码器——汉字拼音转化模型 228
9.3.1 汉字拼音数据集处理 228
9.3.2 汉字拼音转化模型的确定 230
9.3.3 模型训练部分的编写 234
9.3.4 推断函数的编写 235
9.4 本章小结 237

第 10 章 实战——基于 MFCC 和 CTC 的语音汉字转换 238

10.1 语音识别的理论基础 1——MFCC 238
10.2 语音识别的理论基础 2——CTC 245
10.3 实战——语音汉字转换 247
10.3.1 数据集 THCHS-30 简介 247
10.3.2 数据集的提取与转化 248
10.4 本章小结 256

第 1 章

语音识别之路

如果读者初识语音识别，本章就显得格外重要了。本章内容都是语音识别的前置知识，一开始并不讲述如何使用深度学习或TensorFlow进行语音的识别和处理，而是向读者初步介绍语音识别的基本研究方向和最新趋势。读者在阅读完这些内容后，会对自然语言处理有一个大概的了解。之后本章讲解基础的环境搭建，让读者能动手编写初级的代码。最后通过一个接地气的实战，让读者对自然语言的理论和代码融会贯通。

1.1 何谓语音识别

语音识别技术是将声音转化成文字的一种技术，类似于人类的耳朵，拥有听懂他人说话的内容并将其转换成可以辨识的内容的能力。

不妨设想如下场景：

当你加完班回到家中，疲惫地躺在沙发上，随口一句"打开电视"，沙发前的电视按命令开启，然后一个温柔的声音问候你，"今天想看什么类型的电影？"或者主动向你推荐目前流行的一些影片。

这些都是语音识别所能够处理的场景，虽然看似科幻，但是实际上这些场景已经不再是以往人们的设想，正在悄悄地走进你我的生活。

2018年，谷歌在开发者大会上演示了一个预约理发店的聊天机器人，语气惟妙惟肖，表现相当令人惊艳。相信很多读者都接到过人工智能的推销电话，不去仔细分辨的话，根本不知道电话那头只是一个能够做出语音处理的聊天机器人程序。

"语音转换""人机对话""机器人客服"是语音识别应用广泛的三部分，也是商业价值较高的一些方向。此外，还有看图说话等一些带有娱乐性质的应用。这些统统是语音识别技术的应用。

语音识别通常称为自动语音识别（Automatic Speech Recognition，ASR），主要是将人类语音中的词汇内容转换为计算机可读的输入，一般都是可以理解的文本内容，也有可能是二进制编码或者字符序列。

语音识别是一项融合多学科知识的前沿技术，覆盖了数学与统计学、声学与语言学、计算机与人工智能等基础学科和前沿学科，是人机自然交互技术中的关键环节。但是，语音识别自诞生以来的半个多世纪，一直没有在实际应用过程得到普遍认可。一方面，语音识别技术存在缺陷，其识别精度和速度都达不到实际应用的要求；另一方面，业界对语音识别的期望过高，实际上语音识别与键盘、鼠标或触摸屏等应该是融合关系，而非替代关系。

深度学习技术自2015年兴起之后，已经取得了长足进步。语音识别的精度和速度取决于实际应用环境，但在安静环境、标准口音、常见词汇场景下的语音识别率已经超过95%，意味着具备了与人类相仿的语言识别能力，而这也是语音识别技术当前发展比较火热的原因。

随着技术的发展，现在口音、方言、噪声等场景下的语音识别也达到了可用状态，特别是远场语音识别已经随着智能音箱的兴起，成为全球消费电子领域应用最成功的技术之一。由于语音交互提供了更自然、更便利、更高效的沟通形式，因此语音必定成为未来主要的人机互动接口之一。

当然，当前技术还存在很多不足，如对于强噪声、超远场、强干扰、多语种、大词汇等场景下的语音识别还需要很大的提升；另外，多人语音识别和离线语音识别也是当前需要重点解决的问题。虽然语音识别还无法做到无限制领域、无限制人群的应用，但是至少从应用实践中我们看到了一些希望。当然，实际上自然语言处理并不限于上文所说的这些，随着人们对深度学习的了解，更多应用正在不停地开发出来，相信读者会亲眼见证这一切的发生。

1.2 语音识别为什么难——语音识别的发展历程

现代语音识别可以追溯到1952年，Davis等人研制了世界上第一个能识别10个英文数字发音的实验系统，从此正式开启了语音识别的技术发展进程。语音识别发展到今天已经有70多年，它从技术方向上大体可以分为三个阶段。

图1.1所示是1993~2017年在Switchboard上语音识别率的进展情况。从图中可以看出，1993～2009年，语音识别一直处于高斯混合－隐马尔科夫（GMM-HMM）时代，语音识别率提升缓慢，尤其是2000～2009年，语音识别率基本处于停滞状态；2009年，随着深度学习技术，特别是循环神经网络（DNN）的兴起，语音识别框架变为循环神经网络-隐马尔科夫（DNN-HMM），并且使得语音识别进入了神经网络深度学习时代，语音识别精准率得到了显著提升；2015年以后，由于"端到端"技术兴起，语音识别进入了百花齐放时代，语音界都在训练更深、更复杂的网络，同时利用端到端技术进一步大幅提升了语音识别的性能，直到2017年，微软在Switchboard上达到词错误率5.1%，从而让语音识别的准确性首次超越了人类，当然这是在一定限定条件下的实验结果，还不具有普遍代表性。

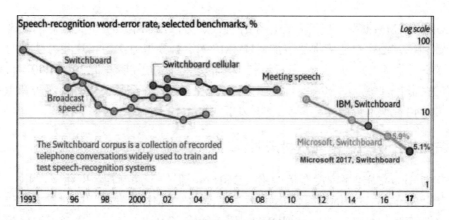

图 1.1　不同时代的语音识别

1.2.1　高斯混合－隐马尔科夫时代

20世纪70年代，语音识别主要集中在小词汇量、孤立词识别方面，使用的方法也主要是简单的模板匹配方法，即首先提取语音信号的特征构建参数模板，然后将测试语音与参考模板参数一一进行比较和匹配，取距离最近的样本所对应的词标注为该语音信号的发音。该方法对解决孤立词识别是有效的，但对大词汇量、非特定人的连续语音识别就无能为力。因此，进入80年代后，研究思路发生了重大变化，从传统的基于模板匹配的技术思路开始转向基于统计模型（HMM）的技术思路。

HMM的理论基础在1970年前后就已经由Baum等人建立起来，随后由CMU的Baker和IBM的Jelinek等人将其应用到语音识别中。HMM模型假定一个音素含有3~5个状态，同一状态的发音相对稳定，不同状态间可以按照一定概率进行跳转，某一状态的特征分布可以用概率模型来描述，使用最广泛的模型是GMM。因此，在GMM-HMM框架中，HMM描述的是语音的短时平稳的动态性，GMM用来描述HMM每一状态内部的发音特征，如图1.2所示。

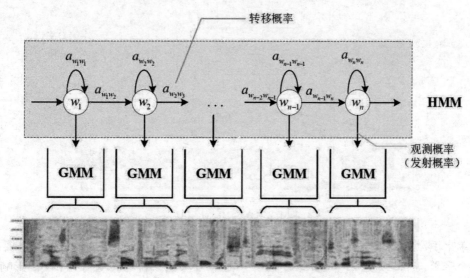

图 1.2　GMM-HMM 语音识别模型

基于GMM-HMM框架，研究者提出了各种改进方法，如结合上下文信息的动态贝叶斯方法、区分性训练方法、自适应训练方法、HMM/NN混合模型方法等。这些方法都对语音识别研究产生了深远影响，并为下一代语音识别技术的产生做好了准备。自20世纪90年代语音识别声学模型的区分性训练准则和模型自适应方法被提出以后，在很长一段时间内语音识别的发展都比较缓慢，语音识别错误率一直没有明显的下降。

1.2.2 循环神经网络－隐马尔科夫时代

2006年，Hinton提出了深度置信网络（DBN），促使了深度神经网络（DNN）研究的复苏。2009年，Hinton将DNN应用于语音的声学建模，在TIMIT上获得了当时最好的结果。2011年底，微软研究院的俞栋、邓力又把DNN技术应用在了大词汇量连续语音识别任务上，大大降低了语音识别的错误率。从此，语音识别进入DNN-HMM时代。

DNN-HMM主要是用DNN模型代替原来的GMM模型，对每一个状态进行建模，如图1.3所示。DNN带来的好处是不再需要对语音数据分布进行假设，将相邻的语音帧拼接，又包含了语音的时序结构信息，使得对于状态的分类概率有了明显提升，同时DNN还具有强大的环境学习能力，可以提升对噪声和口音的鲁棒性。

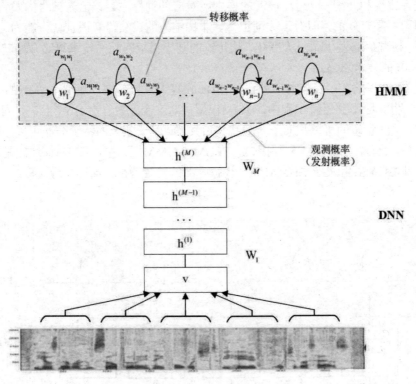

图1.3 DNN-HMM模型

简单来说，DNN就是给出输入的一串特征所对应的状态概率。由于语音信号是连续的，不仅各个音素、音节以及词之间没有明显的边界，各个发音单位还会受到上下文的影响。虽然拼帧可以增加上下文信息，但对于语音来说还是不够。而递归神经网络（RNN）的出现可以记住更多历史信息，更有利于对语音信号的上下文信息进行建模。

1.2.3 基于深度学习的端到端语音识别时代

随着深度学习的发展，语音识别由DNN-HMM时代发展到基于深度学习的"端到端"时代，而这个时代的主要特征是代价函数发生了变化，但基本的模型结构并没有太大变化。总体来说，端到端技术解决了输入序列的长度远大于输出序列长度的问题。端到端技术主要分成两类：一类是CTC（Connectionist Temporal Classification）方法，另一类是Sequence-to-Sequence方法。

采用CTC作为损失函数的声学模型序列，不需要预先对数据对齐，只需要一个输入序列和一个输出序列就可以进行训练。CTC关心的是预测输出的序列是否和真实的序列相近，而不关心预测输出序列中每个结果在时间点上是否和输入的序列正好对齐。CTC建模单元是音素或者字，因此它引入了Blank。对于一段语音，CTC最后输出的是尖峰的序列，尖峰的位置对应建模单元的Label，其他位置都是Blank。

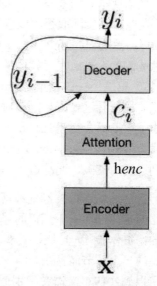

图 1.4 Sequence-to-Sequence 方法

Sequence-to-Sequence方法原来主要应用于机器翻译领域。2017年，Google将其应用于语音识别领域，取得了非常好的效果，将词错误率降低至5.6%。如图1.4所示。Google提出的新系统框架由三部分组成：Encoder编码器组件，它和标准的声学模型相似，输入的是语音信号的时频特征；经过一系列神经网络，映射成高级特征henc，然后传递给Attention组件，其使用henc特征学习输入x和预测子单元之间的对齐方式，子单元可以是一个音素或一个字；最后，Attention模块的输出传递给Decoder，生成一系列假设词的概率分布，类似于传统的语言模型。

端到端技术的突破不再需要HMM来描述音素内部状态的变化，而是将语音识别的所有模块统一成神经网络模型，使语音识别朝着更简单、更高效、更准确的方向发展。

1.3 语音识别商业化之路的三个关键节点

语音识别这半个多世纪的产业历程中共有三个关键节点，两个和技术有关，一个和应用有关。

（1）第一个关键节点是1988年的一篇博士论文，开发了第一个GMM-HMM的语音识别系统——Sphinx。从1986~2010年，虽然混合高斯模型的效果得到持续改善，而被应用到语音识别中，并且确实提升了语音识别的效果，但实际上语音识别已经遭遇了技术天花板，识别的准确率很难超过90%。很多人可能还记得，在1998年前后，IBM、微软都曾推出过和语音识别相关的软件，但最终并未取得成功。

（2）第二个关键节点是2015年深度学习被系统应用到语音识别领域中。这导致识别的精度再次大幅提升，最终突破90%，并且在标准环境下逼近98%。有意思的是，尽管技术取得了突破，也涌现出了一些与此相关的产品，比如Siri、Google Assistant等，但与其引起的关注度相比，这些产品实际取得的成绩则要逊色得多。Siri刚一面世的时候，时任Google CEO的施密特就高呼，这会对Google的搜索业务产生根本性威胁，但事实上直到Amazon Echo面世，这种根本性威胁才真正地有了具体的载体。

（3）第三个关键点正是Amazon Echo的出现，纯粹从语音识别和自然语言理解的技术乃至功能的视角看这款产品，相对于Siri等并未有什么本质性改变，核心变化只是把近场语音交互变成了远场语音交互。Echo正式面世于2015年6月，到2017年销量已经超过千万，同时在Echo上扮演类似Siri角色的Alexa逐渐成熟，其后台的第三方技能已经突破10000项。借助落地时从近场到远场的突破，亚马逊一举从这个赛道的落后者变为行业领导者。

但自从远场语音技术规模落地以后，语音识别领域的产业竞争已经开始从研发转为应用。研发比的是标准环境下纯粹的算法谁更有优势，而应用比的是在真实场景下谁的技术更能产生优异的用户体验，一旦比拼真实场景下的体验，语音识别便失去独立存在的价值，更多作为产品体验的一个环节而存在。

所以到2019年，语音识别似乎进入了相对平静期，全球产业界的主要参与者们，包括亚马逊、谷歌、微软、苹果、百度、科大讯飞、阿里、腾讯、云知声、思必驰、声智等公司，在一路狂奔过后纷纷开始反思自己的定位和下一步的打法。各公司的占有率如图1.5所示。

图1.5　智能语音市场的占有率

语音赛道里的标志产品——智能音箱以一种大跃进的姿态出现在大众面前。2017年以前，智能音箱玩家对这款产品的认识还都停留在：亚马逊出了一款叫Echo的产品，功能和Siri类似。先行者科大讯飞叮咚音箱的出师不利更是加重了其他人的观望心态。真正让众多玩家从观望转为积极参与的转折点是逐步曝光的Echo销量。2017年年底，Echo在美国近千万的销量让整个世界震惊。这是智能设备从未达到过的高点，在Echo以前，除了Apple Watch与手环，像恒温器、摄像头这样的产品突破百万销量已是惊人表现。2017年下半年，这种销量以及智能音箱的AI属性促使国内各大巨头几乎是同时转变态度，积极打造自己的智能音箱。

回顾整个发展历程，2019年是一个明确的分界点。在此之前，全行业突飞猛进，但2019年之后则开始进入对细节领域渗透和打磨的阶段，人们关注的焦点也不再是单纯的技术指标，而是回归到体验，回归到一种"新的交互方式到底能给我们带来什么价值"这样更为一般的、纯粹的商业视角。技术到产品，再到是否需要与具体的形象进行交互结合，比如人物形象，流程自动化是否要与语音结合，酒店场景应该如何使用这种技术来提升体验，诸如此类最终都会一一呈现在从业者面前。而此时行业的主角也会从原来的产品方过渡到平台提供方，AIoT纵深过大，没有任何一个公司可以全线打造所有的产品。

1.4 语音识别的核心技术与行业发展趋势

当语音产业需求四处开花的同时，行业的发展速度反过来会受限于平台服务商的供给能力。跳出具体案例来看，行业下一步发展的本质逻辑是：具体每个点的投入产出是否达到一个普遍接受的界限。

离这个界限越近，行业就越会接近滚雪球式发展的临界点，否则整体增速就会相对平缓。无论是家居、酒店、金融、教育或者其他场景，如果解决问题都是非常高投入并且长周期的事情，那对此承担成本的一方就会犹豫，这相当于试错成本过高。如果投入后，没有可感知的新体验或者销量促进，那对此承担成本的一方也会犹豫，显然这会影响值不值得上的判断。而这两件事情归根结底都必须由平台方解决，产品方或者解决方案方对此无能为力，这是由智能语音交互的基础技术特征所决定的。

从核心技术来看，整个语音交互链条有5项单点技术：唤醒、麦克风阵列、语音识别、自然语言处理和语音合成，其他技术点，比如声纹识别、哭声检测等数十项技术通用性略弱，但分别出现在不同的场景下，并会在特定场景下成为关键。看起来关联的技术已经相对庞杂，但切换到商业视角就会发现，距离使用这些技术打造一款体验上佳的产品仍然有很长一段路要走。

所有语音交互产品都是端到端打通的产品，如果每家厂商都从这些基础技术来打造产品，那就每家都要建立云服务稳定、确保响应速度、适配自己所选择的硬件平台，逐项整合具体的内容（比如音乐、有声读物）。这从产品方或者解决方案商的视角来看是不可接受的。这时候就会催生相应的平台服务商，它要同时解决技术、内容接入和工程细节等问题，最终达成试错成本低、体验却足够好的目标。

平台服务不需要闭门造车，平台服务的前提是要有能屏蔽产品差异的操作系统，这是AI+IoT的特征，也是有所参照的，亚马逊过去近10年同步着手做两件事：一件是持续推出面向终端用户的产品，比如Echo、Echo Show等；另一件是把所有产品所内置的系统Alexa进行平台化，面向设备端和技能端同步开放SDK和调试发布平台。虽然Google Assistant号称单点技术更为领先，但从各方面的结果来看，Alexa是当之无愧的最领先的系统平台，可惜的是Alexa并不支持中文以及相应的后台服务。

国内则缺乏具有亚马逊这种统治力的系统平台提供商，当前的平台提供商分为两个阵营：

- 以百度、阿里、讯飞、小米、腾讯为代表的传统互联网或者上市公司。
- 以声智等为代表的新兴人工智能公司。

新兴的人工智能公司相比传统公司产品和服务上的历史包袱更轻，因此在平台服务上反倒是可以主推一些更为面向未来、有特色的基础服务，比如兼容性方面，新兴公司做得更加彻底，这种兼容性对于一套产品同时覆盖国内、国外市场是相当有利的。

类比过去的Android，语音交互的平台提供商其实面临更大的挑战，发展过程可能会更加曲折。过去经常被提到的操作系统的概念，在智能语音交互背景下事实上正被赋予新的内涵，它日益被分成两个不同但必须紧密结合的部分。

过去的Linux以及各种变种承担的是功能型操作系统的角色，而以Alexa为代表的新型系统则承担的是智能型系统的角色。前者完成完整的硬件和资源的抽象和管理，后者则让这些硬件以及资源得到具体的应用，两者相结合才能输出最终用户可感知的体验。功能型操作系统和智能型操作系统注定是一种一对多的关系，不同的AIoT硬件产品在传感器（深度摄像头、雷达等）、显示器（有屏、无屏、小屏、大屏等）上具有巨大差异，这会导致功能型系统的持续分化（可以和Linux的分化相对应）。这反过来也就意味着一套智能型系统必须同时解决与功能型系统的适配，以及对不同后端内容、场景进行支撑的双重责任。

这个双重责任在操作上具有巨大差异。解决前者需要参与到传统的产品生产制造链条中，而解决后者则更像应用商店的开发者。这里面蕴含着巨大的挑战和机遇。在过去功能型操作系统的打造过程中，国内的程序员更多的是使用者的角色，智能型操作系统虽然也可以参照其他，但这次必须自己从头打造完整的系统（国外巨头无论在中文相关的技术上，还是内容整合上事实上都非常薄弱，不存在侵略国内市场的可能性）。

随着平台服务商两边的问题解决得越来越好，基础的计算模式会逐渐发生改变，人们的数据消费模式会与今天不同。个人的计算设备（当前主要是手机、笔记本、平板电脑）会根据不同场景进一步分化。比如在车上、家里、酒店、工作场景、路上以及业务办理等会根据地点和业务进行分化。但分化的同时背后的服务是统一的，每个人可以自由地根据场景进行设备的迁移，背后的服务虽然会针对不同的场景进行优化，但在个人偏好这一点上则是统一的。

1.5 搭建环境1：安装Python

Python是深度学习的首选开发语言，很多第三方提供了集成大量科学计算类库的Python标准安装包，最常用的是Anaconda。

Python是一个脚本语言，如果不使用Anaconda，那么第三方库的安装会比较困难，各个库之间的依赖性就很难连接得很好。因此，这里推荐安装Anaconda来替代Python。

1.5.1 Anaconda的下载与安装

第一步：下载和安装

Anaconda官方下载页面如图1.6所示，不推荐，请继续读下去。

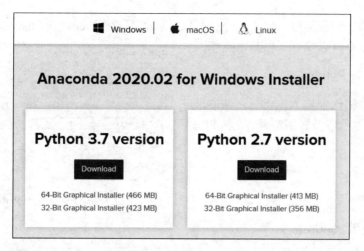

图 1.6　Anaconda 下载页面

目前提供的是集成了Python 3.7版本的Anaconda下载，如果读者目前使用的是Python 3.6也是完全可以的，笔者经过测试，无论是3.7还是3.6版本的Python，都不影响TensorFlow 2.1的使用。读者可以根据自己的操作系统选择下载。

（1）笔者推荐使用Windows平台Python 3.6的版本，当然读者可根据自己的喜好选择。集成Python 3.6版本的Anaconda可以在清华大学Anaconda镜像网站下载，地址为https://mirrors.tuna.tsinghua.edu.cn/anaconda/archive/，打开后如图1.7所示。

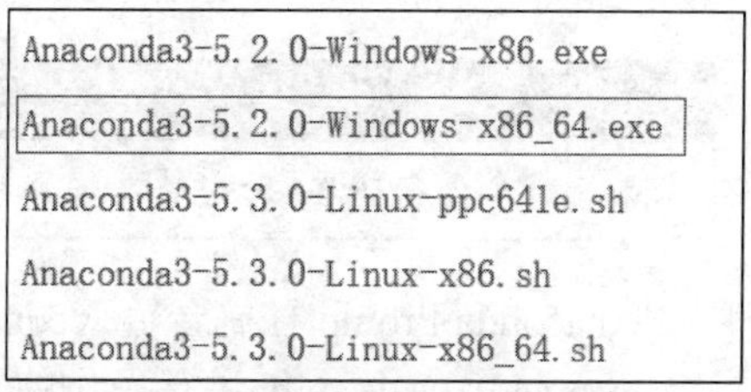

图 1.7　清华大学 Anaconda 镜像网站提供的副本

> **注　意**
>
> 如果读者是64位操作系统，选择以Anaconda3开头、以64结尾的安装文件，不要下载错了。

（2）下载完成后得到的文件是EXE版本，直接运行即可进入安装过程。安装完成以后，出现如图1.8所示的目录结构，说明安装正确。

图 1.8　Anaconda 安装目录

第二步：打开控制台

之后依次单击：开始→所有程序→Anaconda3→Anaconda Prompt，打开Anaconda Prompt

窗口,它与CMD控制台类似,输入命令就可以控制和配置Python。在Anaconda中最常用的是conda命令,该命令可以执行一些基本操作。

第三步:验证 Python

接下来在控制台中输入python,如安装正确,会打印出版本号以及控制符号。在控制符后输入代码:

```
print("hello Python")
```

结果如图1.9所示。

图1.9 验证 Anaconda Python 安装成功

第四步:使用 conda 命令

使用Anaconda的好处在于,它能够很方便地帮助读者安装和使用大量第三方类库。查看已安装的第三方类库的代码如下:

```
conda list
```

> **注 意**
>
> 如果此时命令行还在>>>状态,可以输入 exit()退出。

在Anaconda Prompt控制台输入conda list代码,结果如图1.10所示。

Anaconda中使用conda进行操作的方法还有很多,其中最重要的是安装第三方类库,命令如下:

```
conda install name
```

这里的参数name表示需要安装的第三方类库名,例如当需要安装NumPy包(这个包已经安装过)时,输入的命令如下,结果如图1.11所示。

```
conda install numpy
```

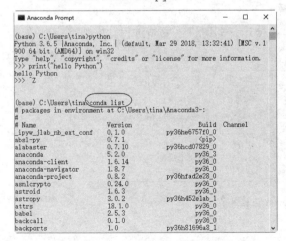

图1.10 列出已安装的第三方类库

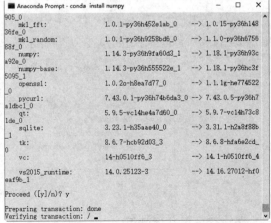

图1.11 举例自动获取或更新依赖类库

使用Anaconda一个特别的好处就是默认安装好了大部分学习所需的第三方类库，这样可以避免使用者在安装和使用某个特定类库时可能出现的依赖类库缺失的情况。

1.5.2　Python 编译器 PyCharm 的安装

和其他语言类似，Python可以使用Windows自带的控制台进行程序编写，但是这种方式对于比较复杂的程序工程来说，容易混淆相互之间的层级和交互文件。因此，在编写程序工程时，笔者建议使用专用的Python编译器PyCharm。

第一步：PyCharm 的下载和安装

下面介绍详细的PyCharm下载与安装步骤。

（1）进入PyCharm官网的Download页面后可以选择不同的版本，如图1.12所示，有收费的专业版和免费的社区版。这里建议读者选择免费的社区版即可。

图 1.12　PyCharm 的免费版

（2）双击运行后进入安装界面，如图1.13所示。直接单击Next按钮，采用默认安装即可。

（3）如图1.14所示，在安装PyCharm的过程中需要对安装的位数进行选择，这里建议读者选择与已安装的Python相同位数的文件。

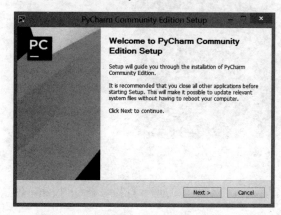

图 1.13　PyCharm 的安装文件

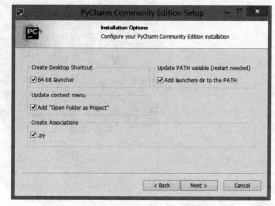

图 1.14　PyCharm 的配置选择（按个人真实情况选择）

（4）安装完成后出现Finish按钮，单击该按钮完成安装，如图1.15所示。

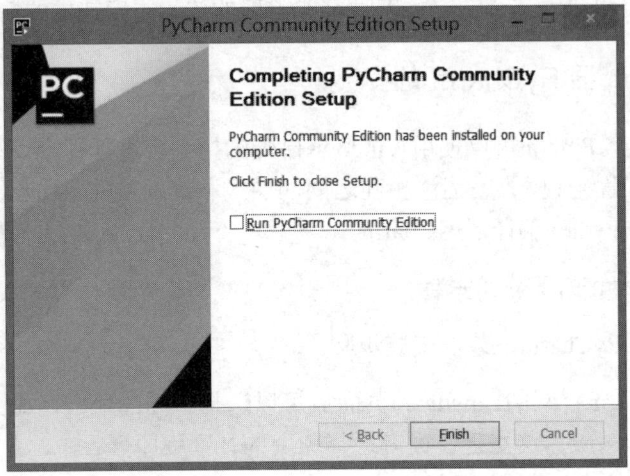

图1.15　PyCharm 安装完成

第二步：使用 PyCharm 创建程序

（1）单击桌面上新生成的图标进入PyCharm程序界面，首先是第一次启动的定位，如图1.16所示。这里是对程序存储的定位，一般建议选择第2个：由PyCharm 自动指定即可。之后单击OK按钮，完成初始化定位设定。

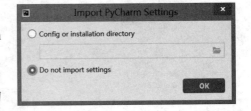

图1.16　PyCharm 启动定位

（2）然后进入PyCharm配置界面，如图1.17所示。

图1.17　PyCharm 配置界面

（3）在配置区域可以选择自己的使用风格，如果对其不熟悉的话，直接单击OK按钮，使用默认配置即可。

（4）最后就是创建一个新的工程，如图1.18所示。

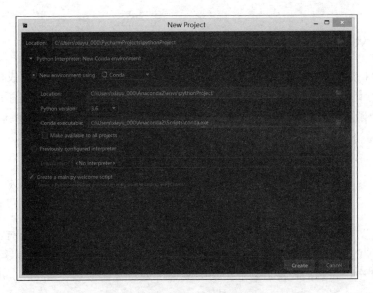

图 1.18　PyCharm 工程创建界面

这里，建议新建一个PyCharm的工程文件，结果如图1.19所示。

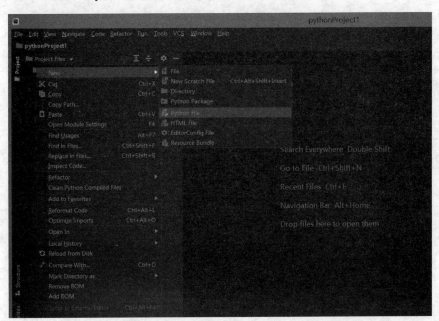

图 1.19　新建文件

之后右击新建的工程名PyCharm，选择New|Python File菜单新建一个helloworld文件，输入如图1.20所示的代码。

单击菜单栏的Run|run…运行代码，或者直接右击helloworld.py文件名，在弹出的快捷菜单中选择run。如果成功输出hello world，那么恭喜你，Python与PyCharm的配置就完成了。

图 1.20　PyCharm 工程创建界面

1.5.3 使用 Python 计算 softmax 函数

对于Python科学计算来说，最简单的想法就是可以将数学公式直接表达成程序语言，可以说，Python满足了这个想法。本小节将使用Python实现一个深度学习中最常见的函数——softmax函数。至于这个函数的作用，现在不加以说明，笔者只是带领读者尝试实现其程序的编写。

softmax计算公式如下：

$$S_i = \frac{e^{V_i}}{\sum_{0}^{j} e^{V_i}}$$

其中V_i是长度为j的数列V中的一个数，代入softmax的结果实际上就是先对每一个V_i计算以e为底V_i为幂次项的值，然后除以所有项之和进行归一化，之后每个V_i就可以解释成：在观察到的数据集类别中，特定的V_i属于某个类别的概率，或者称作似然（Likelihood）。

> **提 示**
>
> softmax用以解决概率计算中概率结果大而占绝对优势的问题。例如，函数计算结果中的两个值a和b，且a>b，如果简单地以值的大小为单位衡量的话，那么在后续的使用过程中，a永远被选用，而b由于数值较小而不会被选择，但是有时也需要使用数值小的b，softmax就可以解决这个问题。

softmax按照概率选择a和b，由于a的概率值大于b，在计算时a经常会被取得，而b由于概率较小，取得的可能性较小，但是也有概率被取得。

公式softmax的代码如下：

【程序1-1】

```
import numpy
def softmax(inMatrix):
    m,n = numpy.shape(inMatrix)
    outMatrix = numpy.mat(numpy.zeros((m,n)))
    soft_sum = 0
    for idx in range(0,n):
        outMatrix[0,idx] = math.exp(inMatrix[0,idx])
        soft_sum += outMatrix[0,idx]
    for idx in range(0,n):
        outMatrix[0,idx] = outMatrix[0,idx] / soft_sum
    return outMatrix
```

可以看到，当传入一个数列后，分别计算每个数值所对应的指数函数值，之后将其相加，计算每个数值在数值和中的概率。

```
a = numpy.array([[1,2,1,2,1,1,3]])
```

结果如下：

```
[[ 0.05943317  0.16155612  0.05943317  0.16155612  0.05943317  0.05943317
   0.43915506]]
```

1.6 搭建环境2：安装 TensorFlow 2.1

Python运行环境调试完毕后，下面重点安装本书的主角——TensorFlow 2.1。

1.6.1 安装 TensorFlow 2.1 的 CPU 版本

首先是对于版本的选择，读者可以直接在Anaconda命令端输入一个错误的命令：

```
pip install tensorflow==3.0
```

这个命令是错误的，目的是为了查询当前的TensorFlow 版本，笔者在写作这本书时所能获取的TensorFlow 版本如图1.21所示。

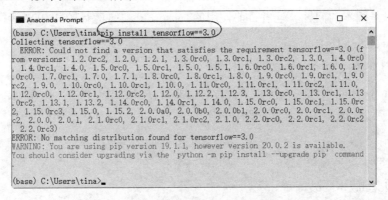

图1.21　TensorFlow 版本汇总

可以看到，目前的新版本是2.1.0。而其他名字中包含rc字样的一般为测试版，不建议读者安装。如果读者想安装CPU版本的TensorFlow，直接在当前的Anaconda中输入如下命令：

```
pip install tensorflow==2.1.0
```

即可安装新CPU版本的TensorFlow。

> **说　明**
>
> 如果安装速度太慢，也可以选择国内的镜像源，通过-i 指明地址，例如：
> `pip install -U tensorflow -i https://pypi.tuna.tsinghua.edu.cn/simple`

1.6.2 安装 TensorFlow 2.1 的 GPU 版本

从CPU版本的TensorFlow 2.1开始你的深度学习之旅是完全可以的，但不是笔者推荐的方式。相对于GPU版本的TensorFlow来说，CPU版本的运行速度存在着极大的劣势，很有可能会让你的深度学习止步于前。

实际上，配置一块能够达到最低TensorFlow 2.1 GPU版本的显卡（见图1.22）并不需要花费很多，从网上购买一块标准的NVIDA 750ti显卡就能够满足读者起步阶段的基本需求。在这里强调的是，最好购置显存为4GB的版本，目前价格稳定在400元左右。如果有更好的条件的话，NVIDA 1050ti 4GB版本也是一个不错的选择，价格在900元左右。

图1.22　深度学习显卡

注　意

推荐购买NVIDA系列的显卡，并且优先考虑大显存的。

下面是本小节的重头戏，TensorFlow 2.1 GPU版本的前置软件的安装。对于GPU版本的TensorFlow 2.1来说，由于调用了NVIDA显卡作为其代码运行的主要工具，因此额外需要NVIDA提供的运行库作为运行基础。

（1）首先是版本的问题，笔者目前使用的TensorFlow 2.1运行的NVIDA运行库版本如下：

- CUDA 版本：10.1。
- cuDNN 版本：7.6.5。

这个对应的版本一定要配合使用，建议读者不要改动，直接下载对应版本就可以。CUDA的下载地址如下，界面如图1.23所示。

https://developer.nvidia.com/cuda-10.1-download-archive?target_os=Windows&target_arch=x86_64&target_version=10&target_type=exelocal

直接下载local版本安装即可。

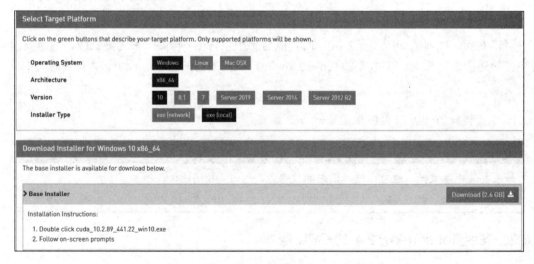

图1.23　下载CUDA文件

（2）下载下来的是一个EXE文件，读者可以自行安装。不要修改其中的路径信息，使用默认路径安装即可。

（3）接着下载和安装对应的cuDNN文件，地址为https://developer.nvidia.com/rdp/cudnn-archive。

cuDNN的下载需要先注册一个用户，相信读者可以很快完成，之后直接进入下载页面，如图1.24所示。

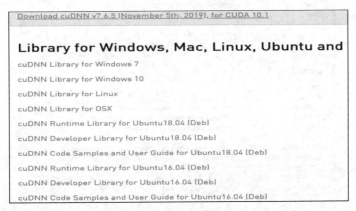

图 1.24　下载 cuDNN 文件

注　意

不要选择错误的版本，一定要找到对应的版本号。

（4）下面就是cuDNN的安装问题，下载的cuDNN是一个压缩文件，直接将其解压到CUDA安装目录即可，如图1.25所示。

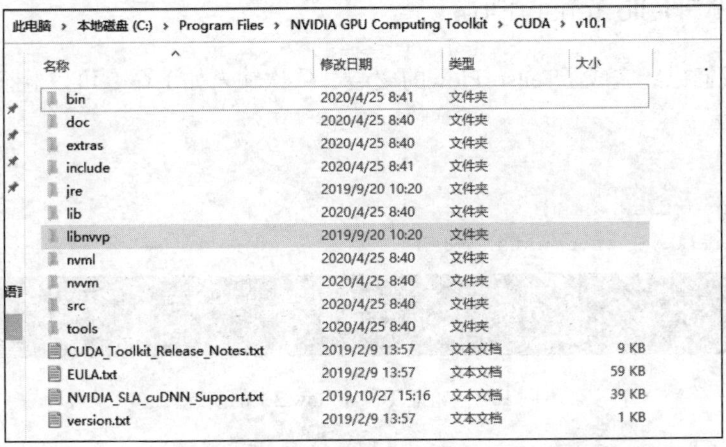

图 1.25　CUDA 安装目录

（5）接下来是对环境变量的设置，这里需要将CUDA的运行路径加到环境变量的path路径中，如图1.26所示。

（6）最后就是完成TensorFlow 2.1 GPU版本的安装，只需一行简单的代码：

```
pip install tensorflow-GPU=2.1.0
```

安装效果如图1.27所示。

图 1.26　将 CUDA 路径加载到环境变量的 path 中

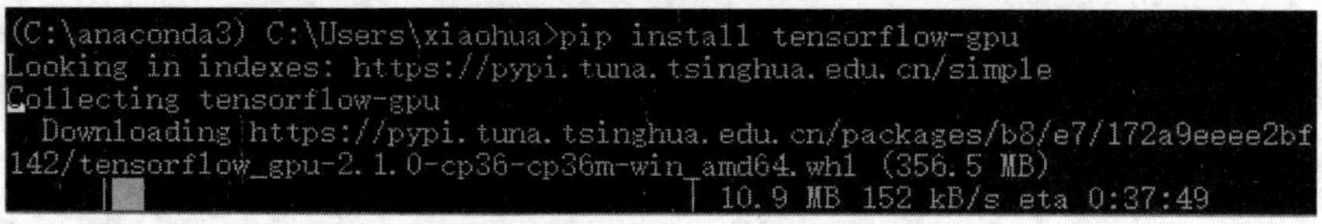

图 1.27　安装 TensorFlow 2.1 GPU

1.6.3　练习——Hello TensorFlow

到现在，我们已经完成了TensorFlow的安装。依次输入如下命令可以验证是否安装成功，效果如图1.28所示。

```
python
import tensorflow as tf
tf.constant(1.)+ tf.constant(1.)
```

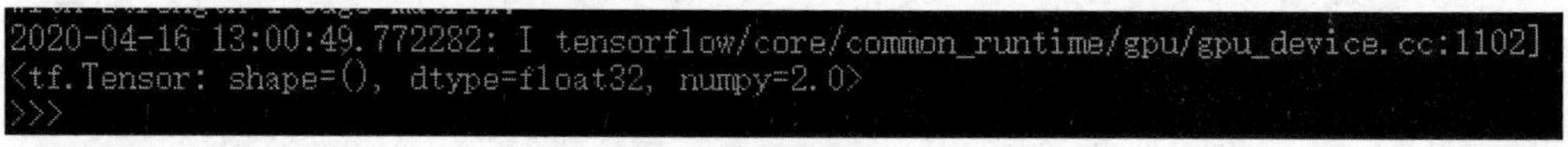

图 1.28　验证 TensorFlow 2.1 的安装

可以看到，图1.28打印出了计算结果，即numpy=2.0，这是以NumPy通用格式存储的一个浮点数2.0。

或者打开前面安装的PyCharm IDE，新建一个项目，再新建一个.py文件，输入如下代码：

【程序 1-2】

```
import tensorflow as tf
text = tf.constant("Hello Tensorflow 2.1")
print(text)
```

运行结果如下：

```
Skipping registering GPU devices...
2020-04-16 13:02:22.292951: I tensorflow/core/platform/cpu_f
2020-04-16 13:02:22.293477: I tensorflow/core/common_runtime
2020-04-16 13:02:22.293589: I tensorflow/core/common_runtime
tf.Tensor(b'Hello Tensorflow 2.1', shape=(), dtype=string)
```

1.7 实战——基于特征词的语音唤醒

本章前面介绍了纯理论知识，目的是向读者阐述语音识别的方法。接着搭建好了开发环境，让读者可以动手编写代码。下面以识别特定词为例，使用深度学习方法和Python语言实现一个实战项目——基于特征词的语音唤醒。

> **说 明**
> 本例的目的是演示一个语音识别的Demo，如果读者已经安装好开发环境，可以直接复制代码运行。如果没有，可学习完本章后再回头练习。笔者会在后续的章节中详细介绍每一步的过程和设计方法。

1.7.1 第一步：数据的准备

深度学习的第一步，也是重要的步骤，就是数据的准备。数据的来源多种多样，既有不同类型的数据集，又有根据项目需求由项目组自行准备的数据集。由于本例的目的是识别特定词语而进行语音唤醒，因而采用一整套专门的语音识别数据集speech commands，其形式如图1.29所示。

打开数据集可以看到，根据不同的文件夹名称，其中内部被分成了40个类别，每个类别以名称命名，包含符合该文件名的语音发音，内容如图1.30所示。

图1.29　speech commands 数据集　　　　　　图1.30　特定文件夹内部的内容

可以看到，根据文件名对每个发音进行归类，其中包含：

- 训练集包含 51088 个 WAV 音频文件。
- 验证集包含 6798 个 WAV 音频文件。
- 测试集包含 6835 个 WAV 音频文件。

读者可以使用计算机自带的音频播放程序试听部分音频。

1.7.2　第二步：数据的处理

下面开始进入这个Demo的代码部分。

相信读者已经试听过部分音频内容，摆在读者面前的第一个难题是，如何将音频转化成计算机可以识别的信号。

梅尔频率是基于人耳听觉特性提出来的，它与Hz频率成非线性对应关系。梅尔频率倒谱系数（Mel-Frequency Cepstral Coefficients，MFCC）则是利用它们之间的这种关系计算得到的Hz频谱特征，主要用于语音数据特征提取和降低运算维度。例如，对于一帧有512维（采样点）的数据，经过MFCC后可以提取出最重要的40维（一般而言），数据同时也达到了降维的目的。

这里，读者只需要将其理解成使用一个"数字矩阵"来替代一段音频。计算MFCC实际上是一个烦琐的任务，但是TensorFlow提供了相应的代码去实现对音频MFCC的提取，代码处理如下：

【程序1-3】

```python
import tensorflow as tf
from tensorflow.python.ops import gen_audio_ops as audio_ops
from tensorflow.python.ops import io_ops
import numpy as np

# 下面的内容可能读者不易理解，实际上这里的所有代码仅供演示需要，读者只需复现即可
# 这里是超参数部分，对每个参数的意义后续会介绍，这里只需要直接使用即可
sample_rate, window_size_ms, window_stride_ms = 3200, 60, 30
dct_coefficient_count = 40
clip_duration_ms = 1000
second_time = 16
desired_samples = int(sample_rate * second_time * clip_duration_ms / 1000)
window_size_samples = int(sample_rate * window_size_ms / 1000)
window_stride_samples = int(sample_rate * window_stride_ms / 1000)


def get_mfcc_simplify(wav_filename, desired_samples = desired_samples,
window_size_samples = window_size_samples, window_stride_samples =
window_stride_samples, dct_coefficient_count = dct_coefficient_count):
    #读取音频文件
    wav_loader = io_ops.read_file(wav_filename)
    #进行音频解码
    wav_decoder = audio_ops.decode_wav(
        wav_loader, desired_channels=1, desired_samples=desired_samples)
```

```
#获取音频指纹信息
spectrogram = audio_ops.audio_spectrogram(
    wav_decoder.audio,
    window_size=window_size_samples,
    stride=window_stride_samples,
    magnitude_squared=True)

#产生MFCC矩阵
mfcc_ = audio_ops.mfcc(
    spectrogram,
    wav_decoder.sample_rate,
    dct_coefficient_count=dct_coefficient_count)  #
dct_coefficient_count=model_settings['fingerprint_width']

return mfcc_
```

使用创建好的MFCC生产函数去获取特定音频的MFCC矩阵也很容易,代码如下:

```
#wav_file是特定的语音数据库中的某条语音信息
wav_file = "G:\语音识别数据库\数据库\data_thchs30\data\A11_51.wav"
mfcc = get_mfcc_simplify(wav_file)
print(mfcc.shape)
```

最终打印结果如下:

$$(1, 532, 40)$$

可以看到根据作者所设定的参数,特定路径制定的音频被转换成一个固定大小的矩阵,这也是根据前面超参数的设定而计算出的一个特定矩阵内容。

有兴趣的读者可以将其打印出来并观察其内容。

1.7.3 第三步:模型的设计

对于深度学习而言,模型的设计是非常重要的内容,本例由于只是演示,采用了最简单的一个判别模型,代码如下(仅供读者演示,详细的内容在后续章节中介绍):

【程序1-4】

```
import tensorflow as tf
#模型主体部分
class WaveClassic(tf.keras.layers.Layer):
    def __init__(self):
        super(WaveClassic, self).__init__()

    def build(self, input_shape):
        self.convs = [tf.keras.layers.Conv1D(filters=64,kernel_size=2,strides=2) for _ in range(3)]
```

```python
        self.layer_norms = [tf.keras.layers.LayerNormalization() for _ in
range(3)]

        self.last_dense = tf.keras.layers.Dense(40,activation=tf.nn.softmax)
        super(WaveClassic, self).build(input_shape)   # 一定要在最后调用它

    def call(self, inputs):
        embedding = inputs

        for i in range(3):
            embedding = self.convs[i](embedding)
            embedding = self.layer_norms[i](embedding)

        embedding = tf.keras.layers.Flatten()(embedding)
        logits = self.last_dense(embedding)
        return logits

#使用get_wav_model创建一个完整的模型
def get_wav_model():
    mfc_batch = tf.keras.Input(shape=(532, 40))
    logits = WaveClassic()(mfc_batch)
    model = tf.keras.Model(mfc_batch,logits)
    return model
```

这里的get_wav_model函数创建了一个可以运行的深度学习模型,并将其作为返回值返回。

1.7.4　第四步：模型的数据输入方法

下面设定模型的数据输入方法。由于深度学习模型在每一步都需要数据内容的输入,而往往由于计算硬件——显存的大小有限制,因此在输入数据时需要分步骤一块一块地将数据输入训练模型中,此处代码如下:

【程序1-5】

```python
import os
from tqdm import tqdm
import tensorflow as tf
from tensorflow.python.ops import gen_audio_ops as audio_ops
from tensorflow.python.ops import io_ops
import numpy as np

sample_rate, window_size_ms, window_stride_ms = 3200, 60, 30
dct_coefficient_count = 40
clip_duration_ms = 1000
second_time = 16
desired_samples = int(sample_rate * second_time * clip_duration_ms / 1000)
window_size_samples = int(sample_rate * window_size_ms / 1000)
```

```python
    window_stride_samples = int(sample_rate * window_stride_ms / 1000)

    #获取MFCC数据矩阵表示
    def get_mfcc_simplify(wav_filename, desired_samples=desired_samples,
                         window_size_samples=window_size_samples,
                         window_stride_samples=window_stride_samples,
                         dct_coefficient_count=dct_coefficient_count):

        # 读取音频文件
        wav_loader = io_ops.read_file(wav_filename)
        # 进行音频解码
        wav_decoder = audio_ops.decode_wav(
            wav_loader, desired_channels=1, desired_samples=desired_samples)

        # 获取音频指纹信息
        spectrogram = audio_ops.audio_spectrogram(
            wav_decoder.audio,
            window_size=window_size_samples,
            stride=window_stride_samples,
            magnitude_squared=True)

        # 产生MFCC矩阵
        mfcc_ = audio_ops.mfcc(
            spectrogram,
            wav_decoder.sample_rate,
            dct_coefficient_count=dct_coefficient_count)   # dct_coefficient_
    count=model_settings['fingerprint_width']
        return mfcc_

    #创建训练数据集label列表
    label_name_list = []
    #创建训练数据集mfcc列表
    mfcc_wav_list = []

    #导入speech_commands数据集进行下一步计算
    wav_filepaths = "G:/语音识别数据库/数据库/speech_commands_v0.02"
    #将每个文件夹中的文件根据文件夹名分类读取到训练数据集
    wav_filepaths_list = os.listdir(wav_filepaths)
    for i in range(len(wav_filepaths_list)):
        wav_filepath = wav_filepaths_list[i]

        wav_filepath = wav_filepaths + "/" + wav_filepath
        wav_filepath_os = os.listdir(wav_filepath)
        for wav_file in wav_filepath_os:
            wav_file = wav_filepath + "/" + wav_file

            try:
```

```
                mfcc = get_mfcc_simplify(wav_file)
                mfcc = np.squeeze(mfcc,axis=0)

                mfcc_wav_list.append(mfcc)
                label_name_list.append(i)
            except:
                pass

mfcc_wav_list = np.array(mfcc_wav_list)
label_name_list = np.array(label_name_list)

#打乱原始排序的顺序
seed = 2021
np.random.seed(seed);np.random.shuffle(mfcc_wav_list)
np.random.seed(seed);np.random.shuffle(label_name_list)

train_length = len(label_name_list)

#generator函数用作对训练模型数据的输入
def generator(batch_size = 32):
    batch_num = train_length//batch_size

    while 1:
        for i in range(batch_num):
            start = batch_size * i
            end = batch_size * (i + 1)

            yield mfcc_wav_list[start:end],label_name_list[start:end]
```

在代码中,首先根据数据集地址生成供训练使用的训练数据和对应的标签,之后的generator函数建立了一个"传送带",目的是源源不断地将待训练数据传递给训练模型,从而完成模型的训练。

1.7.5 第五步:模型的训练

对模型进行训练时,需要定义模型的一些训练参数,如优化器、损失函数、准确率以及训练的循环次数等,代码如下(这里不要求读者理解,能够运行即可):

【程序1-6】
```
import tensorflow as tf
import waveClassic
import get_data

model = waveClassic.get_wav_model()

model.compile(optimizer='adam', loss=tf.keras.losses.sparse_categorical_crossentropy, metrics=['accuracy'])          #定义优化器、损失函数以及准确率
```

```
batch_size = 8
model.fit_generator(generator=get_data.generator(8),steps_per_epoch=get_data.train_length//batch_size,epochs=1024)
```

1.7.6 第六步：模型的结果和展示

在模型的结果展示中，笔者使用epochs=10，即运行10轮对数据进行训练，结果如图1.31所示。

```
Epoch 6/10
325/325 [==============================] - 2s 6ms/step - loss: 0.1658 - accuracy: 0.9362
Epoch 7/10
325/325 [==============================] - 2s 6ms/step - loss: 0.1358 - accuracy: 0.9488
Epoch 8/10
325/325 [==============================] - 2s 6ms/step - loss: 0.1143 - accuracy: 0.9577
Epoch 9/10
325/325 [==============================] - 2s 6ms/step - loss: 0.0988 - accuracy: 0.9615
Epoch 10/10
325/325 [==============================] - 2s 6ms/step - loss: 0.0725 - accuracy: 0.9746
```

图1.31　结果展示

可以看到，经过10轮训练后，准确率达到了97%，这是一个不错的成绩。

1.8 本章小结

本章介绍了语音识别的相关基础内容，也用一个简单的例子告诉读者，对于语音识别来说，真正掌握其开发方法也不是难事。当然，在读者真正掌握处理的步骤和方法之前，还有很长一段路要走。

第 2 章

TensorFlow 和 Keras

本章将正式使用深度学习进行语音识别处理。

"工欲善其事,必先利其器。"使用深度学习理论对语音识别进行处理,一个得心应手的工具是必不可少,而TensorFlow就是这个工具。

第1章使用了TensorFlow官方推荐的Keras完成代码编写,本章将以此为重点,首先介绍TensorFlow专用API,然后转向使用TensorFlow官方推荐的高级API——Keras进行后续的学习。

2.1 TensorFlow 和 Keras

神经网络专家Rachel Thomas曾经说过,"接触TensorFlow后,我感觉我还是不够聪明,但有了Keras之后,事情会变得简单一些。"

他所提到的Keras是一个高级别的Python神经网络框架,是能在TensorFlow上运行的一种高级的API框架。Keras拥有丰富的对数据的封装和一些先进的模型的实现,避免了"重复造轮子"。换言之,Keras对于提升开发者的开发效率意义重大。

在图2.1中,左边的K代表Keras,右边的是TensorFlow,表示的就是Keras+TensorFlow。

图 2.1 Keras+TensorFlow

"不要重复造轮子"是TensorFlow引入Keras API的最终目的。然而,本书还是以TensorFlow代码编写为主,Keras作为辅助工具而使用,目的是为了简化程序编写,这点请读者一定注意。本章非常重要,强烈建议读者独立完成每个完整代码和代码段的编写。

2.1.1 模型

深度学习的核心就是模型。建立神经网络模型去拟合目标的形态，就是深度学习的精髓和最重要的部分。

任何一个神经网络的主要设计思想和功能都集中在其模型中。TensorFlow也是如此。

TensorFlow或者其使用的高级API——Keras核心数据结构是model，一种组织网络层的方式。最简单的模型是Sequential模型，它由多个网络层线性堆叠。对于更复杂的结构，应该使用Keras函数式API（本书的重点就是函数式API的编写），其允许构建任意的神经网络图。

为了便于理解和易于上手，首先从Sequential模型开始介绍。一个标准的Sequential模型如下：

```
# Flatten
model = tf.keras.models.Sequential()                        #创建一个Sequential模型
# Add layers
model.add(tf.keras.layers.Dense(256, activation="relu"))    #依次添加层
model.add(tf.keras.layers.Dense(128, activation="relu"))    #依次添加层
model.add(tf.keras.layers.Dense(2, activation="softmax"))   #依次添加层
```

可以看到，这里首先创建了一个Sequential模型，之后根据需要逐级向其中添加不同的全连接层，全连接层的作用是进行矩阵计算，而相互之间又通过不同的激活函数进行激活计算（这种没有输入输出值的编程方式，对有经验的程序设计人员来说并不友好，仅供举例）。

对于损失函数的计算，根据不同拟合方式和数据集的特点，需要建立不同的损失函数去最大限度地反馈拟合曲线错误。这里的损失函数采用交叉熵函数（softmax_crossentroy），使得数据计算分布能够最大限度地拟合目标值。如果对此陌生的话，读者只需要记住这些名词和下面的代码编写即可继续往下学习，代码如下：

```
logits = model(_data)                                       #固定的写法
loss_value = tf.reduce_mean(tf.keras.losses.categorical_crossentropy(y_true = lable,y_pred = logits))   #固定的写法
```

首先通过模型计算出对应的值。这里内部采用的是前向调用函数，读者知道即可。之后使用tf.reduce_mean计算出损失函数。

模型建立完毕后，就是数据的准备。一份简单而标准的数据，一个简单而具有指导思想的例子往往事半功倍。深度学习中最常用的一个入门例子是iris分类，下面就从这个例子开始介绍，最终使用TensorFlow的Keras模式实现iris鸢尾花分类。

2.1.2 使用 Keras API 实现鸢尾花分类（顺序模式）

iris数据集是常用的分类实验数据集，由Fisher于1936年收集整理。iris也称鸢尾花卉数据集，是一类多重变量分析的数据集。数据集包含150个数据，分为3类，每类50个数据，每个数据包含4个属性。可通过花萼长度、花萼宽度、花瓣长度、花瓣宽度4个属性预测鸢尾花（见图2.2）属于Setosa、Versicolour、Virginica 这3个种类中的哪一类。

图 2.2　鸢尾花

第一步：数据的准备

读者不需要下载这个数据集，一般常用的机器学习工具自带iris数据集，引入数据集的代码如下：

```
from sklearn.datasets import load_iris
data = load_iris()
```

这里调用的是sklearn数据库中的iris数据集，直接载入即可。

其中的数据又是以key-value值对应存放的，key值如下：

```
dict_keys(['data', 'target','target_names','DESCR','feature_names'])
```

由于本例中需要iris的特征与分类目标，因此这里只需要获取data和target，代码如下：

```
from sklearn.datasets import load_iris
data = load_iris()
iris_target = data.target
iris_data = np.float32(data.data)   #将其转化为float类型的list
```

数据打印结果如图2.3所示。

这里分别打印了前5条数据。可以看到，iris数据集中的特征是分成4个不同特征进行数据记录的，而每条特征又对应一个分类表示。

```
[[5.1 3.5 1.4 0.2]
 [4.9 3.  1.4 0.2]
 [4.7 3.2 1.3 0.2]
 [4.6 3.1 1.5 0.2]
 [5.  3.6 1.4 0.2]]
[0 0 0 0 0]
```

图 2.3　数据打印结果

第二步：数据的处理

下面是数据处理部分，对特征的表示不需要变动。读者可以将分类label打印出来，如图2.4所示。

```
[0 0 0 0 0 0 0 0 0 0 0 0 0 0 0 0 0 0 0 0 0 0 0 0 0 0 0 0 0 0 0 0 0 0 0 0 0 0
 0 0 0 0 0 0 0 0 0 0 0 0 1 1 1 1 1 1 1 1 1 1 1 1 1 1 1 1 1 1 1 1 1 1 1 1 1 1
 1 1 1 1 1 1 1 1 1 1 1 1 1 1 1 1 1 1 1 1 1 1 1 1 2 2 2 2 2 2 2 2 2 2 2 2 2 2
 2 2 2 2 2 2 2 2 2 2 2 2 2 2 2 2 2 2 2 2 2 2 2 2 2 2 2 2 2 2 2 2 2 2 2 2 2 2
 2 2]
```

图 2.4　数据处理

这里按数字分成了3类，0、1和2分别代表3种类型。如果按直接计算的思路，可以将数据结果向固定的数字进行拟合，这是一个回归问题。即通过回归曲线去拟合出最终结果。但是本例实际上是一个分类任务，因此需要对其进行分类处理。

分类处理的一个非常简单的方法就是进行One-Hot处理，即将一个序列化数据分到不同的数据领域空间进行表示，如图2.5所示。

```
[[1. 0. 0.]
 [1. 0. 0.]
 [1. 0. 0.]
 [1. 0. 0.]
 [1. 0. 0.]
 [1. 0. 0.]]
```

图2.5 one-hot 处理

具体在程序处理上，读者可以手动实现One-Hot的代码表示，也可以使用Keras自带的分散工具对数据进行处理，代码如下：

```
iris_target = np.float32(tf.keras.utils.to_categorical(iris_target, num_classes=3))
```

这里的num_classes分成了3类，使用一行三列表示每个类别。

交叉熵函数与分散化表示的方法超出了本书的讲解范围，这里就不再过多介绍了，读者只需要知道交叉熵函数需要和softmax配合，从分布上向离散空间靠拢即可。

```
iris_data = tf.data.Dataset.from_tensor_slices(iris_data).batch(50)
iris_target = tf.data.Dataset.from_tensor_slices(iris_target).batch(50)
```

当生成的数据读取到内存中并准备以批量的形式打印时，使用的是tf.data.Dataset.from_tensor_slices函数，并且可以根据具体情况对batch进行设置。tf.data.Dataset函数更多的细节和用法在后面章节中会专门介绍。

第三步：梯度更新函数的写法

梯度更新函数是根据误差的幅度对数据进行更新的方法，代码如下：

```
grads = tape.gradient(loss_value, model.trainable_variables)
opt.apply_gradients(zip(grads, model.trainable_variables))
```

与前面线性回归例子的差别是，model会对模型内部所有可更新的参数，根据回传误差进行自动的参数更新，而无须人工指定更新模型内的哪些参数，这点请读者注意。至于人为地指定和排除某些参数的方法属于高级程序设计，在后面的章节会提到。

【程序 2-1】

```
import tensorflow as tf
import numpy as np
from sklearn.datasets import load_iris
data = load_iris()
iris_target = data.target
iris_data = np.float32(data.data)
iris_target = np.float32(tf.keras.utils.to_categorical(iris_target, num_classes=3))
iris_data = tf.data.Dataset.from_tensor_slices(iris_data).batch(50)
iris_target = tf.data.Dataset.from_tensor_slices(iris_target).batch(50)
model = tf.keras.models.Sequential()
# Add layers
```

```python
model.add(tf.keras.layers.Dense(32, activation="relu"))
model.add(tf.keras.layers.Dense(64, activation="relu"))
model.add(tf.keras.layers.Dense(3,activation="softmax"))
opt = tf.optimizers.Adam(1e-3)
for epoch in range(1000):
    for _data,lable in zip(iris_data,iris_target):
        with tf.GradientTape() as tape:
            logits = model(_data)
            loss_value = tf.reduce_mean(tf.keras.losses.categorical_crossentropy(y_true = lable,y_pred = logits))
            grads = tape.gradient(loss_value, model.trainable_variables)
            opt.apply_gradients(zip(grads, model.trainable_variables))
        print('Training loss is :', loss_value.numpy())
```

最终打印结果如图2.6所示。可以看到，损失值在符合要求的条件下不停地降低，以达到预期目标。

```
Training loss is : 0.06653369
Training loss is : 0.066514015
Training loss is : 0.0664944
Training loss is : 0.06647475
Training loss is : 0.06645504

Process finished with exit code 0
```

图 2.6　打印结果

2.1.3　使用 Keras 函数式编程实现鸢尾花分类（重点）

对于有编程经验的程序设计人员来说，顺序编程过于抽象，同时缺乏自由度，因此在比较高级的程序设计中达不到程序设计的目标。

Keras函数式编程是定义复杂模型（如多输出模型、有向无环图或具有共享层的模型）的方法。

让我们从一个简单的例子开始，程序2-1建立模型的方法时使用顺序编程，即通过逐级添加的方式将数据添加到模型中。这种方式在较低水平的编程上，可以较好地减轻编程的难度，但是在自由度方面有非常大的影响，例如当需要对输入的数据进行重新计算时，顺序编程方法就不合适。

函数式编程方法类似于传统的编程，只需要建立模型导入输出和输出"形式参数"即可。有TensorFlow 1.X编程基础的读者，可以将其看作一种新格式的"占位符"。其代码如下：

```python
inputs = tf.keras.layers.Input(shape=(4,))
# 层的实例是可调用的，它以张量为参数，并且返回一个张量
x = tf.keras.layers.Dense(32, activation='relu')(inputs)
x = tf.keras.layers.Dense(64, activation='relu')(x)
predictions = tf.keras.layers.Dense(3, activation='softmax')(x)
# 这部分创建了一个包含输入层和三个全连接层的模型
model = tf.keras.Model(inputs=inputs, outputs=predictions)
```

下面开始对其进行分析。

1. 输入端

首先是Input的形参:

```
inputs = tf.keras.layers.Input(shape=(4,))
```

这一点需要从源码上来看,代码如下:

```
tf.keras.Input(
    shape=None,
    batch_size=None,
    name=None,
    dtype=None,
    sparse=False,
    tensor=None,
    **kwargs
)
```

Input函数用于实例化Keras张量,Keras张量是底层后端输入的张量对象,其中增加了某些属性,使其能够通过了解模型的输入和输出来构建Keras模型。

Input函数的参数:

- shape: 形状元组(整数),不包括批量大小。例如,shape=(32,)表示预期的输入是 32 维向量的批次。
- batch_size: 可选的,静态批量大小(整数)。
- name: 图层的可选名称字符串,在模型中应该是唯一的(不要重复使用相同的名称两次)。如果未提供,则它将自动生成。
- dtype: 数据类型,即预期输入的数据格式,一般有float32、float64、int32 等类型。
- sparse: 一个布尔值,指定是否创建占位符是稀疏的。
- tensor: 可选的,现有张量包裹到 Input 图层中。如果设置,则图层将不会创建占位符张量。
- **kwargs: 其他的一些参数。

上面是官方对其参数所做的解释,可以看到,这里的Input函数就是根据设定的维度大小生成一个可供存放对象的张量空间,维度就是shape中设定的维度。

> **注　意**
>
> 与传统的 TensorFlow 不同,这里的 batch 大小并不显式地定义在输入 shape 中。

举例来说,在后续的学习中会遇到MNIST数据集,即一个手写图片分类的数据集,每张图片的大小用4维来表示:[1,28,28,1]。第1个数字是每个批次的大小,第2个和第3个数字是图片的尺寸大小,第4个数字是图片通道的个数。因此,输入Input中的数据为:

```
inputs = tf.keras.layers.Input(shape=(28,28,1))    #举例说明,这里4维变成3维,
batch信息不设定
```

2. 中间层

下面每个层的写法与使用顺序模式是不同的：

```
x = tf.keras.layers.Dense(32, activation='relu')(inputs)
```

这里每个类被直接定义，之后将值作为类实例化以后的输入值进行输入计算。

```
x = tf.keras.layers.Dense(32, activation='relu')(inputs)
x = tf.keras.layers.Dense(64, activation='relu')(x)
predictions = tf.keras.layers.Dense(3, activation='softmax')(x)
```

可以看到，这里与顺序模型最大的区别在于实例化类以后有对应的输入端，这点比较符合一般程序的编写习惯。

3. 输出端

对于输出端不需要额外地表示，直接将计算的最后一个层作为输出端即可：

```
predictions = tf.keras.layers.Dense(3, activation='softmax')(x)
```

4. 模型的组合方式

模型的组合方式很简单，直接将输入端和输出端在模型类中显式地注明，Keras即可在后台将各个层级通过输入和输出对应的关系连接在一起。

```
model = tf.keras.Model(inputs=inputs, outputs=predictions)
```

完整的代码如下：

【程序2-2】

```
import tensorflow as tf
import numpy as np
from sklearn.datasets import load_iris
data = load_iris()
iris_target = data.target
iris_data = np.float32(data.data)
iris_target = np.float32(tf.keras.utils.to_categorical(iris_target, num_classes=3))
print(iris_target)
iris_data = tf.data.Dataset.from_tensor_slices(iris_data).batch(50)
iris_target = tf.data.Dataset.from_tensor_slices(iris_target).batch(50)
inputs = tf.keras.layers.Input(shape=(4,))
# 层的实例是可调用的，它以张量为参数，并且返回一个张量
x = tf.keras.layers.Dense(32, activation='relu')(inputs)
x = tf.keras.layers.Dense(64, activation='relu')(x)
predictions = tf.keras.layers.Dense(3, activation='softmax')(x)
# 这部分创建了一个包含输入层和三个全连接层的模型
model = tf.keras.Model(inputs=inputs, outputs=predictions)
opt = tf.optimizers.Adam(1e-3)
```

```python
    for epoch in range(1000):
        for _data,lable in zip(iris_data,iris_target):
            with tf.GradientTape() as tape:
                logits = model(_data)
                loss_value = tf.reduce_mean(tf.keras.losses.categorical_crossentropy(y_true = lable,y_pred = logits))
                grads = tape.gradient(loss_value, model.trainable_variables)
                opt.apply_gradients(zip(grads, model.trainable_variables))
    print('Training loss is :', loss_value.numpy())
    model.save('./saver/the_save_model.h5')
```

程序2-2的基本架构对照前面的例子没有多少变化,损失函数和梯度更新方法是固定的写法,这里最大的不同在于,使用了model自带的saver函数对数据进行保存。在TensorFlow 2.1中,数据的保存由Keras完成,即将图和对应的参数完整地保存在h5格式中。

2.1.4 使用保存的 Keras 模式对模型进行复用

前面已经讲过,对于保存的文件,Keras是将所有的信息都保存在h5文件中,这里包含所有模型的结构信息和训练过的参数信息。

```python
new_model = tf.keras.models.load_model('./saver/the_save_model.h5')
```

tf.keras.models.load_model函数是从给定的地址中载入h5模型,载入完成后会依据存档自动建立一个新的模型。

模型的复用可直接调用模型的predict函数:

```python
new_prediction = new_model.predict(iris_data)
```

这里直接将iris数据作为预测数据进行输入。全部代码如下:

【程序 2-3】

```python
import tensorflow as tf
import numpy as np
from sklearn.datasets import load_iris
data = load_iris()
iris_data = np.float32(data.data)
iris_target = (data.target)
iris_target = np.float32(tf.keras.utils.to_categorical(iris_target,num_classes=3))
new_model = tf.keras.models.load_model('./saver/the_save_model.h5')#载入模型
new_prediction = new_model.predict(iris_data)          #进行预测

print(tf.argmax(new_prediction,axis=-1))               #打印预测结果
```

最终结果如图2.7所示。可以看到,计算结果被完整地打印出来。

```
tf.Tensor(
[0 0 0 0 0 0 0 0 0 0 0 0 0 0 0 0 0 0 0 0 0 0 0 0 0 0 0 0 0 0 0 0 0
 0 0 0 0 0 0 0 0 0 0 0 0 0 0 0 0 1 1 1 1 1 1 1 1 1 1 1 1 1 1 1 1 1
 1 1 1 1 1 1 1 1 1 1 1 1 1 1 1 1 1 1 1 1 1 1 1 1 1 1 1 1 1 1 1 2 1 1 1
 2 2 2 2 2 2 2 2 2 2 2 2 2 2 2 2 2 2 2 2 2 2 2 2 2 2 2 2 2 2 2 2 2
 2 2], shape=(150,), dtype=int64)
```

图 2.7 打印结果

2.1.5 使用 TensorFlow 标准化编译对 iris 模型进行拟合

在 2.1.2 小节中，笔者使用了符合传统 TensorFlow 习惯的梯度更新方式对参数进行更新。然而，这种看起来符合编程习惯的梯度计算和更新方法可能并不符合大多数有机器学习使用经验的读者的习惯。本小节以修改后的 iris 分类为例讲解标准化 TensorFlow 的编译方法。

对于大多数机器学习的程序设计人员来说，往往习惯了使用 fit 函数和 compile 函数进行数据载入和参数分析，代码如下：

【程序 2-4】

```
import tensorflow as tf
import numpy as np
from sklearn.datasets import load_iris
data = load_iris()
iris_data = np.float32(data.data)
iris_target = (data.target)
iris_target = np.float32(tf.keras.utils.to_categorical(iris_target, num_classes=3))
train_data = tf.data.Dataset.from_tensor_slices((iris_data,iris_target)).batch(128)
input_xs  = tf.keras.Input(shape=(4,), name='input_xs')
out = tf.keras.layers.Dense(32, activation='relu', name='dense_1')(input_xs)
out = tf.keras.layers.Dense(64, activation='relu', name='dense_2')(out)
logits = tf.keras.layers.Dense(3, activation="softmax",name='predictions')(out)
model = tf.keras.Model(inputs=input_xs, outputs=logits)
opt = tf.optimizers.Adam(1e-3)
model.compile(optimizer=tf.optimizers.Adam(1e-3), loss=tf.losses.categorical_crossentropy,
metrics = ['accuracy'])
model.fit(train_data, epochs=500)
score = model.evaluate(iris_data, iris_target)
print("last score:",score)
```

下面我们详细分析一下代码。

1．数据的获取

本例使用了 sklearn 中的 iris 数据集作为数据来源，之后将 target 转化成 One-Hot 的形式进行存储。顺便提一句，TensorFlow 本身也带有 One-Hot 函数，即 tf.One-Hot，有兴趣的读者可以自行学习。

数据读取之后的处理在后文讲解，这个问题先放一下，请读者继续按顺序往下阅读。

2. 模型的建立和参数更新

这里不准备采用新模型的建立方法，对于读者来说，熟悉函数化编程已经能够应付绝大多数深度学习模型的建立。在后面的章节中，我们会教会读者自定义某些层的方法。

对于梯度的更新，到目前为止的程序设计中都是采用类似回传调用的方式对参数进行更新，这是由程序设计者手动完成的。然而TensorFlow推荐使用自带的梯度更新方法，代码如下：

```
model.compile(optimizer=tf.optimizers.Adam(1e-3),
loss=tf.losses.categorical_crossentropy,metrics = ['accuracy'])
model.fit(train_data, epochs=500)
```

compile函数是模型适配损失函数和选择优化器的专用函数，而fit函数的作用是把训练参数加载进模型中。下面分别对其进行讲解。

（1）compile

compile函数是配置训练模型的专用编译函数，源码如下：

```
compile(optimizer, loss=None, metrics=None, loss_weights=None,
sample_weight_mode=None, weighted_metrics=None, target_tensors=None)
```

这里主要介绍其中重要的3个参数：optimizer、loss和metrics。

- optimizer：字符串（优化器名）或者优化器实例。
- loss：字符串（目标函数名）或目标函数。如果模型具有多个输出，可以通过传递损失函数的字典或列表在每个输出上使用不同的损失。模型最小化的损失值将是所有单个损失的总和。
- metrics：在训练和测试期间的模型评估标准，通常会使用 metrics = ['accuracy']。要为多输出模型的不同输出指定不同的评估标准，还可以传递一个字典，如 metrics = {'output_a': 'accuracy'}。

可以看到，优化器（optimizer）被传入了选定的优化器函数，loss是损失函数，这里也被传入了选定的多分类crossentry函数。metrics用来评估模型的标准，一般用准确率表示。

实际上，compile函数是一个多重回调函数的集合，对于所有的参数来说，实际上就是根据对应函数的"地址"回调对应的函数，并将参数传入。

举一个例子，在上面的编译器中，我们传递的是一个TensorFlow自带的损失函数，而实际上往往由于针对不同的计算和误差需要不同的损失函数，这里自定义一个均方差（MSE）损失函数，代码如下：

```
def my_MSE(y_true , y_pred):
    my_loss = tf.reduce_mean(tf.square(y_true - y_pred))
    return my_loss
```

这个损失函数接收两个参数，分别是y_true和y_pred，即预测值和真实值的形式参数。之后根据需要计算出真实值和预测值之间的误差。

损失函数名作为地址传递给compile后,即可作为自定义的损失函数在模型中进行编译,代码如下:

```
opt = tf.optimizers.Adam(1e-3)
def my_MSE(y_true , y_pred):
    my_loss = tf.reduce_mean(tf.square(y_true - y_pred))
    return my_loss
model.compile(optimizer=tf.optimizers.Adam(1e-3), loss=my_MSE,metrics =
['accuracy'])
```

至于优化器的自定义实际上也是可以的。但是一般情况下优化器的编写需要比较高的编程技巧以及对模型的理解,这里读者直接使用TensorFlow自带的优化器即可。

(2) fit函数

fit函数的作用是以给定数量的轮次(数据集上的迭代)训练模型。其主要参数有如下4个:

- x: 训练数据的 NumPy 数组(如果模型只有一个输入),或者 NumPy 数组的列表(如果模型有多个输入)。如果模型中的输入层被命名,也可以传递一个字典,将输入层名称映射到 NumPy 数组。如果从本地框架张量馈送(例如 TensorFlow 数据张量)数据,x 可以是 None(默认)。
- y: 目标(标签)数据的 NumPy 数组(如果模型只有一个输出),或者 NumPy 数组的列表(如果模型有多个输出)。如果模型中的输出层被命名,也可以传递一个字典,将输出层名称映射到 NumPy 数组。如果从本地框架张量馈送(例如 TensorFlow 数据张量)数据,y 可以是 None(默认)。
- batch_size: 整数或 None。每次梯度更新的样本数。如果未指定,默认为 32。
- epochs: 整数。训练模型迭代轮次。一个轮次是在整个 x 和 y 上的一轮迭代。注意,与 initial_epoch 一起,epochs 被理解为"最终轮次"。模型并不是训练了 epochs 轮,而是到第 epochs 轮停止训练。

fit函数的主要作用是对输入的数据进行修改,如果读者已经成功运行了程序2-4,那么现在可以略微修改其代码,重新运行iris数据集,代码如下:

【程序2-5】

```
import tensorflow as tf
import numpy as np
from sklearn.datasets import load_iris
data = load_iris()
#数据的形式
iris_data = np.float32(data.data)              #数据读取
iris_target = (data.target)
iris_target = np.float32(tf.keras.utils.to_categorical(iris_target,
num_classes=3))
input_xs  = tf.keras.Input(shape=(4,), name='input_xs')
```

```
    out = tf.keras.layers.Dense(32, activation='relu', name='dense_1')(input_xs)
    out = tf.keras.layers.Dense(64, activation='relu', name='dense_2')(out)
    logits = tf.keras.layers.Dense(3, activation="softmax",name='predictions')
(out)
    model = tf.keras.Model(inputs=input_xs, outputs=logits)
    opt = tf.optimizers.Adam(1e-3)
    model.compile(optimizer=tf.optimizers.Adam(1e-3),
loss=tf.losses.categorical_crossentropy,metrics = ['accuracy'])
    model.fit(x=iris_data,y=iris_target,batch_size=128, epochs=500)    #fit函数载入
数据
    score = model.evaluate(iris_data, iris_target)
    print("last score:",score)
```

对比程序2-4和程序2-5可以看到，它们最大的不同在于数据读取方式的变化。进行更为细节的比较，在程序2-4中，数据的读取方式和fit函数的载入方式如下：

```
iris_data = np.float32(data.data)
iris_target = (data.target)
iris_target = np.float32(tf.keras.utils.to_categorical(iris_target,
num_classes=3))
train_data = tf.data.Dataset.from_tensor_slices((iris_data,
iris_target)).batch(128)
……
model.fit(train_data, epochs=500)
```

iris的数据读取被分成两部分：数据特征部分和label分布。label部分使用Keras自带的工具进行离散化处理。

离散化后处理的部分又被tf.data.Dataset API整合成一个新的数据集，并且依batch被切分成多个部分。

此时，fit的处理对象是一个被tf.data.Dataset API处理后的Tensor类型数据，并且在切分的时候依照整合的内容依次被读取。在读取的过程中，由于它是一个Tensor类型的数据，fit内部的batch_size划分不起作用，而使用生成数据的tf中的数据生成器的batch_size划分。如果读者对其还是不能够理解的话，可以使用如下代码打印重新整合后的train_data中的数据看看：

```
for iris_data,iris_target in train_data
```

现在回到程序2-5中，取出对应数据读取和载入的部分如下：

```
#数据的形式
iris_data = np.float32(data.data)                    #数据读取
iris_target = (data.target)
iris_target = np.float32(tf.keras.utils.to_categorical(iris_target,
num_classes=3))
……
model.fit(x=iris_data,y=iris_target,batch_size=128, epochs=500)    #fit函数载入
数据
```

可以看到，数据在读取和载入的过程中没有变化，将处理后的数据直接输入fit函数中供模

式使用。此时由于是直接对数据进行操作,因此对数据的划分由fit函数负责,fit函数中的batch_size被设定为128。

2.1.6 多输入单一输出 TensorFlow 编译方法(选学)

在前面内容的学习中,我们采用的是标准化的深度学习流程,即数据的准备与处理,数据的输入与计算,以及最后结果的打印。虽然在真实情况中可能会遇到各种各样的问题,但是基本步骤是不会变的。

这里存在一个非常重要的问题,在模型的计算过程中,如果遇到多个数据输入端,应该怎么处理,如图2.8所示。

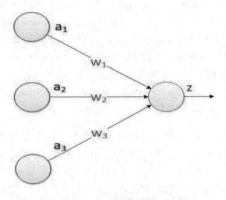

图2.8 多个数据输入端

以Tensor格式的数据为例,在数据的转化部分就需要对数据进行"打包"处理,即将不同的数据按类型进行打包,如下所示:

```
输入1, 输入2, 输入3, 标签 -> (输入1, 输入2, 输入3), 标签
```

注意小括号的位置,这里显式地将数据分成两部分,即输入与标签。而多输入的部分使用小括号打包在一起形成一个整体。

下面还是以iris数据集为例讲解多数据输入的问题。

第一步:数据的获取与处理

从前面的介绍可以知道,iris数据集每行是一个由4个特征组合在一起表示的特征集合,此时可以人为地将其切分,即将长度为4的特征转化成长度为3和长度为1的两个特征集合,代码如下:

```
import tensorflow as tf
import numpy as np
from sklearn.datasets import load_iris
data = load_iris()
iris_data = np.float32(data.data)
iris_data_1 = []
iris_data_2 = []
for iris in iris_data:
    iris_data_1.append(iris[0])
    iris_data_2.append(iris[1:4])
```

打印其中一条数据,如下所示:

```
5.1
[3.5 1.4 0.2]
```

可以看到,一行4列的数据被拆分成两组特征。

第二步：模型的建立

接下来就是模型的建立，这里的数据被人为地拆分成两部分，因此在模型的输入端也要能够对应处理两组数据的输入。

```
input_xs_1 = tf.keras.Input(shape=(1,), name='input_xs_1')
input_xs_2 = tf.keras.Input(shape=(3,), name='input_xs_2')
input_xs = tf.concat([input_xs_1,input_xs_2],axis=-1)
```

可以看到代码中分别建立了input_xs_1和input_xs_2作为数据的接收端接收传递进来的数据，之后通过一个concat重新将数据组合起来，恢复成一条4个特征的集合。

```
out = tf.keras.layers.Dense(32, activation='relu', name='dense_1')(input_xs)
out = tf.keras.layers.Dense(64, activation='relu', name='dense_2')(out)
logits = tf.keras.layers.Dense(3, activation="softmax", name='predictions')(out)
model = tf.keras.Model(inputs=[input_xs_1,input_xs_2], outputs=logits)
```

对剩余部分的数据处理没有变化，按前文程序的处理即可。

第三步：数据的组合

切分后的数据需要重新对其进行组合，生成符合模型需求的Tensor数据。这里最关键的是在模型中对输入输出格式的定义，把模式的输入输出格式拆出如下：

```
input = 【输入1，输入2】, outputs = 输出
```

因此，在Tensor建立的过程中，也要按模型输入的格式创建对应的数据集，格式如下：

```
((输入1，输入2),输出)
```

注意这里的括号有几重，这里我们采用了两层括号对数据进行包裹，即首先将输入1和输入2包裹成一个输入数据，之后重新打包输出，共同组成一个数据集。转化Tensor数据的代码如下：

```
train_data = tf.data.Dataset.from_tensor_slices(((iris_data_1,iris_data_2), iris_target)).batch(128)
```

> **注　意**
>
> 一定要注意小括号的层数。

完整代码如下：

【程序2-6】

```
import tensorflow as tf
import numpy as np
from sklearn.datasets import load_iris
data = load_iris()
iris_data = np.float32(data.data)
iris_data_1 = []
```

```python
    iris_data_2 = []
    for iris in iris_data:
        iris_data_1.append(iris[0])
        iris_data_2.append(iris[1:4])
    iris_target = np.float32(tf.keras.utils.to_categorical(data.target,num_classes=3))
    #注意数据的包裹层数
    train_data = tf.data.Dataset.from_tensor_slices(((iris_data_1,iris_data_2),iris_target)).batch(128)
    input_xs_1 = tf.keras.Input(shape=(1,), name='input_xs_1')    #接收输入参数一
    input_xs_2 = tf.keras.Input(shape=(3,), name='input_xs_2')    #接收输入参数二
    input_xs = tf.concat([input_xs_1,input_xs_2],axis=-1)         #重新组合参数
    out = tf.keras.layers.Dense(32, activation='relu', name='dense_1')(input_xs)
    out = tf.keras.layers.Dense(64, activation='relu', name='dense_2')(out)
    logits = tf.keras.layers.Dense(3, activation="softmax", name='predictions')(out)
    model = tf.keras.Model(inputs=[input_xs_1,input_xs_2], outputs=logits)    #注意model中的中括号
    opt = tf.optimizers.Adam(1e-3)
    model.compile(optimizer=tf.optimizers.Adam(1e-3), loss=tf.losses.categorical_crossentropy,metrics = ['accuracy'])
    model.fit(x = train_data, epochs=500)
    score = model.evaluate(train_data)
    print("多头score: ",score)
```

最终打印结果如图2.9所示。

```
1/2 [==============>...............] - ETA: 0s - loss: 0.1158 - accuracy: 0.9609
2/2 [==============================] - 0s 0s/step - loss: 0.0913 - accuracy: 0.9667
Epoch 500/500

1/2 [==============>...............] - ETA: 0s - loss: 0.1157 - accuracy: 0.9609
2/2 [==============================] - 0s 0s/step - loss: 0.0912 - accuracy: 0.9667

1/2 [==============>...............] - ETA: 0s - loss: 0.1155 - accuracy: 0.9609
2/2 [==============================] - 0s 31ms/step - loss: 0.0829 - accuracy: 0.9667
多头score:  [0.08285454660654068, 0.96666664]
```

图2.9 打印结果

对于认真阅读本书的读者来说，这个最终的打印结果应该见过很多次了，这里TensorFlow默认输出了每个循环结束后的loss值，并且按compile函数中设定的内容输出准确率。最后的evaluate函数通过对测试集中的数据进行重新计算，而获取在测试集中的损失值和准确率。本例使用训练数据代替测试数据。

在程序2-6中数据的准备是使用tf.data API完成的，即通过打包的方式将数据输出，也可以直接将输入的数据输入模型中进行训练，代码如下：

【程序 2-7】

```python
import tensorflow as tf
import numpy as np
from sklearn.datasets import load_iris
data = load_iris()
iris_data = np.float32(data.data)
iris_data_1 = []
iris_data_2 = []
for iris in iris_data:
    iris_data_1.append(iris[0])
iris_data_2.append(iris[1:4])
iris_data_1 = np.array(iris_data_1)
iris_data_2 = np.array(iris_data_2)
iris_target = np.float32(tf.keras.utils.to_categorical(data.target, num_classes=3))
input_xs_1 = tf.keras.Input(shape=(1,), name='input_xs_1')
input_xs_2 = tf.keras.Input(shape=(3,), name='input_xs_2')
input_xs = tf.concat([input_xs_1,input_xs_2],axis=-1)
out = tf.keras.layers.Dense(32, activation='relu', name='dense_1')(input_xs)
out = tf.keras.layers.Dense(64, activation='relu', name='dense_2')(out)
logits = tf.keras.layers.Dense(3, activation="softmax",name='predictions')(out)
model = tf.keras.Model(inputs=[input_xs_1,input_xs_2], outputs=logits)
opt = tf.optimizers.Adam(1e-3)
model.compile(optimizer=tf.optimizers.Adam(1e-3), loss=tf.losses.categorical_crossentropy,metrics = ['accuracy'])
model.fit(x = ([iris_data_1,iris_data_2]),y=iris_target,batch_size=128, epochs=500)
score = model.evaluate(x=([iris_data_1,iris_data_2]),y=iris_target)
print("多头score: ",score)
```

最终打印结果请读者自行验证，需要注意其中数据的包裹情况。

2.1.7 多输入多输出 TensorFlow 编译方法（选学）

读者已经知道了多输入单一输出的TensorFlow的写法，在实际编程中有没有可能遇到多输入多输出的情况呢？

事实上是有的。虽然读者可能遇到的情况会很少，但是在必要的时候还是需要设计多输出的神经网络模型进行训练，例如bert模型。

对于多输出模型的写法，实际上也可以仿照2.1.6小节多输入模型中多输入端的写法，将output的数据使用中括号进行包裹。

数据的修正和设计

```python
iris_data_1 = []
iris_data_2 = []
```

```
for iris in iris_data:
    iris_data_1.append(iris0:[2])
    iris_data_2.append(iris[2:])
iris_label = data.target
iris_target = np.float32(tf.keras.utils.to_categorical(data.target,
num_classes=3))
train_data = tf.data.Dataset.from_tensor_slices(((iris_data_1,iris_data_2),
(iris_target,iris_label))).batch(128)
```

首先是对数据的修正和设计，数据的输入被平均分成两组，每组有两个特征。这实际上没什么变化。而对于特征的分类，在引入One-Hot处理的分类数据集外，还保留了数据分类本身的真实值做目标的辅助分类计算结果。无论是多输入还是多输出，此时都使用打包的形式将数据重新打包成一个整体的数据集合。

在fit函数中，直接调用打包后的输入数据即可。

```
model.fit(x = train_data, epochs=500)
```

完整代码如下：

【程序 2-8】

```
import tensorflow as tf
import numpy as np
from sklearn.datasets import load_iris
data = load_iris()
iris_data = np.float32(data.data)
iris_data_1 = []
iris_data_2 = []
for iris in iris_data:
    iris_data_1.append(iris[:2])
    iris_data_2.append(iris[2:])
iris_label = np.array(data.target,dtype=np.float)
iris_target = tf.One-Hot(data.target,depth=3,dtype=tf.float32)

iris_data_1 = np.array(iris_data_1)
iris_data_2 = np.array(iris_data_2)

input_xs_1 = tf.keras.Input(shape=(2), name='input_xs_1')
input_xs_2 = tf.keras.Input(shape=(2), name='input_xs_2')
input_xs = tf.concat([input_xs_1,input_xs_2],axis=-1)
out = tf.keras.layers.Dense(32, activation='relu', name='dense_1')(input_xs)
out = tf.keras.layers.Dense(64, activation='relu', name='dense_2')(out)
logits = tf.keras.layers.Dense(3, activation="softmax",name='predictions')
(out)
label = tf.keras.layers.Dense(1,name='label')(out)
model = tf.keras.Model(inputs=(input_xs_1,input_xs_2),outputs=(logits,label))
opt = tf.optimizers.Adam(1e-3)
def my_MSE(y_true , y_pred):
```

```
    my_loss = tf.reduce_mean(tf.square(y_true - y_pred))
    return my_loss
model.compile(optimizer=tf.optimizers.Adam(1e-3), loss={'predictions':
tf.losses.categorical_crossentropy, 'label': my_MSE},loss_weights=
{'predictions': 0.1, 'label': 0.5},metrics = ['accuracy'])
    model.fit(x = (iris_data_1,iris_data_2),y=(iris_target,iris_label),
epochs=500)
```

输出结果如图2.10所示。

```
ETA: 0s - loss: 0.0106 - predictions_loss: 0.0463 - label_loss: 0.0118 - predictions_accuracy: 0.9844 - label_accurac
0s 3ms/step - loss: 0.0075 - predictions_loss: 0.0304 - label_loss: 0.0071 - predictions_accuracy: 0.9867 - label_acc
ETA: 0s - loss: 0.0107 - predictions_loss: 0.0474 - label_loss: 0.0120 - predictions_accuracy: 0.9844 - label_accurac
0s 53ms/step - loss: 0.0064 - predictions_loss: 0.0304 - label_loss: 0.0067 - predictions_accuracy: 0.9867 - label_ac
```

图2.10　输出结果

限于篇幅，这里只给出一部分结果，相信读者能够理解输出的数据内容。

2.2　全连接层详解

学完前面的内容后，读者对TensorFlow程序设计应该有了比较感性的认识。不过这里有一个问题，前面反复提及的全连接层到底是什么呢？本节将详细讲解一下。

2.2.1　全连接层的定义与实现

全连接层的每一个节点都与上一层的所有节点相连，用来把前面提取的特征综合起来。由于其全相连的特性，一般全连接层的参数也是最多的。图2.11所示的是一个简单的全连接网络。

其推导过程如下：

$w11 \times x1 + w12 \times x2 + w13 \times x3 = a1$
$w21 \times x1 + w22 \times x2 + w23 \times x3 = a2$
$w31 \times x1 + w32 \times x2 + w33 \times x3 = a3$

将推导公式转化一下，写法如下：

图2.11　全连接网络

$$\begin{bmatrix} w_{11} & w_{12} & w_{13} \\ w_{21} & w_{22} & w_{23} \\ w_{31} & w_{32} & w_{33} \end{bmatrix} * \begin{bmatrix} x_1 \\ x_2 \\ x_3 \end{bmatrix} = \begin{bmatrix} a_1 \\ a_2 \\ a_3 \end{bmatrix}$$

可以看到，全连接的核心操作就是矩阵向量乘积：$w * x = y$。

下面举一个例子，使用TensorFlow自带的API实现一个简单的矩阵计算。

[1,1]　　[1]
[2,2]*　　[1]= [?]

首先，通过公式计算对数据进行先行验证，按推导公式计算如下：

$(1×1+1×1)+0.17=2.17$

$(2×1+2×1)+0.17=4.17$

这样最终形成了一个新的矩阵[2.17,4.17]，代码如下：

【程序 2-9】

```
import tensorflow as tf
weight = tf.Variable([[1.],[1.]])                        #创建参数weight
bias   = tf.Variable([[0.17]])                           #创建参数bias
input_xs = tf.constant([[1.,1.],[2.,2.]])                #创建输入值
matrix = tf.matmul(input_xs,weight) + bias               #计算结果
print(matrix)                                            #打印结果
```

最终打印结果如下：

```
tf.Tensor([[2.17] [4.17]], shape=(2, 1), dtype=float32)
```

可以看到，最终计算出一个Tensor，大小为shape=(2, 1)，类型为float32，其值为[[2.17] [4.17]]。

计算本身非常简单，全连接的计算方法相信读者也很容易掌握，现在回到代码中，注意我们在定义参数和定义输入值的时候采用了不同的写法：

```
weight = tf.Variable([[1.],[1.]])
input_xs = tf.constant([[1.,1.],[2.,2.]])
```

这里对参数的定义使用的是Variable函数，而对输入值的定义使用的是constant函数，将其对应内容打印如下：

```
<tf.Variable 'Variable:0' shape=(2, 1) dtype=float32, numpy=array([[1.], [1.]], dtype=float32)>
```

input_xs打印如下：

```
tf.Tensor([[1. 1.]
          [2. 2.]], shape=(2, 2), dtype=float32)
```

通过对比可以看到，这里的weight被定义成一个可变参数Variable类型，以便在后续的反向计算中进行调整。constant函数用于直接读取数据，可以将其定义成Tensor格式。

2.2.2 使用 TensorFlow 自带的 API 实现全连接层

读者千万不要有错误的理解，程序2-9中仅仅是为了向读者介绍全连接层的计算方法，而不是介绍全连接层。全连接的本质就是由一个特征空间线性变换到另一个特征空间。目标空间的任一维——也就是隐层的一个节点——都认为会受到源空间的每一维的影响。可以不那么严谨地说，目标向量是源向量的加权和。

全连接层一般接在特征提取网络之后，用作对特征的分类器。全连接常出现在最后几层，用于对前面设计的特征做加权和。前面的网络相当于做特征工程，后面的全连接相当于做特征加权。

具体的神经网络差值反馈算法将在第3章介绍。

下面使用自定义的方法实现某一个可以加载到model中的"自定义全连接层"。

1. 自定义层的继承

在TensorFlow中，任何一个自定义的层都是继承自tf.keras.layers.Layer，我们将其称为"父层"，如图2.12所示。这里所谓的自定义层实际上是父层的一个具体实现。

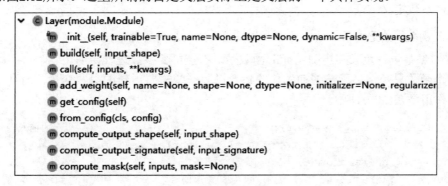

图2.12 父层

从图2.12可以看到，Layer层中由多个函数构成，因此基于继承的关系，如果想要实现自定义的层，那么必须实现其中的函数。

2. "父层"函数介绍

所谓"父层"，就是这里自定义的层继承自哪里，告诉TensorFlow可以使用父层定义好的函数，或者添加自定义的其他函数。

Layer层中需要自定义的函数有很多，但是在实际使用时一般只需要定义那些必须使用的函数，例如build、call函数以及初始化所需的__init__函数。

- __init__函数：首先进行一些必要参数的初始化，这些参数的初始化写在 def __init__(self,)中。写法如下：

```
class MyLayer(tf.keras.layers.Layer):          #显示继承自Layer层
    def __init__(self, output_dim):             #init中显示确定参数
        self.output_dim = output_dim            #载入参数进类中
        super(MyLayer, self).__init__()         #向父类注册
```

可以看到，init函数中最重要的就是显式地确定所需要的一些参数。值得注意的是，对于输入的init中的参数，输入Tensor不会在这里进行标注，init值初始化的是模型参数。输入值不属于"模型参数"。

- build 函数：build 函数主要用于声明需要更新的参数部分，如权重等。一般使用 self.kernel = tf.Variable(shape=[ ])等来声明需要更新的参数变量：

```
        def build(self, input_shape):  #build函数参数中的input_shape形参是固定不变的写法
            self.weight = tf.Variable(tf.random.normal([input_shape[-1],
self.output_dim]), name="dense_weight")
            self.bias = tf.Variable(tf.random.normal([self.output_dim]),
name="bias_weight",trainable=self.trainable)
            super(MyLayer, self).build(input_shape)
```

build函数参数中的input_shape形参是固定不变的写法，读者不需修改，其中自定义的参数需要加上self，表明是在类中使用的全局参数。

代码最后的super(MyLayer, self).build(input_shape)，目前读者只需要记得这种写法，在build的最后确定参数定义结束。

- call 函数：最重要的函数，这部分代码包含主要层的实现。

init是对参数进行定义和声明，build函数是对权重可变参数进行声明。

这两个函数只是定义了一些初始化的参数以及一些需要更新的参数变量，而真正实现所定义类的作用是在call方法中。

```
        def call(self, input_tensor):                          #这里声明输入Tensor
            out = tf.matmul(input_tensor,self.weight) + self.bias    #计算
            out = tf.nn.relu(out)                              #计算
            out = tf.keras.layers.Dropout(0.1)(out)            #计算
            return out                                         #输出结果
```

可以看到call中的一系列操作是对__init__和build方法中变量参数的应用，所有的计算都在call函数中完成。需要注意的是，输入的参数也在这里出现，经过计算后返回计算值。

```
        class MyLayer(tf.keras.layers.Layer):
            def __init__(self, output_dim,trainable = True):
                self.output_dim = output_dim
                super(MyLayer, self).__init__()

            def build(self, input_shape):
                self.weight =
tf.Variable(tf.random.normal([input_shape[-1],self.output_dim]),
name="dense_weight")
                self.bias = tf.Variable(tf.random.normal([self.output_dim]),
name="bias_weight")
                super(MyLayer, self).build(input_shape)  # Be sure to call this
somewhere!

            def call(self, input_tensor):
                out = tf.matmul(input_tensor,self.weight) + self.bias
                out = tf.nn.relu(out)
                out = tf.keras.layers.Dropout(0.1)(out)
                return out
```

下面使用自定义的层修改iris模型，代码如下：

【程序 2-10】

```python
import tensorflow as tf
import numpy as np
from sklearn.datasets import load_iris
data = load_iris()
iris_data = np.float32(data.data)
iris_target = (data.target)
iris_target = np.float32(tf.keras.utils.to_categorical(iris_target, num_classes=3))
train_data = tf.data.Dataset.from_tensor_slices((iris_data,iris_target)).batch(128)
#自定义的层-全连接层
class MyLayer(tf.keras.layers.Layer):
    def __init__(self, output_dim):
        self.output_dim = output_dim
        super(MyLayer, self).__init__()
    def build(self, input_shape):
        self.weight = tf.Variable(tf.random.normal([input_shape[-1], self.output_dim]), name="dense_weight")
        self.bias = tf.Variable(tf.random.normal([self.output_dim]), name="bias_weight")
        super(MyLayer, self).build(input_shape)  # Be sure to call this somewhere!
    def call(self, input_tensor):
        out = tf.matmul(input_tensor,self.weight) + self.bias
        out = tf.nn.relu(out)
        out = tf.keras.layers.Dropout(0.1)(out)
        return out
input_xs = tf.keras.Input(shape=(4,), name='input_xs')
out = tf.keras.layers.Dense(32, activation='relu', name='dense_1')(input_xs)
out = MyLayer(32)(out)                    #自定义层
out = MyLayer(48)(out)                    #自定义层
out = tf.keras.layers.Dense(64, activation='relu', name='dense_2')(out)
logits = tf.keras.layers.Dense(3, activation="softmax", name='predictions')(out)
model = tf.keras.Model(inputs=input_xs, outputs=logits)
opt = tf.optimizers.Adam(1e-3)
model.compile(optimizer=tf.optimizers.Adam(1e-3), loss=tf.losses.categorical_crossentropy,metrics = ['accuracy'])
model.fit(train_data, epochs=1000)
score = model.evaluate(iris_data, iris_target)
print("last score:",score)
```

我们首先定义了 MyLayer 作为全连接层，之后正如使用 TensorFlow 自带的层一样，直接生成类函数并显式指定输入参数，最终将所有的层加入 Model 中。最终打印结果如图 2.13 所示。

```
1/2 [==============>..............] - ETA: 0s - loss: 0.1278 - accuracy: 0.9531
2/2 [==============================] - 0s 4ms/step - loss: 0.0812 - accuracy: 0.9600

 32/150 [=====>.......................] - ETA: 0s - loss: 3.6322e-07 - accuracy: 1.0000
150/150 [==============================] - 0s 592us/sample - loss: 0.0792 - accuracy: 0.9800
last score: [0.0791539035427498, 0.98]
```

图 2.13　打印结果

2.2.3　打印显示已设计的 Model 结构和参数

程序2-10使用自定义层实现了Model。如果读者认真学习了这部分内容，那么相信你一定可以实现自己的自定义层。

但是还有一个问题，对于自定义的层来说，这里的参数名，也就是在build中定义的参数名称都是一样的。而在层生成的过程中似乎并没有对每个层进行重新命名，或者将其归属于某个命名空间中。这看起来与传统的TensorFlow 1.X模型的设计结果相冲突。

实践是解决疑问的最好办法。TensorFlow中提供了打印模型结构的函数，代码如下：

```
print(model.summary())
```

使用这个函数，将其置于构建后的model下，即可打印模型的结构与参数。

【程序 2-11】

```python
import tensorflow as tf
import numpy as np
from sklearn.datasets import load_iris
data = load_iris()
iris_data = np.float32(data.data)
iris_target = (data.target)
iris_target = np.float32(tf.keras.utils.to_categorical(iris_target, num_classes=3))
train_data = tf.data.Dataset.from_tensor_slices((iris_data,iris_target)).batch(128)
class MyLayer(tf.keras.layers.Layer):
    def __init__(self, output_dim):
        self.output_dim = output_dim
        super(MyLayer, self).__init__()
    def build(self, input_shape):
        self.weight = tf.Variable(tf.random.normal([input_shape[-1], self.output_dim]), name="dense_weight")
        self.bias = tf.Variable(tf.random.normal([self.output_dim]), name="bias_weight")
        super(MyLayer, self).build(input_shape)  # Be sure to call this somewhere!
    def call(self, input_tensor):
        out = tf.matmul(input_tensor,self.weight) + self.bias
        out = tf.nn.relu(out)
        out = tf.keras.layers.Dropout(0.1)(out)
```

```
        return out
input_xs = tf.keras.Input(shape=(4,), name='input_xs')
out = tf.keras.layers.Dense(32, activation='relu', name='dense_1')(input_xs)
out = MyLayer(32)(out)
out = MyLayer(48)(out)
out = tf.keras.layers.Dense(64, activation='relu', name='dense_2')(out)
logits = tf.keras.layers.Dense(3, activation="softmax",name='predictions')(out)
model = tf.keras.Model(inputs=input_xs, outputs=logits)
print(model.summary())
```

打印结果如图2.14所示。

```
Model: "model"
_____
Layer (type)                 Output Shape              Param #
=================================================================
input_xs (InputLayer)        [(None, 4)]               0
_____
dense_1 (Dense)              (None, 32)                160
_____
my_layer (MyLayer)           (None, 32)                1056
_____
my_layer_1 (MyLayer)         (None, 48)                1584
_____
dense_2 (Dense)              (None, 64)                3136
_____
predictions (Dense)          (None, 3)                 195
=================================================================
Total params: 6,131
Trainable params: 6,131
Non-trainable params: 0
```

图 2.14　打印结果

从打印出的模型结果可以看到，这里每一层都根据层的名称重新命名，而且由于名称相同，TensorFlow框架自动根据其命名方式对其进行层数的增加（名称）。

对于读者更关心的参数问题，从对应行的第三列Param可以看到，不同的层，其参数个数也不相同，因此可以认为在TensorFlow中，重名的模型被自动赋予一个新的名称，并存在于不同的命名空间之中。

2.3　懒人的福音——Keras 模型库

TensorFlow官方使用Keras作为高级接口，其额外好处是可以使用大量已编写好的模型作为一个自定义层来直接使用，从而不需要使用者亲手编写模型。

举例来说，一般常用的深度学习模型，例如VGG和ResNet（重点模型，后面会完整详细地介绍）等，直接从tf.keras.applications这个模型下导入即可。图2.15列出了Keras自带的模型数目。

```
from tensorflow.python.keras.api._v2.keras.applications import densenet
from tensorflow.python.keras.api._v2.keras.applications import inception_resnet_v2
from tensorflow.python.keras.api._v2.keras.applications import inception_v3
from tensorflow.python.keras.api._v2.keras.applications import mobilenet
from tensorflow.python.keras.api._v2.keras.applications import mobilenet_v2
from tensorflow.python.keras.api._v2.keras.applications import nasnet
from tensorflow.python.keras.api._v2.keras.applications import resnet50
from tensorflow.python.keras.api._v2.keras.applications import vgg16
from tensorflow.python.keras.api._v2.keras.applications import vgg19
from tensorflow.python.keras.api._v2.keras.applications import xception
from tensorflow.python.keras.applications import DenseNet121
from tensorflow.python.keras.applications import DenseNet169
from tensorflow.python.keras.applications import DenseNet201
from tensorflow.python.keras.applications import InceptionResNetV2
from tensorflow.python.keras.applications import InceptionV3
from tensorflow.python.keras.applications import MobileNet
from tensorflow.python.keras.applications import MobileNetV2
from tensorflow.python.keras.applications import NASNetLarge
from tensorflow.python.keras.applications import NASNetMobile
from tensorflow.python.keras.applications import ResNet50
from tensorflow.python.keras.applications import VGG16
from tensorflow.python.keras.applications import VGG19
from tensorflow.python.keras.applications import Xception
```

图 2.15 Keras 自带的模型数目

可以看到，对于大多数的图像处理模型，applications模块都已经将其打包到内部，可以直接调用。本章将以ResNet50为例介绍TensorFlow中预定义的ResNet模型的调用和参数载入方式，更多内容将在第6章详细讲解。

2.3.1 ResNet50 模型和参数的载入

第一步是模型的载入，笔者选择ResNet50模型作为载入的目标，即载入图2.15所示列表中的倒数第4个模型，导入代码如下：

```
resnet = tf.keras.applications.ResNet50()        #（载入可能卡住，下文有解决办法）
```

如果是第一次载入这个模型，会在终端显示如图2.16所示的信息。

```
2020-01-28 20:45:51.049626: I tensorflow/core/common_runtime/gpu/gpu_device.cc:1200] 0:   N
2020-01-28 20:45:51.050203: I tensorflow/core/common_runtime/gpu/gpu_device.cc:1326] Created TensorFlow device (/job:localhost/replica:0/task:0/
Downloading data from https://github.com/fchollet/deep-learning-models/releases/download/v0.2/resnet50_weights_tf_dim_ordering_tf_kernels.h5
```

图 2.16 第一次载入

这是因为在第一次载入时，Keras在载入模型的同时将模型默认参数下载并载入，可能会由于网络原因，下载会卡住，因此模型终端有可能在此停止运行。解决的办法非常简单，使用下载工具将链接的内容下载下来，之后显式地告诉Keras参数的位置即可，代码如下：

```
resnet = tf.keras.applications.ResNet50
    (weights='C:/Users/xiaohua/Desktop/Tst/resnet50_weights_tf_dim_ordering_tf
_kernels_notop.h5')
#如果读者可以自行设置weights读取的方式
```

这里weights函数显式地告诉模型所需要载入的参数位置。

> **注　意**
>
> 由于是显式地引入参数地址，因此地址需要写成绝对地址。

下面看一下ResNet50模型在Keras中的源码定义，代码如图2.17所示。

```
def ResNet50(include_top=True,
             weights='imagenet',
             input_tensor=None,
             input_shape=None,
             pooling=None,
             classes=1000,
             **kwargs):
```

图2.17　ResNet50模型的源码定义

这里classes参数是ResNet基于imagenet数据集预训练的分类数，但是一般而言，使用预训练模型是用作特征提取，而不是完整地使用模型作为同样的"分类器"，因此直接屏蔽掉最上面一层的分类层即可，代码可以改成如下：

```
resnet = tf.keras.applications.resnet50.ResNet50
(weights='C:/Users/xiaohua/Desktop/Tst/resnet50_weights_tf_dim_ordering_
tf_kernels_notop.h5',include_top=False)     #如果读者可以自行设置weights读取的方式

print(resnet.summary())
```

使用summary函数可以将ResNet50模型的结构打印出来，如图2.18所示。

```
activation_47 (Activation)      (None, None, None, 5 0          bn5c_branch2b[0][0]

res5c_branch2c (Conv2D)         (None, None, None, 2 1050624    activation_47[0][0]

bn5c_branch2c (BatchNormalizati (None, None, None, 2 8192       res5c_branch2c[0][0]

add_15 (Add)                    (None, None, None, 2 0          bn5c_branch2c[0][0]
                                                                activation_45[0][0]

activation_48 (Activation)      (None, None, None, 2 0          add_15[0][0]
==================================================================================
Total params: 23,587,712
Trainable params: 23,534,592
Non-trainable params: 53,120
_____
None
```

图2.18　ResNet50模型的结构

可以看到模型最后几层的名称和参数，这是载入模型参数后的模型结构。

可能有读者对include_top=False这个参数的设置有疑问，实际上笔者在这里是基于已训练模型做的"迁移学习"任务。迁移学习是将已训练模型去掉最高层的顶端输出层，作为新任务的特征提取器，即这里利用imagenet预训练的特征提取方法迁移到目标数据集上，并根据目标任务追加新的层作为特定的"接口层"，从而可以在目标任务上快速、高效地学习新的任务。

【程序2-12】

```python
import tensorflow as tf
#加载预训练模型和预训练参数

resnet = tf.keras.applications.resnet50.ResNet50(weights='imagenet',include_top=False)
img = tf.random.truncated_normal([1,224,224,3])    #随机生成一个和图片维度相同的数据

result = resnet(img)                               #使用模型进行计算
print(result.shape)                                #打印模型计算结果的维度
```

2.3.2　使用 ResNet50 作为特征提取层建立模型

下面使用ResNet50作为特征提取层建立一个特定的目标分类器，这里简单地进行二分类，代码如下：

【程序2-13】

```python
import tensorflow as tf

resnet_layer = tf.keras.applications.resnet50.ResNet50
(weights='imagenet',include_top=False,pooling = False)   #载入ResNet模型和参数

flatten_layer = tf.keras.layers.GlobalAveragePooling2D()    #使用全局池化层进行数据压缩
drop_out_layer = tf.keras.layers.Dropout(0.1)        #使用Dropout防止过拟合
fc_layer = tf.keras.layers.Dense(2)                  #接上分类层

binary_classes = tf.keras.Sequential([resnet_layer,flatten_layer,
drop_out_layer,fc_layer])                            #组合模型
print(binary_classes.summary())                      #打印模型结构
```

一般来说，预训练的特征提取器放在自定义的模型第一层，主要用于对数据集的特征进行提取，之后的全局池化层是对数据维度进行压缩，将4维的数据特征重新定义成2维，从而将特征从[batch_size,7,7,2048]降维到[batch_size,2048]，读者可以自行打印查看。

drop_out_layer是屏蔽掉某些层用作防止过拟合的层，而fc_layer是用作对特定目标的分类层，这里通过设置unit参数为2定义为分成两类。

最后一步是对定义的各个层进行组合：

```python
binary_classes = tf.keras.Sequential([resnet_layer,flatten_layer,
drop_out_layr,fc_layer])
```

Sequential函数将各个层组合成一个完整的模型，打印结果如图2.19所示。

不同于直接对ResNet50预训练模型的结构，这里仅仅将ResNet50当成一个自定义的层来使用，因此可以看到在打印结果上，依次显示了各个层的名称和参数，最下方是模型参数的总数。

```
Model: "sequential"
_____
Layer (type)                 Output Shape              Param #
=================================================================
resnet50 (Model)             (None, None, None, 2048)  23587712
_____
global_average_pooling2d (Gl (None, 2048)              0
_____
dropout (Dropout)            (None, 2048)              0
_____
dense (Dense)                (None, 2)                 4098
=================================================================
Total params: 23,591,810
Trainable params: 23,538,690
Non-trainable params: 53,120
_____
None
```

图 2.19　组合成一个完整的模型

下面还有一个问题是关于参数的,可以看到基本上所有的参数都是可训练的,也就是在模型的训练过程中所有的参数都参与了计算和更新。对于某些任务来说,预训练模型的参数是不需要更新的,因此可以对ResNet50模型进行设置,代码如下:

【程序 2-14】

```
import tensorflow as tf

resnet_layer = tf.keras.applications.resnet50.ResNet50(weights='imagenet',
include_top=False,pooling = False)
resnet_layer.trainable = False              #显式地设置ResNet层为不可训练
flatten_layer = tf.keras.layers.GlobalAveragePooling2D()
drop_out_layer = tf.keras.layers.Dropout(0.1)
fc_layer = tf.keras.layers.Dense(2)

binary_classes = tf.keras.Sequential([resnet_layer,flatten_layer,
drop_out_layer,fc_layer])
print(binary_classes.summary())
```

相对于上一个代码段,这里额外设置了resnet_layer.trainable = False,这是显式地标注ResNet为不可训练的层,因此ResNet的参数在模型中不参与训练。

这里有一个小技巧:通过模型的大概描述比较参数的训练多少,显示结果如图2.20所示。

从图2.20可以看到,这里Non-trainable的参数占了大部分,也就是ResNet模型的参数不参与训练。读者可以自行比较。

```
Model: "sequential"
_____
Layer (type)                 Output Shape              Param #
=================================================================
resnet50 (Model)             (None, None, None, 2048)  23587712
_____
global_average_pooling2d (Gl (None, 2048)              0
_____
dropout (Dropout)            (None, 2048)              0
_____
dense (Dense)                (None, 2)                 4098
=================================================================
Total params: 23,591,810
Trainable params: 4,098
Non-trainable params: 23,587,712
_____
None
```

图 2.20　模型展示

> **注　意**
>
> 在使用 ResNet 模型做特征提取器的时候，由于 Keras 中的 ResNet50 模型是使用 imagenet 数据集做的预训练模型，因此输入的数据大小最低为[224,224,3]。如果读者使用相同的方法进行预训练模型的自定义，输入的数据维度最小要为[224,224,3]。

其他模型的调用有兴趣的读者可自行完成。

2.4　本章小结

本章介绍了TensorFlow的入门知识，完整地演示了TensorFlow高级API Keras的使用与自定义用法。相信读者对使用一个简单的全连接网络去完成基本的计算已经得心应手。

但这只是TensorFlow和深度学习的入门部分。第3章将介绍TensorFlow中重要的"反向传播"算法，这是TensorFlow能够进行权重更新和计算的核心内容。第4章将介绍TensorFlow 中另一个重要的层：卷积层。

本章最后一部分使用了Keras的模型库，这里只是为了进行演示，从而告诉读者可以使用预训练模型做特征提取器，但是并不鼓励读者完全使用预定义模型进行特定任务的求解。

第 3 章

深度学习的理论基础

虽然从代码来看,通过TensorFlow构建一个可用的神经网络程序,对回归进行拟合分析并不是一件很难的事,但是我们在第2章的最后也说了,从代码量上来看,构建一个普通的神经网络比较简单,其背后的原理却不容小觑。

本章将从BP神经网络(见图3.1)的开始讲起,介绍其概念、原理及其背后的数学原理。如果对本章的后半部分阅读有一定的困难,读者可以自行决定是否略过。

图 3.1　BP 神经网络

3.1　BP 神经网络简介

在介绍BP神经网络之前,人工神经网络是必须提到的内容。人工神经网络(Artificial Neural Network,ANN)的发展经历了大约半个世纪,从20世纪40年代到80年代,神经网络的研究经历了低潮和高潮几起几落的发展过程。

1943年,心理学家W·McCulloch和数理逻辑学家W·Pitts在分析、总结神经元基本特性的基础上提出了神经元的数学模型(McCulloch-Pitts模型,简称MP模型),标志着神经网络研究的开始。由于受当时研究条件的限制，很多工作不能模拟，在一定程度上影响了MP模型的发展。尽管如此，MP模型对后来的各种神经元模型及网络模型都有很大的启发作用，在此后的1949年，D.O.Hebb从心理学的角度提出了至今仍对神经网络理论有着重要影响的Hebb法则。

1945年，冯·诺依曼领导的设计小组试制成功存储程序式电子计算机，标志着电子计算机时代的开始。1948年，他在研究工作中比较了人脑结构与存储程序式计算机的根本区别，提出了以简单神经元构成的再生自动机网络结构。但是，由于指令存储式计算机技术的发展非常迅速，迫使他放弃了神经网络研究的新途径，继续投身于指令存储式计算机技术的研究，并在此领域做出了巨大贡献。虽然冯·诺依曼的名字是与普通计算机联系在一起的，但他也是人工神经网络研究的先驱之一。

图3.2所示为人工神经网络研究的先驱们。

图3.2　人工神经网络研究的先驱们

1958年，F·Rosenblatt设计制作了"感知机"，这是一种多层的神经网络。这项工作首次把人工神经网络的研究从理论探讨付诸工程实践。感知机由简单的阈值性神经元组成，初步具备了诸如学习、并行处理、分布存储等神经网络的一些基本特征，从而确立了从系统角度进行人工神经网络研究的基础。

1959年，B.Widrow和M.Hoff提出了自适应线性元件网络（ADAptive LINear NEuron，ADALINE），这是一种连续取值的线性加权求和阈值网络。后来，在此基础上发展了非线性多层自适应网络。Widrow-Hoff的技术被称为最小均方误差（Least Mean Square，LMS）学习规则。从此神经网络的发展进入了第一个高潮期。

在有限的范围内感知机有较好的功能，并且收敛定理得到证明。单层感知机能够通过学习把线性可分的模式分开，但对像XOR（异或）这样简单的非线性问题却无法求解，这一点让人们大失所望，甚至开始怀疑神经网络的价值和潜力。

1969年，麻省理工学院著名的人工智能专家M.Minsky和S.Papert出版了颇有影响力的*Perceptron*一书，从数学上剖析了简单神经网络的功能和局限性，并且指出多层感知器还不能找到有效的计算方法。由于M.Minsky在学术界的地位和影响，其悲观的结论被大多数人不做进一步分析而接受，加上当时以逻辑推理为研究基础的人工智能和数字计算机的辉煌成就，大大减低了人们对神经网络研究的热情。

20世纪60年代末期,人工神经网络的研究进入了低潮。尽管如此,神经网络的研究并未完全停顿下来,仍有不少学者在极其艰难的条件下致力于这一研究。

1972年,T.Kohonen和J.Anderson不约而同地提出了具有联想记忆功能的新神经网络。1973年,S.Grossberg与G.A.Carpenter提出了自适应共振理论(Adaptive Resonance Theory,ART),并在以后的若干年内发展了ART1、ART2、ART3这3个神经网络模型,从而为神经网络研究的发展奠定了理论基础。

进入20世纪80年代,特别是80年代末期,对神经网络的研究从复兴很快转入了新的热潮。这主要是因为:

- 一方面,经过十几年迅速发展,以逻辑符号处理为主的人工智能理论和冯·诺依曼计算机在处理诸如视觉、听觉、形象思维、联想记忆等智能信息问题上受到了挫折。
- 另一方面,并行分布处理的神经网络本身的研究成果使人们看到了新的希望。

1982年,美国加州工学院的物理学家J.Hoppfield提出了HNN(Hoppfield Neural Network)模型,并首次引入了网络能量函数的概念,使网络稳定性研究有了明确的判据,其电子电路实现为神经计算机的研究奠定了基础,同时也开拓了神经网络用于联想记忆和优化计算的新途径。

1983年,K.Fukushima等提出了神经认知机网络理论。1985年,D.H.Ackley、G.E.Hinton和T.J.Sejnowski将模拟退火概念移植到Boltzmann机模型的学习中,以保证网络能收敛到全局最小值。1983年,D.Rumelhart和J.McCelland等提出了PDP(Parallel Distributed Processing,并行分布处理)理论,致力于认知微观结构的探索,同时发展了多层网络的BP算法,使BP网络成为目前应用最广的网络。

反向传播(Backpropagation,见图3.3)一词的使用出现在1983年,而它的广泛使用是在1985年D.Rumelhart和J.McCelland所著的*Parallel Distributed Processing*这本书出版以后。1987年,T.Kohonen提出了自组织映射(Self Organizing Map,SOM)。1987年,美国电气和电子工程师学会(Institute for Electrical and Electronic Engineers,IEEE)在圣地亚哥(San Diego)召开了盛大规模的神经网络国际学术会议,国际神经网络学会(International Neural Networks Society)也随之诞生。

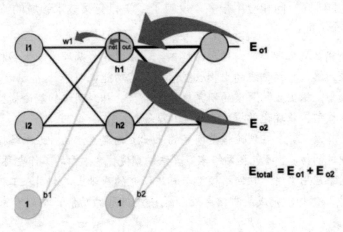

图3.3 反向传播

1988年,国际神经网络学会的正式杂志Neural Networks创刊。从1988年开始,国际神经网络学会和IEEE每年联合召开一次国际学术年会。1990年,IEEE神经网络会刊问世,各种期刊的神经网络特刊层出不穷,神经网络的理论研究和实际应用进入了一个蓬勃发展的时期。

BP神经网络(见图3.4)的代表者是D.Rumelhart和J.McCelland,BP神经网络是一种按误差逆传播算法训练的多层前馈网络,是目前应用最广泛的神经网络模型之一。

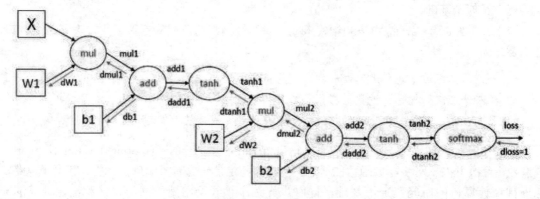

图3.4 BP 神经网络

BP算法(反向传播算法)的学习过程由信息的正向传播和误差的反向传播两个过程组成。

- 输入层:各神经元负责接收来自外界的输入信息,并传递给中间层各神经元。
- 中间层:中间层是内部信息处理层,负责信息变换,根据信息变化能力的需求,中间层可以设计为单隐层或者多隐层结构。
- 最后一个隐层:传递到输出层各神经元的信息,经进一步处理后,完成一次学习的正向传播处理过程,由输出层向外界输出信息处理结果。

当实际输出与期望输出不符时,进入误差的反向传播阶段。误差通过输出层,按误差梯度下降的方式修正各层权值,向隐层、输入层逐层反传。周而复始的信息正向传播和误差反向传播过程是各层权值不断调整的过程,也是神经网络学习训练的过程,此过程一直进行到网络输出的误差减少到可以接受的程度,或者预先设定的学习次数为止。

目前神经网络的研究方向和应用很多,反映了多学科交叉技术领域的特点。主要的研究工作集中在以下几个方面:

- 生物原型研究。从生理学、心理学、解剖学、脑科学、病理学等生物科学方面研究神经细胞、神经网络、神经系统的生物原型结构及其功能机理。
- 建立理论模型。根据生物原型的研究建立神经元、神经网络的理论模型。其中包括概念模型、知识模型、物理化学模型、数学模型等。
- 网络模型与算法研究。在理论模型研究的基础上构建具体的神经网络模型,以实现计算机模拟或硬件的仿真,还包括网络学习算法的研究。这方面的工作也称为技术模型研究。
- 人工神经网络应用系统。在网络模型与算法研究的基础上,利用人工神经网络组成实际的应用系统。例如,完成某种信号处理或模式识别的功能、构建专家系统、制造机器人等。

纵观当代新兴科学技术的发展历史，人类在征服宇宙空间、基本粒子、生命起源等科学技术领域的进程中历经了崎岖不平的道路。我们也会看到，探索人脑功能和神经网络的研究将伴随着重重困难的克服而日新月异。

3.2 BP神经网络两个基础算法详解

在正式介绍BP神经网络之前，首先介绍两个非常重要的算法，即随机梯度下降算法和最小二乘法。

最小二乘法是统计分析中最常用的逼近计算的一种算法，其交替计算结果使得最终结果尽可能地逼近真实结果。而随机梯度下降算法充分利用了TensorFlow框架的图运算特性的迭代和高效性，通过不停地判断和选择当前目标下的最优路径，使得能够在最短路径下达到最优的结果，从而提高大数据的计算效率。

3.2.1 最小二乘法详解

最小二乘法是一种数学优化技术，也是一种机器学习常用算法。它通过最小化误差的平方和寻找数据的最佳函数匹配。利用最小二乘法可以简便地求得未知的数据，并使得这些求得的数据与实际数据之间误差的平方和为最小。最小二乘法还可用于曲线拟合。其他一些优化问题也可通过最小化能量或最大化熵用最小二乘法来表达。

由于最小二乘法不是本章的重点内容，笔者只通过一个图示演示一下最小二乘法的原理，如图3.5所示。

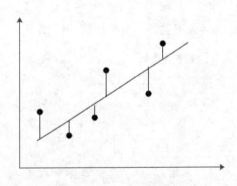

图 3.5　最小二乘法的原理

从图3.5可以看到，若干个点依次分布在向量空间中，如果希望找出一条直线和这些点达到最佳匹配，那么最简单的方法就是希望这些点到直线的值最小，即下面的最小二乘法实现的公式最小。

$$f(x) = ax + b$$
$$\delta = \sum (f(x_i) - y_i)^2$$

这里直接引用的是真实值与计算值之间的差的平方和，具体而言，这种差值有一个专门的名称为"残差"。基于此，表达残差的方式有以下3种：

- ∞-范数：残差绝对值的最大值 $\max_{1 \leq i \leq m} |r_i|$，即所有数据点中残差距离的最大值。
- L1-范数：绝对残差和 $\sum_{i=1}^{m} |r_i|$，即所有数据点残差距离之和。
- L2-范数：残差平方和 $\sum_{i=1}^{m} r_i^2$。

可以看到，所谓的最小二乘法也就是L2-范数的一个具体应用。通俗地说，就是看模型计算出的结果与真实值之间的相似性。

因此，最小二乘法的定义如下：

对于给定的数据$(x_i, y_i)(i = 1, \ldots, m)$，在取定的假设空间H中，求解$f(x) \in H$，使得残差$\delta = \sum(f(x_i) - y_i)^2$的L2-范数最小。

看到这里可能有读者会提出疑问，这里的$f(x)$该如何表示呢？

实际上，函数$f(x)$是一条多项式函数曲线：

$$f(x,w) = w_0 + w_1 x_1$$

由上面的公式可以知道，所谓的最小二乘法就是找到这么一组权重w，使得$\delta = \sum(f(x_i) - y_i)^2$最小。那么问题又来了，如何能使得最小二乘法的结果最小？

对于求出最小二乘法的结果，可以通过数学上的微积分处理方法，这是一个求极值的问题，只需要对权值依次求偏导数，最后令偏导数为0，即可求出极值点。

$$\frac{\partial \delta}{\partial w_0} = 2 \times \sum(w_0 + w_1 x - y) = 0$$

$$\frac{\partial \delta}{\partial w_1} = 2 \times \sum(w_0 + w_1 x - y) \times x = 0$$

具体实现最小二乘法的代码如下：

【程序 3-1】

```python
import numpy as np
from matplotlib import pyplot as plt
A = np.array([[5],[4]])
C = np.array([[4],[6]])
B = A.T.dot(C)
AA = np.linalg.inv(A.T.dot(A))
l=AA.dot(B)
P=A.dot(l)
x=np.linspace(-2,2,10)
x.shape=(1,10)
xx=A.dot(x)
fig = plt.figure()
ax= fig.add_subplot(111)
ax.plot(xx[0,:],xx[1,:])
ax.plot(A[0],A[1],'ko')
ax.plot([C[0],P[0]],[C[1],P[1]],'r-o')
ax.plot([0,C[0]],[0,C[1]],'m-o')
ax.axvline(x=0,color='black')
ax.axhline(y=0,color='black')
margin=0.1
ax.text(A[0]+margin, A[1]+margin, r"A",fontsize=20)
ax.text(C[0]+margin, C[1]+margin, r"C",fontsize=20)
ax.text(P[0]+margin, P[1]+margin, r"P",fontsize=20)
ax.text(0+margin,0+margin,r"O",fontsize=20)
```

```
ax.text(0+margin,4+margin, r"y",fontsize=20)
ax.text(4+margin,0+margin, r"x",fontsize=20)
plt.xticks(np.arange(-2,3))
plt.yticks(np.arange(-2,3))
ax.axis('equal')
plt.show()
```

最终结果如图3.6所示。

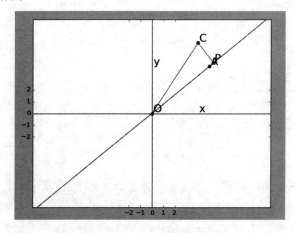

图 3.6　最小二乘法拟合曲线

3.2.2　道士下山的故事：梯度下降算法

在介绍随机梯度下降算法之前，给大家讲一个道士下山的故事，如图3.7所示。

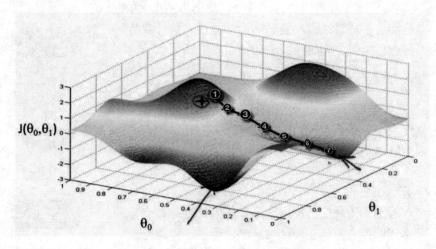

图 3.7　模拟随机梯度下降算法的演示图

这是一个模拟随机梯度下降算法的演示图。为了便于理解，我们将其比喻成道士想要出去游玩的一座山。

设想道士有一天和道友一起到一座不太熟悉的山上去玩，在兴趣盎然中很快登上了山顶。但是天有不测，下起了雨。如果这时需要道士和其同来的道友用最快的速度下山，那么怎么办呢？

如果想以最快的速度下山,最快的办法就是顺着坡度最陡峭的地方走下去。但是由于不熟悉路,道士在下山的过程中,每走过一段路程就需要停下来观望,从而选择最陡峭的下山路。这样一路走下来的话,可以在最短的时间内走到底。

从图上可以近似的表示为:

①→②→③→④→⑤→⑥→⑦

每个数字代表每次停顿的地点,这样只需要在每个停顿的地点选择最陡峭的下山路即可。

这就是道士下山的故事,随机梯度下降算法和这个类似。如果想要使用最迅捷的下山方法,最简单的办法就是在下降一个梯度的阶层后,寻找一个当前的最大坡度继续下降。这就是随机梯度算法的原理。

从上面的例子可以看到,随机梯度下降算法就是不停地寻找某个节点中下降幅度最大的那个趋势进行迭代计算,直到将数据收缩到符合要求的范围为止。通过数学公式表达的方式计算的话,公式如下:

$$f(\theta) = \theta_0 x_0 + \theta_1 x_1 + \ldots + \theta_n x_n = \sum \theta_i x_i$$

在3.2.1小节讲最小二乘法的时候,我们通过最小二乘法说明了直接求解最优化变量的方法,也介绍了求解过程的前提条件是要求计算值与实际值的偏差的平方最小。

但是在随机梯度下降算法中,对于系数则需要不停地计算基于当前位置偏导数的解。使用数学方式表达的话,就是不停地对系数θ求偏导数,公式如下:

$$\frac{\partial f}{\partial \theta} = \frac{\partial}{\partial \theta}((\sum_{i=1}^{n}(f(\theta) - y_i)' \times 2)) = \sum_{i=1}^{n} 2(f(\theta) - y_i) x_i$$

公式中θ会向着梯度下降最快的方向减少,从而推断出θ的最优解。

因此,随机梯度下降算法最终被归结为:通过迭代计算特征值从而求出最合适的值。θ求解的公式如下:

$$\theta = \theta - \alpha (f(\theta) - y_i) x_i$$

公式中α是下降系数。用比较通俗的话表示,就是用来计算每次下降的幅度大小。系数越大,则每次计算中的差值越大;系数越小,则差值越小,但是计算时间也相对延长。

随机梯度下降算法将梯度下降算法通过一个模型来表示的话,如图3.8所示。

从图中可以看到,实现随机梯度下降算法的关键是拟合算法的实现。而本例的拟合算法实现比较简单,通过不停地修正数据值,从而达到数据的最优值。

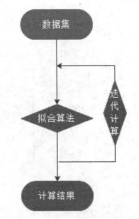

图3.8　随机梯度下降算法过程

随机梯度下降算法在神经网络,特别是机器学习中应用较广,但是由于其天生的缺陷,噪音较多,使得在计算过程中并不是都向着整体最优解的方向优化,往往可能只是一个局部最优解。因此,为了克服这些困难,最好的办法就是增大数据量,在不停地使用数据进行迭代处理的时候,能够确保整体的方向是全局最优解,或者最优结果在全局最优解附近。

【程序 3-2】

```
x = [(2, 0, 3), (1, 0, 3), (1, 1, 3), (1,4, 2), (1, 2, 4)]
y = [5, 6, 8, 10, 11]
epsilon = 0.002
alpha = 0.02
diff = [0, 0]
max_itor = 1000
error0 = 0
error1 = 0
cnt = 0
m = len(x)
theta0 = 0
theta1 = 0
theta2 = 0
while True:
    cnt += 1
    for i in range(m):
        diff[0] = (theta0 * x[i][0] + theta1 * x[i][1] + theta2 * x[i][2]) - y[i]
        theta0 -= alpha * diff[0] * x[i][0]
        theta1 -= alpha * diff[0] * x[i][1]
        theta2 -= alpha * diff[0] * x[i][2]
    error1 = 0
    for lp in range(len(x)):
        error1 += (y[lp] - (theta0 * x[lp][0] + theta1 * x[lp][1] + theta2 * x[lp][2])) ** 2 / 2
    if abs(error1 - error0) < epsilon:
        break
    else:
        error0 = error1
print('theta0 : %f, theta1 : %f, theta2 : %f, error1 : %f' % (theta0, theta1, theta2, error1))
print('Done: theta0 : %f, theta1 : %f, theta2 : %f' % (theta0, theta1, theta2))
print('迭代次数：%d' % cnt)
```

最终打印结果如下：

  theta0 : 0.100684, theta1 : 1.564907, theta2 : 1.920652, error1 : 0.569459
  Done: theta0 : 0.100684, theta1 : 1.564907, theta2 : 1.920652
  迭代次数：2118

从结果上看，这里迭代2118次即可获得最优解。

3.3 反馈神经网络反向传播算法

反向传播算法是神经网络的核心与精髓，在神经网络算法中有着举足轻重的地位。

用通俗的话说,反向传播算法就是复合函数的链式求导法则的一个强大应用,而且实际上的应用比起理论上的推导强大得多。本节将介绍反向传播算法的一个简单模型的推导,虽然模型简单,但是这个简单的模型是其广泛应用的基础。

3.3.1 深度学习基础

机器学习在理论上可以看作统计学在计算机科学上的一个应用。在统计学上,一个非常重要的内容就是拟合和预测,即基于以往的数据,建立光滑的曲线模型实现数据结果与数据变量的对应关系。

深度学习为统计学的应用,深度学习继承了统计学的应用领域,并且和统计学具有一样的目的,寻找结果与影响因素的一一对应关系。只不过样本点由狭义的 x 和 y 扩展到向量、矩阵等广义的对应点。此时,由于数据的复杂,对应关系模型的复杂度也随之增加,而不能使用一个简单的函数表达。

数学上通过建立复杂的高次多元函数解决复杂模型拟合的问题,但是大多数都失败了,因为过于复杂的函数是无法进行求解的,也就是其公式不可能获取。

基于前人的研究,科研工作人员发现可以通过神经网络来表示这样的一一对应关系,而神经网络本质就是一个多元复合函数,通过增加神经网络的层次和神经单元可以更好地表达函数的复合关系。

图3.9是多层神经网络的一个图像表达方式,这与在TensorFlow官网的游乐场中显示的神经网络模型类似。事实上也是如此,通过设置输入层、隐藏层与输出层可以形成一个多元函数以求解相关问题。

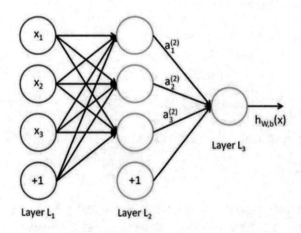

图 3.9 多层神经网络的表示

通过数学表达式将多层神经网络模型表达出来,公式如下:

$$a_1 = f(w_{11} \times x_1 + w_{12} \times x_2 + w_{13} \times x_3 + b_1)$$
$$a_2 = f(w_{21} \times x_1 + w_{22} \times x_2 + w_{23} \times x_3 + b_2)$$
$$a_3 = f(w_{31} \times x_1 + w_{32} \times x_2 + w_{33} \times x_3 + b_3)$$
$$h(x) = f(w_{11} \times \alpha_1 + w_{12} \times \alpha_{12} + w_{13} \times \alpha_3 + b_1)$$

其中x是输入数值,而w是相邻神经元之间的权重,也就是神经网络在训练过程中需要学习的参数。与线性回归类似的是,神经网络学习同样需要一个"损失函数",即训练目标通过调整每个权重值w来使得损失函数最小。前面在讲解梯度下降算法的时候已经说过,如果权重过大或者指数过大时,直接求解系数是不可能的事情,因此梯度下降算法是求解权重问题比较好的方法。

3.3.2 链式求导法则

在前面梯度下降算法的介绍中,没有对其背后的原理做更详细的介绍。实际上梯度下降算法就是链式法则的一个具体应用,如果把前面公式中的损失函数以向量的形式表示为:

$$h(x) = f(w_{11}, w_{12}, w_{13}, w_{14}, \ldots, w_{ij})$$

那么其梯度向量为:

$$\nabla h = \frac{\partial f}{\partial W_{11}} + \frac{\partial f}{\partial W_{12}} + \ldots + \frac{\partial f}{\partial W_{ij}}$$

可以看到,其实所谓的梯度向量,就是求出函数在每个向量上的偏导数之和。这也是链式法则善于解决的方面。

下面以$e = (a+b) \times (b+1)$(其中$a = 2$、$b = 1$)为例,计算其偏导数,如图3.10所示。

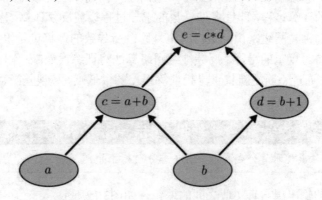

图3.10　$e = (a+b) \times (b+1)$的示意图

本例中为了求得最终值e对各个点的梯度,需要将各个点与e联系在一起,例如期望求得e对输入点a的梯度,则只需要求得:

$$\frac{\partial e}{\partial a} = \frac{\partial e}{\partial c} \times \frac{\partial c}{\partial a}$$

这样就把e与a的梯度联系在一起了。同理可得:

$$\frac{\partial e}{\partial b} = \frac{\partial e}{\partial c} \times \frac{\partial c}{\partial b} + \frac{\partial e}{\partial d} \times \frac{\partial d}{\partial b}$$

用图表示如图3.11所示。

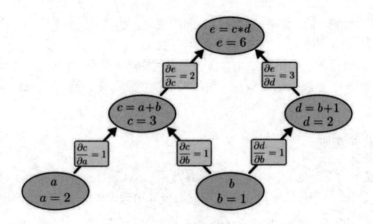

图3.11 链式法则的应用

这样做的好处是显而易见的,求e对a的偏导数只要建立一个e到a的路径,图中经过c,那么通过相关的求导链接就可以得到所需要的值。对于求e对b的偏导数,也只需要建立所有e到b路径中的求导路径,从而获得需要的值。

3.3.3 反馈神经网络原理与公式推导

在求导过程中,可能有读者已经注意到,如果拉长了求导过程或者增加了其中的单元,就会大大增加其中的计算过程,即很多偏导数的求导过程会被反复计算,因此实际对于权值达到十万或者上百万的神经网络来说,这样的重复冗余所导致的计算量是很大的。

同样是为了求得对权重的更新,反馈神经网络算法将训练误差E看作以权重向量每个元素为变量的高维函数,通过不断更新权重寻找训练误差的最低点,按误差函数梯度下降的方向更新权值。

> **提 示**
> 反馈神经网络算法具体计算公式在本节后半部分进行推导。

首先求得最后的输出层与真实值之间的差距,如图3.12所示。

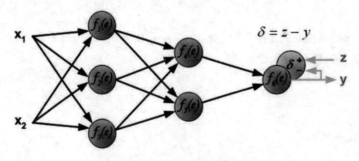

图3.12 反馈神经网络最终误差的计算

之后以计算出的测量值与真实值为起点,反向传播到上一个节点,并计算出节点的误差值,如图3.13所示。

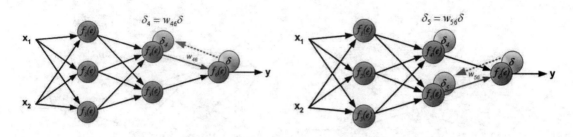

图 3.13　反馈神经网络输出层误差的传播

以后将计算出的节点误差重新设置为起点，依次向后传播误差，如图3.14所示。

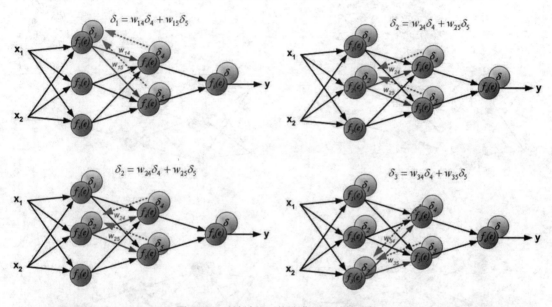

图 3.14　反馈神经网络隐藏层误差的计算

> **注　意**
>
> 对于隐藏层，误差并不是像输出层一样由单个节点确定的，而是由多个节点确定的，因此对它的修正要计算所有与其连接的节点误差反馈值之和。

通俗地解释，一般情况下误差的产生是由于输入值与权重的计算产生了错误，而对于输入值来说，输入值往往是固定不变的，因此对于误差的调节需要对权重进行更新。而权重的更新又是以输入值与真实值的偏差为基础的，当最终层的输出误差被反向一层一层地传递回来后，每个节点被相应地分配适合其在神经网络地位中所担负的误差，即只需要更新其所需承担的误差量，如图3.15所示。

即在每一层，需要维护输出对当前层的微分值，该微分值相当于被复用于之前每一层中权值的微分计算。因此，空间复杂度没有变化，同时也没有重复计算，每一个微分值都在之后的迭代中使用。

下面介绍公式的推导。公式的推导需要使用一些高等数学的知识，因此读者可以自由选择学习。

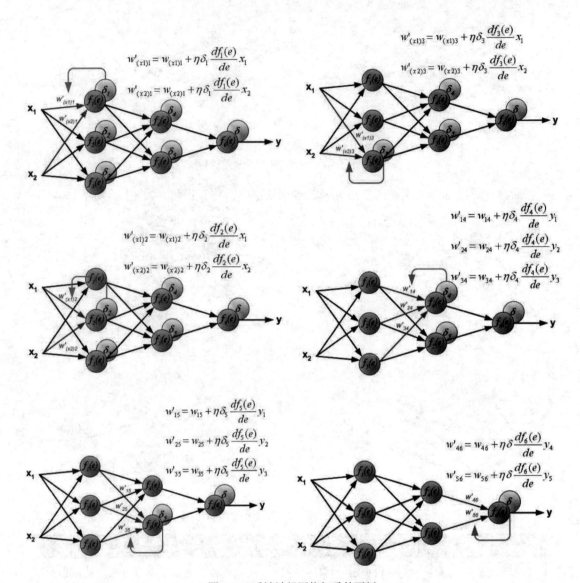

图 3.15 反馈神经网络权重的更新

首先是算法的分析,前面已经讲过,对于反馈神经网络算法主要需要知道输出值与真实值之间的差值。

- 对于输出层单元,误差项是真实值与模型计算值之间的差值。
- 对于隐藏层单元,由于缺少直接的目标值来计算隐藏层单元的误差,因此需要以间接的方式来计算隐藏层的误差项,对受隐藏层单元 h 影响的每一个单元的误差进行加权求和。
- 权值的更新方面,主要依靠学习速率、该权值对应的输入以及单元的误差项。

定义一:前向传播算法

对于前向传播的值传递,隐藏层输出值定义如下:

$$a_h^{H1} = W_h^{H1} \times X_i$$
$$b_h^{H1} = f(a_h^{H1})$$

其中 X_i 是当前节点的输入值，W_h^{H1} 是连接到此节点的权重，a_h^{H1} 是输出值。f 是当前阶段的激活函数，b_h^{H1} 为当前节点的输入值经过计算后被激活的值。

而对于输出层，定义如下：

$$a_k = \sum W_{hk} \times b_h^{H1}$$

其中 W_{hk} 为输入的权重，b_h^{H1} 为输入到输出节点的输入值。这里对所有输入值进行权重计算后求得和值，作为神经网络的最后输出值 a_k。

定义二：反向传播算法

与前向传播类似，首先需要定义两个值 δ_k 与 δ_h^{H1}：

$$\delta_k = \frac{\partial L}{\partial a_k} = (Y - T)$$

$$\delta_h^{H1} = \frac{\partial L}{\partial a_h^{H1}}$$

其中 δ_k 为输出层的误差项，其计算值为真实值与模型计算值之间的差值。Y 是计算值，T 是输出的真实值，δ_h^{H1} 为输出层的误差。

> **提　示**
>
> 对于 δ_k 与 δ_h^{H1} 来说，无论定义在哪个位置，都可以看作当前的输出值对于输入值的梯度计算。

通过前面的分析可以知道，神经网络反馈算法就是逐层地将最终误差进行分解，即每一层只与下一层打交道，如图3.16所示。据此，可以假设每一层均为输出层的前一个层级，通过计算前一个层级与输出层的误差得到权重的更新。

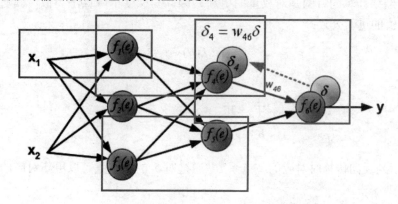

图3.16　权重的逐层反向传导

因此，反馈神经网络计算公式定义为：

$$\delta_h^{H1} = \frac{\partial L}{\partial a_h^{H1}}$$

$$= \frac{\partial L}{\partial b_h^{H1}} \times \frac{\partial b_h^{H1}}{\partial a_h^{H1}}$$

$$= \frac{\partial L}{\partial b_h^{H1}} \times f'\left(a_h^{H1}\right)$$

$$= \frac{\partial L}{\partial a_k} \times \frac{\partial a_k}{\partial b_h^{H1}} \times f'\left(a_h^{H1}\right)$$

$$= \delta_k \times \sum W_{hk} \times f'\left(a_h^{H1}\right)$$

$$= \sum W_{hk} \times \delta_k \times f'\left(a_h^{H1}\right)$$

即当前层输出值对误差的梯度，可以通过下一层的误差与权重和输入值的梯度乘积获得。公式 $\sum W_{hk} \times \delta_k \times f'\left(a_h^{H1}\right)$ 中的 δ_k 若为输出层，则可以通过 $\delta_k = \frac{\partial L}{\partial a_k} = (Y - T)$ 求得，而 δ_k 为非输出层时，可以使用逐层反馈的方式求得 δ_k 的值。

> **提　示**
>
> 这里千万要注意，对于 δ_k 与 δ_h^{H1} 来说，其计算结果都是当前的输出值对于输入值的梯度计算，是权重更新过程中一个非常重要的数据计算内容。

或者换一种表述形式将前面的公式表示为：

$$\delta^l = \sum W_{ij}^l \times \delta_j^{l+1} \times f'(a_i^l)$$

可以看到，通过更为泛化的公式，把当前层的输出对输入的梯度计算转化成求下一个层级的梯度计算值。

定义三：权重的更新

反馈神经网络计算的目的是对权重的更新，因此与梯度下降算法类似，其更新可以仿照梯度下降对权值的更新公式：

$$\theta = \theta - \alpha(f(\theta) - y_i)x_i$$

即：

$$W_{ji} = W_{ji} + \alpha \times \delta_j^l \times x_{ji}$$
$$b_{ji} = b_{ji} + \alpha \times \delta_j^l$$

其中 ji 表示为反向传播时对应的节点系数，通过对 δ_j^l 的计算就可以更新对应的权重值。W_{ji} 的计算公式如上所示。

对于没有推导的 b_{ji}，其推导过程与 W_{ji} 类似，但是在推导过程中输入值是被消去的，读者可自行学习。

3.3.4 反馈神经网络的激活函数

现在回到反馈神经网络的函数：

$$\delta^l = \sum W_{ij}^l \times \delta_j^{l+1} \times f'(a_i^l)$$

对于此公式中的 W_{ij}^l、δ_j^{l+1} 以及所需要计算的目标 δ^l 已经做了比较详尽的解释。但是对于 $f'(a_i^l)$ 来说，却一直没有做出介绍。

如图3.17所示，在左边生物神经元的图示中，传递进来的电信号通过神经元进行传递，由于神经元的突触强弱是有一定的敏感度的，也就是只会对超过一定范围的信号进行反馈，即这个电信号必须大于某个阈值，神经元才会被激活引起后续的传递。

在训练模型中，同样需要设置神经元的阈值，即神经元被激活的频率用于传递相应的信息，模型中这种能够确定是不是当前神经元节点的函数被称为"激活函数"（如图3.17右边所示）。

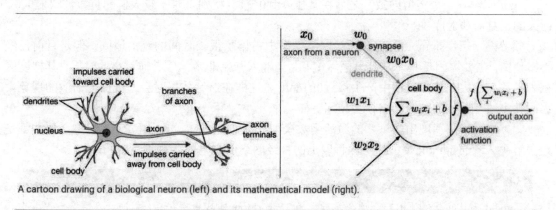

图 3.17　激活函数示意图

激活函数代表了生物神经元中接收到的信号强度，目前应用较广的是sigmoid函数。因为其在运行过程中只接收一个值，输出也是一个经过公式计算后的值，且其输出值为0~1。

$$y = \frac{1}{1 + e^{-x}}$$

其图形如图3.18所示。

而其倒函数的求法也比较简单，即：

$$y' = \frac{e^{-x}}{(1 + e^{-x})^2}$$

换一种表示方式为：

$$f(x)' = f(x) \times (1 - f(x))$$

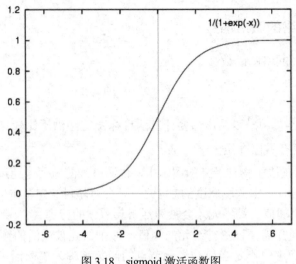

图 3.18　sigmoid 激活函数图

sigmoid输入一个实值的数，之后将其压缩到0～1。特别是对于较大值的负数被映射成0，而大的正数被映射成1。

顺带说一句，sigmoid函数在神经网络模型中占据了很长时间的统治地位，但是目前已经不常使用，主要原因是其非常容易区域饱和，当输入开始非常大或者非常小的时候，其梯度区域为零，会造成在传播过程中产生接近0的梯度。这样在后续传播时会造成梯度消散的现象，因此并不适合现代的神经网络模型使用。

此外，近年来涌现出大量新的激活函数模型，例如Maxout、Tanh和ReLU模型，这些都是为了解决传统的sigmoid模型在更深程度上的神经网络所产生的各种不良影响。

> **提　示**
>
> sigmoid 函数的具体使用和影响会在后文的 TensorFlow 实战中进行介绍。

3.3.5　反馈神经网络的 Python 实现

本小节将使用Python语言对神经网络的反馈算法进行实现。经过前几节的解释，读者对神经网络的算法和描述有了一定的理解，本小节将使用Python代码实现一个自己的反馈神经网络。

为了简化起见，这里的神经网络被设置成三层，即只有一个输入层、一个隐藏层以及最终的输出层。

（1）首先是辅助函数的确定：

```
def rand(a, b):
    return (b - a) * random.random() + a
def make_matrix(m,n,fill=0.0):
    mat = []
    for i in range(m):
        mat.append([fill] * n)
    return mat
```

```
def sigmoid(x):
    return 1.0 / (1.0 + math.exp(-x))
def sigmod_derivate(x):
    return x * (1 - x)
```

代码首先定义了随机值,使用random包中的random函数生成了一系列随机数,之后的make_matrix函数生成了相对应的矩阵。sigmoid和sigmod_derivate分别是激活函数和激活函数的导函数。这也是前文所定义的内容。

(2)之后进入BP神经网络类的正式定义,类的定义需要对数据进行内容的设定。

```
def __init__(self):
    self.input_n = 0
    self.hidden_n = 0
    self.output_n = 0
    self.input_cells = []
    self.hidden_cells = []
    self.output_cells = []
    self.input_weights = []
    self.output_weights = []
```

init函数实现数据内容的初始化,即在其中设置输入层、隐藏层以及输出层中节点的个数;cell是各个层中节点的数值;weights代表各个层的权重。

(3)setup函数的作用是对init函数中设定的数据进行初始化。

```
def setup(self,ni,nh,no):
    self.input_n = ni + 1
    self.hidden_n = nh
    self.output_n = no
    self.input_cells = [1.0] * self.input_n
    self.hidden_cells = [1.0] * self.hidden_n
    self.output_cells = [1.0] * self.output_n
    self.input_weights = make_matrix(self.input_n,self.hidden_n)
    self.output_weights = make_matrix(self.hidden_n,self.output_n)
    # random activate
    for i in range(self.input_n):
        for h in range(self.hidden_n):
            self.input_weights[i][h] = rand(-0.2, 0.2)
    for h in range(self.hidden_n):
        for o in range(self.output_n):
            self.output_weights[h][o] = rand(-2.0, 2.0)
```

需要注意,输入层节点个数被设置成ni+1,这是由于其中包含bias偏置数;各个节点与1.0相乘是初始化节点的数值;各个层的权重值根据输入层、隐藏层以及输出层中节点的个数被初始化并被赋值。

(4)定义完各个层的数目后,下面进入正式的神经网络内容的定义。首先是对神经网络前向的计算。

```python
def predict(self,inputs):
    for i in range(self.input_n - 1):
        self.input_cells[i] = inputs[i]
    for j in range(self.hidden_n):
        total = 0.0
        for i in range(self.input_n):
            total += self.input_cells[i] * self.input_weights[i][j]
        self.hidden_cells[j] = sigmoid(total)
    for k in range(self.output_n):
        total = 0.0
        for j in range(self.hidden_n):
            total += self.hidden_cells[j] * self.output_weights[j][k]
        self.output_cells[k] = sigmoid(total)
    return self.output_cells[:]
```

代码段中将数据输入函数中,通过隐藏层和输出层的计算,最终以数组的形式输出。案例的完整代码如下:

【程序3-3】

```python
import numpy as np
import math
import random
def rand(a, b):
    return (b - a) * random.random() + a
def make_matrix(m,n,fill=0.0):
    mat = []
    for i in range(m):
        mat.append([fill] * n)
    return mat
def sigmoid(x):
return 1.0 / (1.0 + math.exp(-x))
def sigmod_derivate(x):
    return x * (1 - x)
class BPNeuralNetwork:
    def __init__(self):
        self.input_n = 0
        self.hidden_n = 0
        self.output_n = 0
        self.input_cells = []
        self.hidden_cells = []
        self.output_cells = []
        self.input_weights = []
        self.output_weights = []
    def setup(self,ni,nh,no):
        self.input_n = ni + 1
```

```python
        self.hidden_n = nh
        self.output_n = no
        self.input_cells = [1.0] * self.input_n
        self.hidden_cells = [1.0] * self.hidden_n
        self.output_cells = [1.0] * self.output_n
        self.input_weights = make_matrix(self.input_n,self.hidden_n)
        self.output_weights = make_matrix(self.hidden_n,self.output_n)
        # random activate
        for i in range(self.input_n):
            for h in range(self.hidden_n):
                self.input_weights[i][h] = rand(-0.2, 0.2)
        for h in range(self.hidden_n):
            for o in range(self.output_n):
                self.output_weights[h][o] = rand(-2.0, 2.0)
    def predict(self,inputs):
        for i in range(self.input_n - 1):
            self.input_cells[i] = inputs[i]
        for j in range(self.hidden_n):
            total = 0.0
            for i in range(self.input_n):
                total += self.input_cells[i] * self.input_weights[i][j]
            self.hidden_cells[j] = sigmoid(total)
        for k in range(self.output_n):
            total = 0.0
            for j in range(self.hidden_n):
                total += self.hidden_cells[j] * self.output_weights[j][k]
            self.output_cells[k] = sigmoid(total)
        return self.output_cells[:]
    def back_propagate(self,case,label,learn):
        self.predict(case)
        #计算输出层的误差
        output_deltas = [0.0] * self.output_n
        for k in range(self.output_n):
            error = label[k] - self.output_cells[k]
            output_deltas[k] = sigmod_derivate(self.output_cells[k]) * error
        #计算隐藏层的误差
        hidden_deltas = [0.0] * self.hidden_n
        for j in range(self.hidden_n):
            error = 0.0
            for k in range(self.output_n):
                error += output_deltas[k] * self.output_weights[j][k]
            hidden_deltas[j] = sigmod_derivate(self.hidden_cells[j]) * error
        #更新输出层权重
        for j in range(self.hidden_n):
            for k in range(self.output_n):
```

```python
                self.output_weights[j][k] += learn * output_deltas[k] * self.hidden_cells[j]
        #更新隐藏层权重
        for i in range(self.input_n):
            for j in range(self.hidden_n):
                self.input_weights[i][j] += learn * hidden_deltas[j] * self.input_cells[i]
        error = 0
        for o in range(len(label)):
            error += 0.5 * (label[o] - self.output_cells[o]) ** 2
        return error
    def train(self,cases,labels,limit = 100,learn = 0.05):
        for i in range(limit):
            error = 0
            for i in range(len(cases)):
                label = labels[i]
                case = cases[i]
                error += self.back_propagate(case, label, learn)
        pass
    def test(self):
        cases = [
            [0, 0],
            [0, 1],
            [1, 0],
            [1, 1],
        ]
        labels = [[0], [1], [1], [0]]
        self.setup(2, 5, 1)
        self.train(cases, labels, 10000, 0.05)
        for case in cases:
            print(self.predict(case))
if __name__ == '__main__':
    nn = BPNeuralNetwork()
    nn.test()
```

3.4 本章小结

本章是理论的部分，主要讲解TensorFlow的核心算法：反向传播算法。虽然在编程中可能并不需要显式地使用反向传播，或者框架自动完成了反向传播的计算，但是了解和掌握TensorFlow的反向传播算法能使读者在程序的编写过程中事半功倍。

第 4 章

卷积层与 MNIST 实战

本章开始将进入本书最重要的部分——卷积神经网络的介绍。

卷积神经网络是从信号处理衍生过来的一种对数字信号处理的方式，发展到图像信号处理上，演变成一种专门用来处理具有矩阵特征的网络结构处理方式。卷积神经网络在很多应用上都有独特的优势，甚至可以说是无可比拟的，例如音频的处理和图像处理。

本章将介绍什么是卷积神经网络，卷积实际上是一种不太复杂的数学运算，即卷积是一种特殊的线性运算形式。之后会介绍"池化"的概念，这是卷积神经网络中必不可少的操作。还有为了消除过拟合，会介绍Drop-Out这一常用的方法。这些是为了让卷积神经网络运行得更加高效的一些常用方法。

4.1 卷积运算的基本概念

在数字图像处理中有一种基本的处理方法，即线性滤波。它将待处理的二维数字看作一个大型矩阵，图像中的每个像素可以看作矩阵中的每个元素，像素的大小就是矩阵中的元素值。

而使用的滤波工具是另一个小型矩阵，这个矩阵被称为卷积核。卷积核的大小远远小于图像矩阵，具体的计算方式就是对图像大矩阵中的每个像素计算其周围的像素和卷积核对应位置的乘积，之后将结果相加，最终得到的终值就是该像素的值，这样就完成了一次卷积。最简单的图像卷积方式如图4.1所示。

本节将详细介绍卷积的定义、运算，以及一些细节调整，这些都是卷积使用中必不可少的内容。

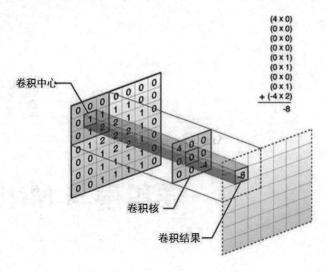

图 4.1 卷积运算

4.1.1 卷积运算

前面已经讲过了，卷积实际上是使用两个大小不同的矩阵进行的一种数学运算。为了便于读者理解，我们从一个例子开始。

需要对高速公路上的跑车进行位置追踪，这是卷积神经网络图像处理的一个非常重要的应用。摄像头接收到的信号被计算为$x(t)$，表示跑车在路上时刻t的位置。

但是往往实际上的处理没那么简单，因为在自然界无时无刻不面临各种影响和摄像头传感器的滞后。因此，为了得到跑车位置的实时数据，采用的方法就是对测量结果进行均值化处理。对于运动中的目标，时间越久的位置越不可靠，而时间离计算时越短的位置则对真实值的相关性越高。因此，可以对不同的时间段赋予不同的权重，即通过一个权值定义来计算。这个可以表示为：

$$s(t) = \int x(a)\omega(t-a)da$$

这种运算方式被称为卷积运算。换个符号表示为：

$$s(t) = (x \times \omega)(t)$$

在卷积公式中，第一个参数x被称为"输入数据"，第二个参数ω被称为"核函数"；$s(t)$是输出，即特征映射。

首先对于稀疏矩阵（见图4.2）来说，卷积网络具有稀疏性，即卷积核的大小远远小于输入数据矩阵的大小。例如，当输入一个图片信息时，数据的大小可能为上万的结构，但是使用的卷积核却只有几十，这样能够在计算后获取更少的参数特征，极大地减少后续的计算量。

参数共享指的是在特征提取过程中，不同输入值的同一个位置区域上会使用同一组参数，在传统的神经网络中，每个权重只对其连接的输入输出起作用，当其连接的输入输出元素结束后就不会再用到。而在卷积神经网络中，卷积核的每一个元素都被用在输入的同一个位置上，在这个过程中只需学习一个参数集合，就能把这个参数应用到所有的图片元素中。

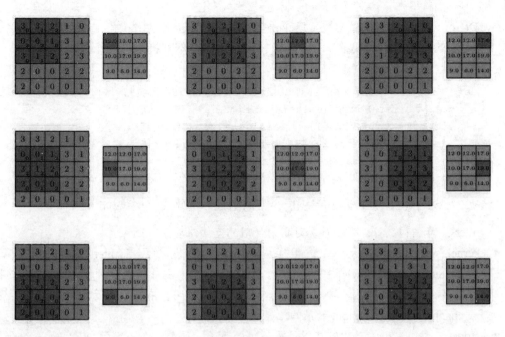

图 4.2 稀疏矩阵

【程序 4-1】

```
import struct
import matplotlib.pyplot as plt
import  numpy as np
dateMat = np.ones((7,7))
kernel = np.array([[2,1,1],[3,0,1],[1,1,0]])
def convolve(dateMat,kernel):
    m,n = dateMat.shape
    km,kn = kernel.shape
    newMat = np.ones(((m - km + 1),(n - kn + 1)))
    tempMat = np.ones(((km),(kn)))
    for row in range(m - km + 1):
        for col in range(n - kn + 1):
            for m_k in range(km):
                for n_k in range(kn):
                    tempMat[m_k,n_k] = dateMat[(row + m_k),(col + n_k)] * kernel[m_k,n_k]
            newMat[row,col] = np.sum(tempMat)
    return newMat
```

程序4-1是由Python实现的卷积操作,这里卷积核从左到右、从上到下进行卷积计算,最后返回新的矩阵。

4.1.2 TensorFlow 中卷积函数实现详解

前面通过Python实现了卷积的计算,TensorFlow为了框架计算的迅捷,同样使用专门的函数Conv2D(Conv)作为卷积计算函数。这个函数是搭建卷积神经网络最核心的函数之一,非常重要(卷积层的具体内容请读者参考相关资料自行学习,本书将不再展开讲解)。

```
class Conv2D(Conv):
    def __init__(self, filters, kernel_size, strides=(1, 1), padding='valid',
        data_format=None,dilation_rate=(1, 1), activation=None,
        use_bias=True,kernel_initializer='glorot_uniform',
        bias_initializer='zeros',kernel_regularizer=None,
        bias_regularizer=None, activity_regularizer=None,
        kernel_constraint=None, bias_constraint=None, **kwargs):
```

Conv2D(Conv)是TensorFlow的卷积层自带的函数,重要的5个参数如下:

- filters: 卷积核数目。卷积计算时折射使用的空间维度。
- kernel_size: 卷积核大小。它要求是一个输入向量,具有[filter_height, filter_width, in_channels, out_channels]这样的维度,具体含义是[卷积核的高度,卷积核的宽度,图像通道数,卷积核个数],要求类型与参数 input 相同。有一个地方需要注意,第三维 in_channels 就是参数 input 的第四维。
- strides: 步进大小。卷积时在图像每一维的步长,这是一个一维的向量,第一维和第四维默认为1,而第三维和第四维分别是平行和竖直滑行的步进长度。
- padding: 补全方式。string 类型的量,只能是 SAME,VALID 其中之一,这个值决定了不同的卷积方式。
- activation: 激活函数。一般使用 ReLU 作为激活函数。

【程序 4-2】

```
import tensorflow as tf
input = tf.Variable(tf.random.normal([1, 3, 3, 1]))
conv = tf.keras.layers.Conv2D(1,2)(input)
print(conv)
```

程序4-2展示了一个使用TensorFlow高级API进行卷积计算的例子,在这里随机生成了一个[3,3]大小的矩阵,之后使用一个大小为[2,2]的卷积核对其进行计算,打印结果如图4.3所示。

```
tf.Tensor(
[[[[ 0.43207052]
   [ 0.4494554 ]]

  [[-1.5294989 ]
   [ 0.9994287 ]]]], shape=(1, 2, 2, 1), dtype=float32)
```

图 4.3 打印结果

可以看到,卷积对生成的随机数据进行计算,重新生成了一个[1,2,2,1]大小的卷积结果。这是由于卷积在工作时,边缘被处理消失,因此生成的结果小于原有的图像。

但是有时需要生成的卷积结果和原输入矩阵的大小一致,则需要将参数padding的值设为VALID。当其为SAME时,表示图像边缘将由一圈0补齐,使得卷积后的图像大小和输入大小一致,示意如下:

```
00000000000
0xxxxxxxxx0
0xxxxxxxxx0
0xxxxxxxxx0
00000000000
```

可以看到,这里x是图片的矩阵信息,而外面一圈是补齐的0,0在卷积处理时对最终结果没有任何影响。这里略微对其进行修改,如程序4-3所示。

【程序4-3】

```
import tensorflow as tf
input = tf.Variable(tf.random.normal([1, 5, 5, 1]))        #输入图像大小变化
conv = tf.keras.layers.Conv2D(1,2,padding="SAME")(input)   #卷积核大小
print(conv .shape)
```

这里只打印最终卷积计算的维度大小,结果如下:

(1, 5, 5, 1)

可以看到最终生成了一个[1,5,5,1]大小的结果,这是由于在补全方式上,笔者采用了SAME的模式对其进行处理。

下面再换一个参数,在前面的代码中,stride的大小使用的是默认值[1,1],此时如果把stride替换成[2,2],即步进大小设置成2,代码如下:

【程序4-4】

```
import tensorflow as tf
input = tf.Variable(tf.random.normal([1, 5, 5, 1]))
conv = tf.keras.layers.Conv2D(1,2,strides=[2,2],padding="SAME")(input)
#strides的大小被替换
print(conv.shape)
```

最终打印结果如下:

(1, 3, 3, 1)

可以看到,即使是采用padding="SAME"模式填充,生成的结果也不再是原输入的大小,而是维度有了变化。

最后总结一下经过卷积计算后结果图像的大小变化公式:

$$N = (W - F + 2P)/S + 1$$

- 输入图片大小为 $W \times W$。
- Filter 大小为 $F \times F$。
- 步长为 S。
- padding 的像素数为 P,一般情况下 $P = 1$。

读者可以自行验证。

4.1.3 池化运算

在通过卷积获得了特征（Features）之后，下一步希望利用这些特征进行分类。理论上讲，人们可以用所有提取到的特征去训练分类器，例如softmax分类器，但这样做面临计算量的挑战。例如，对于一个96×96像素的图像，假设已经学习得到了400个定义在8×8输入上的特征，每一个特征和图像卷积都会得到一个(96-8+1)×(96-8+1)=7921维的卷积特征，由于有400个特征，因此每个样例（Example）都会得到一个892×400=3 168 400维的卷积特征向量。学习一个拥有超过3百万特征输入的分类器十分不便，并且容易出现过拟合。

这个问题的产生是因为卷积后的图像具有一种"静态性"的属性，这也就意味着在一个图像区域有用的特征极有可能在另一个区域也同样适用。因此，为了描述大的图像，一个很自然的想法就是对不同位置的特征进行聚合统计。

例如，特征提取可以计算图像一个区域上的某个特定特征的平均值（或最大值），如图4.4所示。这些概要统计特征不仅具有低得多的维度（相比使用所有提取得到的特征），同时还会改善结果（不容易过拟合）。这种聚合的操作就叫作池化（Pooling），有时也称为平均池化或者最大池化（取决于计算池化的方法）。

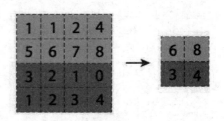

图 4.4 Max-Pooling 后的图片

如果选择图像中的连续范围作为池化区域，并且只是池化相同（重复）的隐藏单元产生的特征，那么这些池化单元就具有平移不变性（Translationinvariant）。这就意味着即使图像经历了一个小的平移之后，依然会产生相同的（池化的）特征。在很多任务中（例如物体检测、声音识别），我们都更希望得到具有平移不变性的特征，因为即使图像经过了平移，样例（图像）的标记仍然保持不变。

TensorFlow中池化运算的函数如下：

```
class MaxPool2D (Pooling2D):
    def __init__(self, pool_size=(2, 2), strides=None,
        padding='valid', data_format=None, **kwargs):
```

重要的参数如下：

- pool_size: 池化窗口的大小，默认大小一般是[2, 2]。
- strides: 和卷积类似，窗口在每一个维度上滑动的步长，默认大小一般是[2,2]。
- padding: 和卷积类似，可以取 VALID 或者 SAME，返回一个输入向量，类型不变，维度仍然是[batch, height, width, channels]这种形式。

池化的一个非常重要的作用就是能够帮助输入的数据表示近似不变性。对于平移不变性，指的是对输入的数据进行少量平移时，经过池化后的输出结果并不会发生改变。局部平移不变性是一个很有用的性质，尤其是当关心某个特征是否出现而不关心它出现的具体位置时。

例如，当判定一幅图像中是否包含人脸时，并不需要判定眼睛的位置，而是需要知道有一只眼睛出现在脸部的左侧，另一只出现在右侧就可以了。

4.1.4 softmax 激活函数

softmax函数在前面已经做过介绍，并且笔者使用NumPy自定义实现了softmax的功能和函数。softmax是一个对概率进行计算的模型，因为在真实的计算模型系统中，对一个实物的判定并不是100%，而是只是有一定的概率。并且在所有的结果标签上，都可以求出一个概率。

$$f(x) = \sum_{i}^{j} w_{ij} x_j + b$$

$$\text{soft max} = \frac{e^{x_i}}{\sum_{0}^{j} e^{x_j}}$$

$$y = \text{soft max}(f(x)) = \text{soft max}(w_{ij} x_j + b)$$

其中第一个公式是人为定义的训练模型，这里采用的是输入数据与权重的乘积并加上一个偏置b的方式进行。偏置b存在的意义是为了加上一定的噪音。

对于求出的 $f(x) = \sum_{i}^{j} w_{ij} x_j + b$，softmax的作用就是将其转化成概率。换句话说，这里的softmax可以被看作一个激励函数，将计算的模型输出转换为在一定范围内的数值，并且总体这些数值的和为1，而每个单独的数据结果都有其特定的概率分布。

用更为正式的语言表述就是softmax是模型函数定义的一种形式：把输入值当成幂指数求值，再正则化这些结果值。而这个幂运算表示，更大的概率计算结果对应更大的假设模型中的乘数权重值。反之，拥有更少的概率计算结果意味着在假设模型中拥有更小的乘数系数。

而假设模型中的权值不可以是0或者负值。然后softmax会正则化这些权重值，使它们的总和等于1，以此构造一个有效的概率分布。

对于最终的公式 $y = \text{soft max}(f(x)) = \text{soft max}(w_{ij} x_j + b)$ 来说，可以将其认为是如图4.5所示的形式。

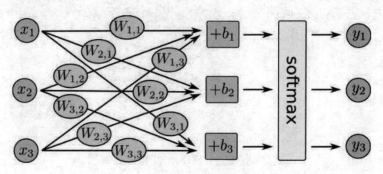

图 4.5 softmax 计算形式

图4.5演示了softmax的计算公式，这实际上就是输入的数据通过与权重乘积之后对其进行softmax计算得到的结果。如果将其用数学方法表示出来，如图4.6所示。

将这个计算过程用矩阵的形式表示出来，即矩阵乘法和向量加法，这样有利于使用TensorFlow内置的数学公式进行计算，极大地提高了程序效率。

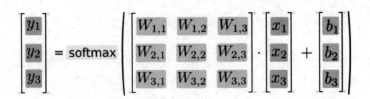

图 4.6 softmax 矩阵表示

4.1.5 卷积神经网络原理

前面介绍了卷积运算的基本原理和概念,从本质上来说,卷积神经网络就是将图像处理中的二维离散卷积运算和神经网络相结合。这种卷积运算可以用于自动提取特征,而卷积神经网络也主要应用于二维图像的识别。下面将采用图示的方法更加直观地介绍卷积神经网络的工作原理。

一个卷积神经网络一般包含一个输入层、一个卷积层和一个输出层,但是在真正使用的时候,一般会使用多层卷积神经网络不断地提取特征,特征越抽象,越有利于识别(分类)。而且通常卷积神经网络也包含池化层、全连接层,最后再接输出层。

图4.7展示了一幅图片进行卷积神经网络处理的过程。

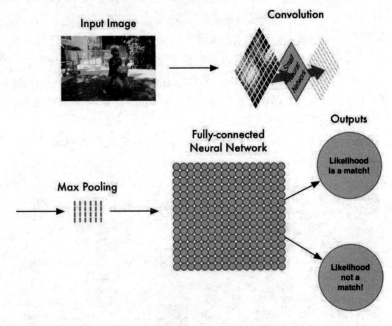

图 4.7 卷积神经网络处理图像的步骤

其中主要包含4个步骤:

- 图像输入:获取输入的图像数据。
- 卷积:对图像特征进行提取。
- Pooling 层:用于缩小在卷积时获取的图像特征。
- 全连接层:用于对图像进行分类。

这几个步骤依次进行，分别有不同的作用。经过卷积层的图像被分别提取特征后获得分块的、同样大小的图片，如图4.8所示。

图4.8 卷积处理的分解图像

可以看到，经过卷积处理后的图像被分为若干个大小相同的、只具有局部特征的图片。图4.9表示对分解后的图片使用一个小型神经网络做进一步的处理，即将二维矩阵转化成一维数组。

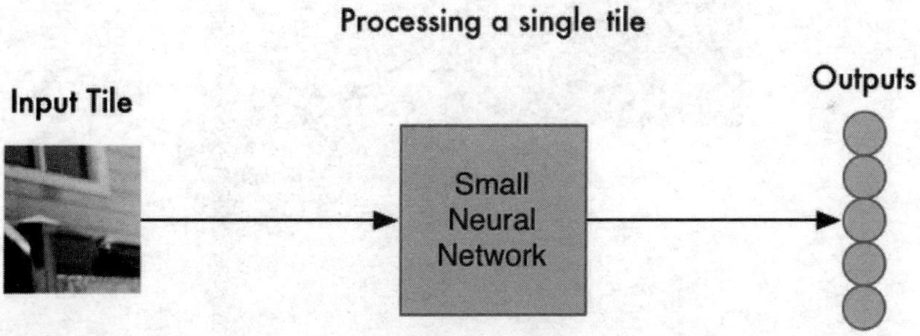

图4.9 分解后图像的处理

需要说明的是，在这个步骤，也就是对图片进行卷积化处理时，卷积算法对所有分解后的局部特征进行同样的计算，这个步骤称为"权值共享"。这样做的依据如下：

- 对图像等数组数据来说，局部数组的值经常是高度相关的，可以形成容易被探测到的独特的局部特征。
- 图像和其他信号的局部统计特征与其位置是不太相关的，如果特征图能在图片的一个部分出现，就能在任何地方出现。所以不同位置的单元共享同样的权重，并在数组的不同部分探测相同的模式。

在数学上，这种由一个特征图执行的过滤操作是一个离散的卷积，卷积神经网络由此得名。

池化层的作用是对获取的图像特征进行缩减，从前面的例子可以看到，使用[2,2]大小的矩阵来处理特征矩阵，使得原有的特征矩阵可以缩减到1/4大小，特征提取的池化效应如图4.10所示。

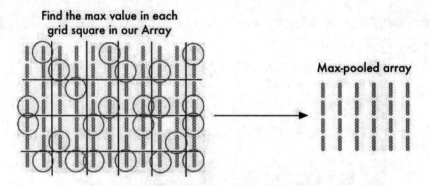

图 4.10　池化处理后的图像

经过池化处理的图像矩阵作为神经网络的数据输入。图4.11是使用一个全连接层对输入的所有节点数据进行分类判别，并且计算这个图像所求的所属位置概率的最大值。

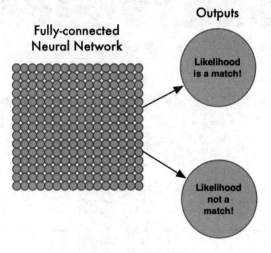

图 4.11　全连接层判断

采用比较通俗的语言概括，卷积神经网络是一个层级递增的结构，也可以将其认为是一个人在读报纸，首先一字一句地读取，之后整段地理解，最后获得全文大意的倾向。卷积神经网络是从边缘、结构和位置等一起感知物体的形状。

4.2　编程实战：MNIST 手写体识别

本节将带领读者进行卷积神经网络实战，即使用TensorFlow进行MNIST手写体的识别。

4.2.1　MNIST 数据集

HelloWorld是任何一种编程语言入门的基础程序，任何一位同学在开始编程学习时，打印的第一句话往往就是这个"HelloWorld"。在前面的章节中，我们也带领读者学习和掌握了TensorFlow打印出的第一个程序"HelloWorld"。

在深度学习编程中也有其特有的"HelloWorld",即MNIST手写体的识别。相对于前面单纯地从数据文件中读取数据并加以训练的模型,MNIST是一个图片数据集,其分类更多,难度也更大。

对于好奇的读者来说,一定有一个疑问,MNIST究竟是什么?

实际上,MNIST是一个手写数字的数据库,它有60000个训练样本集和10000个测试样本集。打开来看,MNIST数据集如图4.12所示。

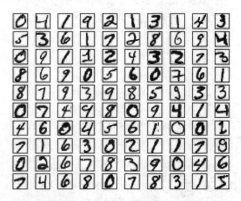

图 4.12　MNIST 文件手写体

MNIST数据库官方网址为http://yann.lecun.com/exdb/mnist/。

也可以直接下载train-images-idx3-ubyte.gz、train-labels-idx1-ubyte.gz等,如图4.13所示。

```
Four files are available on this site:

train-images-idx3-ubyte.gz:  training set images (9912422 bytes)
train-labels-idx1-ubyte.gz:  training set labels (28881 bytes)
t10k-images-idx3-ubyte.gz:   test set images (1648877 bytes)
t10k-labels-idx1-ubyte.gz:   test set labels (4542 bytes)
```

图 4.13　MNIST 文件中包含的数据集

下载4个文件并解压缩。解压缩后发现这些文件并不是标准的图像格式,也就是一个训练图片集、一个训练标签集、一个测试图片集和一个测试标签集。这些文件是压缩文件,解压出来,我们看到的是二进制文件,其中训练图片集的内容部分如图4.14所示。

```
0000 0803 0000 ea60 0000 001c 0000 001c
0000 0000 0000 0000 0000 0000 0000 0000
...
```

图 4.14　MNIST 文件的二进制表示

MNIST训练集内部的文件结构如图4.15所示。

```
TRAINING SET IMAGE FILE (train-images-idx3-ubyte):

[offset] [type]          [value]          [description]
0000     32 bit integer  0x00000803(2051) magic number
0004     32 bit integer  60000            number of images
0008     32 bit integer  28               number of rows
0012     32 bit integer  28               number of columns
0016     unsigned byte   ??               pixel
0017     unsigned byte   ??               pixel
........
xxxx     unsigned byte   ??               pixel
```

图4.15　MNIST文件结构图

图4.15所示是训练集的文件结构，其中有60000个实例。也就是说，这个文件中包含60000个标签内容，每一个标签的值为0~9的一个数。这里我们先解析每一个属性的含义，首先该数据是以二进制格式存储的，我们读取的时候要以rb方式读取；其次，真正的数据只有[value]这一项，其他的[type]等只是用来描述的，并不真正在数据文件中。

也就是说，在读取真实数据之前，要读取4个32 Bit的整型（int）数据。由[offset]可以看出真正的pixel是从0016开始的，一个整型32位的数据，所以在读取pixel之前要读取4个参数，也就是magic number、number of images、number of rows和number of columns。

继续对图片进行分析。在MNIST图片集中，所有的图片都是28×28的，也就是每个图片都有28×28个像素。如图4.16所示，train-images-idx3-ubyte文件中偏移量为0字节处有一个4字节的数为0000 0803，表示魔数；接下来是0000 ea60值为60000，代表容量；接下来从第8字节开始有一个4字节数，值为28，也就是0000 001c，表示每个图片的行数；从第12字节开始有一个4字节数，值也为28，也就是0000 001c，表示每个图片的列数；从第16字节开始才是我们的像素值。

这里使用每784字节代表一幅图片。

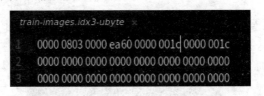

图4.16　每个手写体被分成28×28像素

4.2.2　MNIST数据集特征和标签介绍

前面已经介绍了通过一个简单的iris数据集的例子实现对3个类别的分类问题。现在我们加大难度，尝试使用TensorFlow预测10个分类。这实际上难度并不大，如果读者已经掌握了前面的3分类程序编写的话，那么这个更不在话下。

首先对于数据库的获取，读者可以通过前面的地址下载正式的MNIST数据集，然而TensorFlow 2中，集成的Keras高级API带有已经处理成.npy格式的MNIST数据集，可以对其进行载入和计算。

```
mnist = tf.keras.datasets.mnist
(x_train, y_train), (x_test, y_test) = mnist.load_data()
```

这里Keras能够自动连接互联网下载所需要的MNIST数据集，最终下载的是.npz格式的数据集mnist.npz。

如果有读者无法连网下载数据的话，本书自带的代码库中提供了对应的mnist.npz数据的副本，读者只需将其复制到目标位置，之后在load_data函数中提供绝对地址即可，代码如下：

```
(x_train, y_train), (x_test, y_test) =
mnist.load_data(path='C:/Users/wang_xiaohua/Desktop/TF2.0/dataset/mnist.npz')
```

需要注意的是，这里输入的是数据集的绝对地址。load_data函数会根据输入的地址对数据进行处理，并自动将其分解成训练集和验证集。打印训练集的维度如下：

```
(60000, 28, 28)
(60000,)
```

这里是使用Keras自带的API进行数据处理的第一个步骤，有兴趣的读者可以自行完成数据的读取和切分的代码。

在上面的代码段中，load_data函数可以按既定的格式读取出来。正如iris数据库一样，每个MNIST实例数据单元也是由两部分构成的，一幅包含手写数字的图片和一个与其相对应的标签。可以将其中的标签特征设置成y，而图片特征矩阵以x来代替，所有的训练集和测试集中都包含x和y。

图4.17用更为一般化的形式解释了MNIST数据实例的展开形式。这里，图片数据被展开成矩阵的形式，矩阵的大小为28×28。至于如何处理这个矩阵，常用的方法是将其展开，而展开的方式和顺序并不重要，只需要将其按同样的方式展开即可。

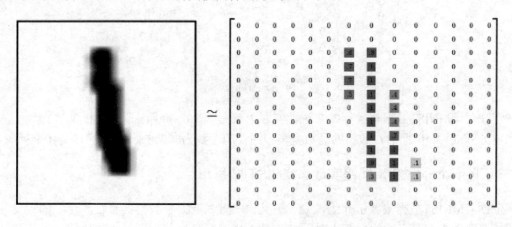

图 4.17　图片转换为向量模式

下面回到对数据的读取，前面已经介绍了，MNIST数据集实际上就是一个包含着60000张图片的60000×28×28大小的矩阵张量[60000,28,28]，如图4.18所示。

矩阵中的行数指的是图片的索引，用于对图片进行提取。而后面的28×28个向量用于对图片特征进行标注。实际上，这些特征向量就是图片中的像素点，每张手写图片是[28,28]的大小，每个像素转化为0~1的一个浮点数，构成矩阵。

每个实例的标签对应0~9的任意一个数字,用于对图片进行标注。需要注意的是,对于提取出来的MNIST的特征值,默认使用一个0~9的数值进行标注,但是这种标注方法并不能使得损失函数获得一个好的结果,因此常用的是One-Hot计算方法,即将值具体落在某个标注区间中。

One-Hot的标注方法请读者自行掌握。这里主要介绍将单一序列转化成One-Hot的方法。一般情况下,TensorFlow自带了转化函数,即tf.One-Hot函数,但是这个转化生成的是Tensor格式的数据,因此并不适合直接输入。

如果读者能够自行编写将序列值转化成One-Hot的函数,那你的编程功底真是不错。Keras同样提供了已经编写好的转换函数:

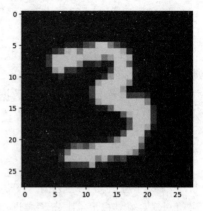

图4.18　MNIST数据集的矩阵表示

```
tf.keras.utils.to_categorical
```

其作用是将一个序列转化成以One-Hot形式表示的数据集,格式如图4.19所示。

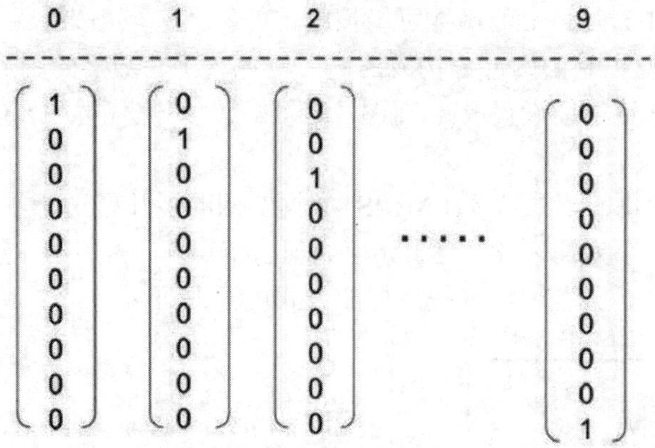

图4.19　One-Hot 数据集

现在对于MNIST数据集的标签来说,实际上就是一个60000张图片的60000×10大小的矩阵张量[60000,10]。前面的行数指的是数据集中图片的个数为60000个,后面的10是10个列向量。

4.2.3　TensorFlow 2.X 编程实战:MNIST 数据集

前面对MNIST数据集做了介绍,描述了其构成方式及其中数据的特征和标签的含义等。了解这些有助于编写合适的程序来对MNIST数据集进行分析和识别。本节将一步一步地分析和编写代码以对数据集进行处理。

第一步:数据的获取

对于MNIST数据的获取实际上有很多渠道,读者可以使用TensorFlow 2自带的数据获取方式获得MNIST数据集并进行处理,代码如下:

```
mnist = tf.keras.datasets.mnist
(x_train, y_train), (x_test, y_test) = mnist.load_data()
(
x_train, y_train), (x_test, y_test)        #下载MNIST.npy文件要注明绝对地址
= mnist.load_data(path='C:/Users/wang_xiaohua/Desktop/
TF2.0/dataset/mnist.npz')
```

实际上可以看到,对于TensorFlow来说,它提供常用API并收集整理一些数据集,为模型的编写和验证带来了最大限度的方便。

不过读者会有一个疑问,对于软件自带的API和自己实现的API,选择哪一个?

选择自带的API,除非能够肯定自带的API不适合你的代码。因为大多数自带的API在底层都会进行一定程度的优化,调用不同的库包去最大效率地实现功能,因此即使自己的API与其功能一样,但是内部实现还是有所不同。请牢记"不要重复造轮子"。

第二步:数据的处理

数据的处理读者可以参考iris数据的处理方式,即首先将label进行One-Hot处理,之后使用TensorFlow自带的Data API进行打包,方便地组合成train与label的配对数据集。

```
x_train = tf.expand_dims(x_train,-1)
y_train = np.float32(tf.keras.utils.to_categorical(y_train,num_classes=10))
x_test = tf.expand_dims(x_test,-1)
y_test = np.float32(tf.keras.utils.to_categorical(y_test,num_classes=10))
bacth_size = 512
train_dataset = tf.data.Dataset.from_tensor_slices((x_train,y_train)).
batch(bacth_size).shuffle(bacth_size * 10)
test_dataset = tf.data.Dataset.from_tensor_slices((x_test,y_test)).
batch(bacth_size)
```

需要注意的是,在数据被读出后,x_train与x_test分别是训练集与测试集的数据特征部分,其是两个维度为[x,28,28]大小的矩阵,但是在4.1节介绍卷积运算时,卷积的输入是一个4维的数据,还需要一个"通道"的标注,因此对其使用tf的扩展函数,修改了维度的表示方式。

第三步:模型的确定与各模块的编写

对于使用深度学习构建一个分辨MNIST的模型来说,最简单、最常用的方法是建立一个基于卷积神经网络+分类层的模型,结构如图4.20所示。

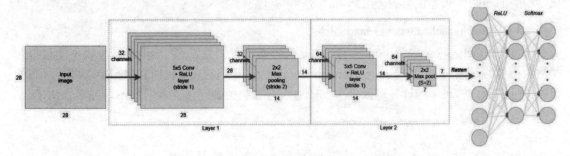

图4.20 基于卷积神经网络+分类层的模型

从图4.20可以看到，一个简单的卷积神经网络模型是由卷积层、池化层、Dropout层以及作为分类的全连接层构成的，同时每一层之间使用ReLU激活函数进行分割，而batch_normalization作为正则化的工具也被用于各个层之间的连接。

模型代码如下：

```
input_xs = tf.keras.Input([28,28,1])
conv = tf.keras.layers.Conv2D(32,3,padding="SAME",activation=tf.nn.relu)(input_xs)
conv = tf.keras.layers.BatchNormalization()(conv)
conv = tf.keras.layers.Conv2D(64,3,padding="SAME",activation=tf.nn.relu)(conv)
conv = tf.keras.layers.MaxPool2D(strides=[1,1])(conv)
conv = tf.keras.layers.Conv2D(128,3,padding="SAME",activation=tf.nn.relu)(conv)
flat = tf.keras.layers.Flatten()(conv)
dense = tf.keras.layers.Dense(512, activation=tf.nn.relu)(flat)
logits = tf.keras.layers.Dense(10, activation=tf.nn.softmax)(dense)
model = tf.keras.Model(inputs=input_xs, outputs=logits)
print(model.summary())
```

下面分步进行解释。

（1）输入的初始化

输入的初始化使用的是Input类，这里根据输入的数据大小，将输入的数据维度做成[28,28,1]，其中的batch_size不需要设置，TensorFlow会在后台自行推断。

```
input_xs = tf.keras.Input([28,28,1])
```

（2）卷积层

TensorFlow中自带了卷积层实现类对卷积的计算，这里首先创建一个类，通过设定卷积核数据、卷积核大小、padding方式和激活函数初始化整个卷积类。

```
conv = tf.keras.layers.Conv2D(32,3,padding="SAME",activation=tf.nn.relu)(input_xs)
```

TensorFlow中卷积层的定义在绝大多数情况下直接调用现成的卷积类即可。顺便说一句，卷积核大小等于3的话，TensorFlow中专门给予了优化。原因后面会揭晓，现在读者只需要牢记卷积类的初始化和卷积层的使用即可。

（3）BatchNormalization和Maxpool层

BatchNormalization和Maxpool层的目的是输入数据正则化，最大限度地减少模型的过拟合和增大模型的泛化能力。对于BatchNormalization和Maxpool的实现，读者自行参考模型代码的写法进行实现，有兴趣的读者可以更深一步地学习其相关的理论，本书就不再过多介绍了。

```
conv = tf.keras.layers.BatchNormalization()(conv)
…
conv = tf.keras.layers.MaxPool2D(strides=[1,1])(conv)
```

（4）起分类作用的全连接层

全连接层的作用是对卷积层所提取的特征做最终分类。这里，我们首先使用flat函数将提取计算后的特征值平整化，之后的两个全连接层起到特征提取和分类的作用，最终做出分类。

```
dense = tf.keras.layers.Dense(512, activation=tf.nn.relu)(flat)
logits = tf.keras.layers.Dense(10, activation=tf.nn.softmax)(dense)
```

同样使用TensorFlow对模型进行打印，可以将所涉及的各个层级都打印出来，如图4.21所示。

```
Model: "model"
_____
Layer (type)                 Output Shape              Param #
=================================================================
input_1 (InputLayer)         [(None, 28, 28, 1)]       0
_____
conv2d (Conv2D)              (None, 28, 28, 32)        320
_____
batch_normalization (BatchNo (None, 28, 28, 32)        128
_____
conv2d_1 (Conv2D)            (None, 28, 28, 64)        18496
_____
max_pooling2d (MaxPooling2D) (None, 27, 27, 64)        0
_____
conv2d_2 (Conv2D)            (None, 27, 27, 128)       73856
_____
flatten (Flatten)            (None, 93312)             0
_____
dense (Dense)                (None, 512)               47776256
_____
dense_1 (Dense)              (None, 10)                5130
=================================================================
Total params: 47,874,186
Trainable params: 47,874,122
Non-trainable params: 64
```

图4.21　打印各个层级

可以看到各个层级的作用和所涉及的参数。各个层依次被计算，并且所用的参数也打印出来了。

【程序4-5】

```python
import numpy as np
# 下面使用MNIST数据集
import tensorflow as tf
mnist = tf.keras.datasets.mnist
#这里先调用上面的函数，然后下载数据包，下面要填上绝对路径
(x_train, y_train), (x_test, y_test) = mnist.load_data()   #需要等TensorFlow自动下载MNIST数据集
x_train, x_test = x_train / 255.0, x_test / 255.0
x_train = tf.expand_dims(x_train,-1)
y_train = np.float32(tf.keras.utils.to_categorical(y_train,num_classes=10))
x_test = tf.expand_dims(x_test,-1)
```

```python
    y_test = np.float32(tf.keras.utils.to_categorical(y_test,num_classes=10))
    #这里为了shuffle数据,单独定义了每个batch的大小batch_size,这与下方的shuffle对应
    bacth_size = 512
    train_dataset = tf.data.Dataset.from_tensor_slices((x_train,y_train)).batch(bacth_size).shuffle(bacth_size * 10)
    test_dataset = tf.data.Dataset.from_tensor_slices((x_test,y_test)).batch(bacth_size)
    input_xs = tf.keras.Input([28,28,1])
    conv = tf.keras.layers.Conv2D(32,3,padding="SAME",activation=tf.nn.relu)(input_xs)
    conv = tf.keras.layers.BatchNormalization()(conv)
    conv = tf.keras.layers.Conv2D(64,3,padding="SAME",activation=tf.nn.relu)(conv)
    conv = tf.keras.layers.MaxPool2D(strides=[1,1])(conv)
    conv = tf.keras.layers.Conv2D(128,3,padding="SAME",activation=tf.nn.relu)(conv)
    flat = tf.keras.layers.Flatten()(conv)
    dense = tf.keras.layers.Dense(512, activation=tf.nn.relu)(flat)
    logits = tf.keras.layers.Dense(10, activation=tf.nn.softmax)(dense)
    model = tf.keras.Model(inputs=input_xs, outputs=logits)

    model.compile(optimizer=tf.optimizers.Adam(1e-3),loss=tf.losses.categorical_crossentropy,metrics = ['accuracy'])
    model.fit(train_dataset, epochs=10)
    model.save("./saver/model.h5")
    score = model.evaluate(test_dataset)
    print("last score:",score)
```

最终打印结果如图4.22所示。

```
1/20  [>.............................] - ETA: 2s - loss: 0.0461 - accuracy: 0.9844
3/20  [===>..........................] - ETA: 1s - loss: 0.0815 - accuracy: 0.9805
5/20  [======>.......................] - ETA: 0s - loss: 0.0901 - accuracy: 0.9805
7/20  [=========>....................] - ETA: 0s - loss: 0.0918 - accuracy: 0.9807
9/20  [============>.................] - ETA: 0s - loss: 0.0833 - accuracy: 0.9816
11/20 [===============>..............] - ETA: 0s - loss: 0.0765 - accuracy: 0.9828
13/20 [==================>...........] - ETA: 0s - loss: 0.0691 - accuracy: 0.9841
15/20 [=====================>........] - ETA: 0s - loss: 0.0604 - accuracy: 0.9859
17/20 [========================>.....] - ETA: 0s - loss: 0.0539 - accuracy: 0.9874
19/20 [===========================>..] - ETA: 0s - loss: 0.0510 - accuracy: 0.9881
20/20 [==============================] - 1s 47ms/step - loss: 0.0512 - accuracy: 0.9879
last score: [0.051227264245972036, 0.9879]
```

图4.22 打印结果

可以看到,经过模型的训练,在测试集上最终的准确率达到0.9879,即98%以上,而损失率在0.05左右。

4.2.4 使用自定义的卷积层实现 MNIST 识别

利用已有的卷积层已经能够较好地达到目标,使得准确率在0.98以上。这是一个非常不错的准确率,但是为了获得更高的准确率,还有没有别的方法能够在这个基础上进行进一步的提高呢?

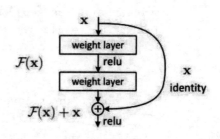

图 4.23 残差网络

一个非常简单的思想就是建立short-cut,即建立数据通路,使得输入的数据和经过卷积计算后的数据连接在一起,从而解决卷积层在层数过多的情况下出现梯度下降或者梯度消失的问题,模型如图4.23所示。

这是一个"残差网络"的部分示意图,即将输入的数据经过计算后又重新与未经过计算的数据通过"叠加"的方式连接在一起,从而建立一个能够保留更多细节内容的卷积结构。

遵循计算iris数据集的自定义层级的方法,在继承Layers层后,TensorFlow自定义的一个层级需要实现3个函数:init、build和call函数。

第一步:初始化参数

init的作用是初始化所有的参数,通过分析模型可以得知,目前需要定义的参数为卷积核数目和卷积核大小。

```
class MyLayer(tf.keras.layers.Layer):
    def __init__(self,kernel_size ,filter):
        self.filter = filter
        self.kernel_size = kernel_size
        super(MyLayer, self).__init__()
```

第二步:定义可变参数

模型中的参数定义在build中,这里是对所有可变参数的定义,代码如下:

```
def build(self, input_shape):
    self.weight = tf.Variable(tf.random.normal([self.kernel_size,
self.kernel_size,input_shape[-1],self.filter]))
    self.bias = tf.Variable(tf.random.normal([self.filter]))
    super(MyLayer, self).build(input_shape)  # Be sure to call this somewhere!
```

第三步:模型的计算

模型的计算定义在call函数中,对于残差网络的最简单的表示如下:

$$conv = conv(input)$$
$$out = relu(conv) + input$$

这里分段实现结果,即将卷积计算后的函数结果再经过激活函数后,叠加输入值作为输出,代码如下:

```python
    def call(self, input_tensor):
        conv = tf.nn.conv2d(input_tensor, self.weight, strides=[1, 2, 2, 1], padding='SAME')
        conv = tf.nn.bias_add(conv, self.bias)
        out = tf.nn.relu(conv) + conv
        return out
```

全部代码段如下:

```python
class MyLayer(tf.keras.layers.Layer):
    def __init__(self,kernel_size ,filter):
        self.filter = filter
        self.kernel_size = kernel_size
        super(MyLayer, self).__init__()
    def build(self, input_shape):
        self.weight = tf.Variable(tf.random.normal([self.kernel_size,self.kernel_size,input_shape[-1],self.filter]))
        self.bias = tf.Variable(tf.random.normal([self.filter]))
        super(MyLayer, self).build(input_shape)  # Be sure to call this somewhere!
    def call(self, input_tensor):
        conv = tf.nn.conv2d(input_tensor, self.weight, strides=[1, 2, 2, 1], padding='SAME')
        conv = tf.nn.bias_add(conv, self.bias)
        out = tf.nn.relu(conv) + conv
        return out
```

下面的代码将自定义的卷积层替换为对应的卷积层。

【程序 4-6】

```python
# 下面使用MNIST数据集
import numpy as np
import tensorflow as tf
mnist = tf.keras.datasets.mnist
#这里先调用上面的函数,然后下载数据包
(x_train, y_train), (x_test, y_test) = mnist.load_data()
x_train, x_test = x_train / 255.0, x_test / 255.0
x_train = tf.expand_dims(x_train,-1)
y_train = np.float32(tf.keras.utils.to_categorical(y_train,num_classes=10))
x_test = tf.expand_dims(x_test,-1)
y_test = np.float32(tf.keras.utils.to_categorical(y_test,num_classes=10))
bacth_size = 512
train_dataset = tf.data.Dataset.from_tensor_slices((x_train,y_train)).batch(bacth_size).shuffle(bacth_size * 10)
test_dataset = tf.data.Dataset.from_tensor_slices((x_test,y_test)).batch(bacth_size)

class MyLayer(tf.keras.layers.Layer):
```

```
        def __init__(self,kernel_size ,filter):
            self.filter = filter
            self.kernel_size = kernel_size
            super(MyLayer, self).__init__()
        def build(self, input_shape):
            self.weight = tf.Variable(tf.random.normal([self.kernel_size,
self.kernel_size,input_shape[-1],self.filter]))
            self.bias = tf.Variable(tf.random.normal([self.filter]))
            super(MyLayer, self).build(input_shape)  # Be sure to call this
somewhere!
        def call(self, input_tensor):
            conv = tf.nn.conv2d(input_tensor, self.weight, strides=[1, 2, 2, 1],
padding='SAME')
            conv = tf.nn.bias_add(conv, self.bias)
            out = tf.nn.relu(conv) + conv
            return out

    input_xs = tf.keras.Input([28,28,1])
    conv = tf.keras.layers.Conv2D(32,3,padding="SAME",activation=tf.nn.relu)
(input_xs)
    #使用自定义的层替换TensorFlow的卷积层
    conv = MyLayer(32,3)(conv)
    conv = tf.keras.layers.BatchNormalization()(conv)
    conv = tf.keras.layers.Conv2D(64,3,padding="SAME",activation=tf.nn.relu)
(conv)
    conv = tf.keras.layers.MaxPool2D(strides=[1,1])(conv)
    conv = tf.keras.layers.Conv2D(128,3,padding="SAME",activation=tf.nn.relu)
(conv)
    flat = tf.keras.layers.Flatten()(conv)
    dense = tf.keras.layers.Dense(512, activation=tf.nn.relu)(flat)
    logits = tf.keras.layers.Dense(10, activation=tf.nn.softmax)(dense)
    model = tf.keras.Model(inputs=input_xs, outputs=logits)
    print(model.summary())
    model.compile(optimizer=tf.optimizers.Adam(1e-3),
loss=tf.losses.categorical_crossentropy,metrics = ['accuracy'])
    model.fit(train_dataset, epochs=10)
    model.save("./saver/model.h5")
    score = model.evaluate(test_dataset)
    print("last score:",score)
```

最终打印结果如图4.24所示。

```
11/20 [===============>..............] - ETA: 0s - loss: 0.0771 - accuracy: 0.9903
12/20 [================>.............] - ETA: 0s - loss: 0.0755 - accuracy: 0.9905
13/20 [=================>............] - ETA: 0s - loss: 0.0732 - accuracy: 0.9914
14/20 [==================>...........] - ETA: 0s - loss: 0.0695 - accuracy: 0.9924
15/20 [====================>.........] - ETA: 0s - loss: 0.0653 - accuracy: 0.9935
16/20 [=====================>........] - ETA: 0s - loss: 0.0614 - accuracy: 0.9944
17/20 [======================>.......] - ETA: 0s - loss: 0.0580 - accuracy: 0.9948
18/20 [========================>.....] - ETA: 0s - loss: 0.0511 - accuracy: 0.9952
19/20 [==========================>...] - ETA: 0s - loss: 0.0471 - accuracy: 0.9955
20/20 [==============================] - 3s 137ms/step - loss: 0.0405 - accuracy: 0.9913
last score: [0.04711936466246843, 0.9913]
```

图 4.24　打印结果

4.3　本章小结

本章是TensorFlow 2.X入门的完结部分，主要介绍了使用卷积对MNIST数据集进行识别。这是一个入门案例，但是包含的内容非常多，例如使用多种不同的层和类构建一个比较复杂的卷积神经网络。除了卷积神经网络，我们也向读者介绍了部分类和层的使用。

本章自定义了一个新的卷积层："残差卷积"。这是非常重要的内容，希望读者尽快熟悉和掌握TensorFlow 2.X自定义层的写法和用法。

第 5 章

TensorFlow Datasets 和 TensorBoard 详解

训练 TensorFlow 模型的时候，需要找数据集、下载、装数据集……太麻烦了，比如 MNIST 这种全世界都在用的数据集，能不能来个一键装载？

TensorFlow 也是这么想的。

吴恩达老师说过，公共数据集为机器学习研究这枚火箭提供了动力。但是，准备机器学习中要用的源格式和复杂性不一的数据集，相信这种痛苦每个程序员都有过切身体会。

对于大多数 TensorFlow 初学者来说，选择一个合适的数据集作为初始练手项目是一个非常重要的起步。为了帮助初学者方便迅捷地获取合适的数据集，并作为一个标准的评分测试标准，TensorFlow 推出了一个新的功能，叫作 TensorFlow Datasets，可以 tf.data 和 NumPy 的格式将公共数据集装载到 TensorFlow 中，方便迅捷地供使用者调用。

当使用 TensorFlow 训练大量深层的神经网络时，使用者希望去跟踪神经网络的整个训练过程中的信息，比如迭代的过程中每一层参数是如何变化与分布的，每次循环参数更新后模型在测试集与训练集上的准确率如何，损失值的变化情况，等等。如果能在训练的过程中将一些信息加以记录并可视化地表现出来，那么对探索模型会有更深的帮助与理解。

本章将详细介绍 TensorFlow Datasets 和 TensorBoard 和使用。

5.1 TensorFlow Datasets 简介

目前来说，已经有 85 个数据集可以通过 TensorFlow Datasets 装载，读者可以通过打印的方式获取全部的数据集名称（由于数据集仍在不停地添加中，显示结果以实际打印出来的为准）：

```
import tensorflow_datasets as tfds
print(tfds.list_builders())
```

结果如下：

```
['abstract_reasoning', 'bair_robot_pushing_small', 'bigearthnet',
'caltech101', 'cats_vs_dogs', 'celeb_a', 'celeb_a_hq', 'chexpert', 'cifar10',
'cifar100', 'cifar10_corrupted', 'clevr', 'cnn_dailymail', 'coco', 'coco2014',
```

```
'colorectal_histology', 'colorectal_histology_large',
'curated_breast_imaging_ddsm', 'cycle_gan', 'definite_pronoun_resolution',
'diabetic_retinopathy_detection', 'downsampled_imagenet', 'dsprites', 'dtd',
'dummy_dataset_shared_generator', 'dummy_mnist', 'emnist', 'eurosat',
'fashion_mnist', 'flores', 'glue', 'groove', 'higgs', 'horses_or_humans',
'image_label_folder', 'imagenet2012', 'imagenet2012_corrupted', 'imdb_reviews',
'iris', 'kitti', 'kmnist', 'lm1b', 'lsun', 'mnist', 'mnist_corrupted',
'moving_mnist', 'multi_nli', 'nsynth', 'omniglot', 'open_images_v4',
'oxford_flowers102', 'oxford_iiit_pet', 'para_crawl', 'patch_camelyon',
'pet_finder', 'quickdraw_bitmap', 'resisc45', 'rock_paper_scissors', 'shapes3d',
'smallnorb', 'snli', 'so2sat', 'squad', 'starcraft_video', 'sun397', 'super_glue',
'svhn_cropped', 'ted_hrlr_translate', 'ted_multi_translate', 'tf_flowers',
'titanic', 'trivia_qa', 'uc_merced', 'ucf101', 'voc2007', 'wikipedia',
'wmt14_translate', 'wmt15_translate', 'wmt16_translate', 'wmt17_translate',
'wmt18_translate', 'wmt19_translate', 'wmt_t2t_translate', 'wmt_translate',
'xnli'].
```

可能有读者对这么多的数据集不熟悉，当然也不建议读者一一查看和测试这些数据集。下面列出了TensorFlow Datasets比较常用的6种类型的29个数据集，分别涉及音频、图像、结构化数据、文本、翻译和视频类数据，如表5.1所示。

表 5.1 TensorFlow Datasets 数据集

类别	数据集
音频类	nsynth
图像类	cats_vs_dogs
	celeb_a
	celeb_a_hq
	cifar10
	cifar100
	coco2014
	colorectal_histology
	colorectal_histology_large
	diabetic_retinopathy_detection
	fashion_mnist
	image_label_folder
	imagenet2012
	lsun
	mnist
	omniglot
	open_images_v4
图像类	quickdraw_bitmap
	svhn_cropped
	tf_flowers

结构化数据集	titanic
文本类	imdb_reviews
	lm1b
	squad
翻译类	wmt_translate_ende
	wmt_translate_enfr
视频类	bair_robot_pushing_small
	moving_mnist
	starcraft_video

5.1.1　Datasets 数据集的安装

一般而言，安装好TensorFlow以后，TensorFlow Datasets是默认安装的。如果读者没有安装TensorFlow Datasets，可以通过如下命令进行安装：

```
pip install tensorflow_datasets
```

5.1.2　Datasets 数据集的使用

下面首先以MNIST数据集为例介绍Datasets数据集的基本使用情况。MNIST数据集展示代码如下：

```python
import tensorflow as tf
import tensorflow_datasets as tfds
mnist_data = tfds.load("mnist")
mnist_train, mnist_test = mnist_data["train"], mnist_data["test"]
assert isinstance(mnist_train, tf.data.Dataset)
```

这里首先导入了tensorflow_datasets作为数据的获取接口，之后调用load函数获取MNIST数据集的内容，再按照train和test数据的不同将其分割成训练集和测试集。运行效果如图5.1所示。

```
from ._conv import register_converters as _register_converters
Downloading and preparing dataset mnist (11.06 MiB) to C:\Users\xiaohua\tensorflow_datasets\mnist\1.0.0...
Dl Completed...: 0 url [00:00, ? url/s]
Dl Size...: 0 MiB [00:00, ? MiB/s]

Dl Completed...:   0%|          | 0/1 [00:00<?, ? url/s]
Dl Size...: 0 MiB [00:00, ? MiB/s]

Dl Completed...:   0%|          | 0/2 [00:00<?, ? url/s]
Dl Size...: 0 MiB [00:00, ? MiB/s]

Dl Completed...:   0%|          | 0/3 [00:00<?, ? url/s]
Dl Size...: 0 MiB [00:00, ? MiB/s]

Dl Completed...:   0%|          | 0/4 [00:00<?, ? url/s]
Dl Size...: 0 MiB [00:00, ? MiB/s]

Extraction completed...: 0 file [00:00, ? file/s]C:\Anaconda3\lib\site-packages\urllib3\connectionpool.py:858: Insecu
 InsecureRequestWarning)
```

图 5.1　运行效果

由于是第一次下载，tfds连接数据的下载点获取数据的下载地址和内容，此时只需静待数据下载完毕即可。下面打印数据集的维度和一些说明，代码如下：

```
import tensorflow_datasets as tfds
mnist_data = tfds.load("mnist")
mnist_train, mnist_test = mnist_data["train"], mnist_data["test"]

print(mnist_train)
print(mnist_test)
```

可以看到，根据下载的数据集的具体内容，数据集已经被调整成相应的维度和数据格式，显示结果如图5.2所示。

```
WARNING: Logging before flag parsing goes to stderr.
W1026 21:23:09.729100 15344 dataset_builder.py:439] Warning: Setting shuffle_files=True because split=TRAIN and shuffle_f
<_OptionsDataset shapes: {image: (28, 28, 1), label: ()}, types: {image: tf.uint8, label: tf.int64}>
<_OptionsDataset shapes: {image: (28, 28, 1), label: ()}, types: {image: tf.uint8, label: tf.int64}>
```

图 5.2　数据集效果

可以看到，MNIST数据集中的数据大小是[28,28,1]维度的图片，数据类型是int8，而label类型为int64。这里有读者可能会奇怪，以前MNIST数据集的图片数据很多，而这里只显示了一条数据的类型，实际上当数据集输出结果如上所示时，已经将数据集内容下载到本地了。

tfds.load是一种方便的方法，它是构建和加载tf.data.Dataset最简单的方法。其获取的是一个不同的字典类型的文件，根据不同的key获取不同的value值。

为了方便那些在程序中需要简单NumPy数组的用户，可以使用tfds.as_numpy返回一个生成NumPy数组记录的生成器tf.data.Dataset。这允许使用tf.data接口构建高性能输入管道。

```
import tensorflow as tf
import tensorflow_datasets as tfds

train_ds = tfds.load("mnist", split=tfds.Split.TRAIN)
train_ds = train_ds.shuffle(1024).batch(128).repeat(5).prefetch(10)
for example in tfds.as_numpy(train_ds):
    numpy_images, numpy_labels = example["image"], example["label"]
```

还可以使用tfds.as_numpy结合batch_size=-1，从返回的tf.Tensor对象中获取NumPy数组中的完整数据集：

```
train_ds = tfds.load("mnist", split=tfds.Split.TRAIN, batch_size=-1)
numpy_ds = tfds.as_numpy(train_ds)
numpy_images, numpy_labels = numpy_ds["image"], numpy_ds["label"]
```

> **注　意**
>
> load 函数中还额外添加了一个 split 参数，这里是将数据在传入的时候直接进行了分割，按数据的类型分割成 image 和 label 值。

如果需要对数据集进行更细的划分，按配置将其分成训练集、验证集和测试集，代码如下：

```
import tensorflow_datasets as tfds
splits = tfds.Split.TRAIN.subsplit(weighted=[2, 1, 1])
(raw_train, raw_validation, raw_test), metadata = tfds.load('mnist', split=list(splits),with_info=True, as_supervised=True)
```

这里tfds.Split.TRAIN.subsplit函数按传入的权重将其分成训练集占50%，验证集占25%，测试集占25%。

metadata属性获取了MNIST数据集的基本信息，如图5.3所示。

```
tfds.core.DatasetInfo(
    name='mnist',
    version=1.0.0,
    description='The MNIST database of handwritten digits.',
    urls=['https://storage.googleapis.com/cvdf-datasets/mnist/'],
    features=FeaturesDict({
        'image': Image(shape=(28, 28, 1), dtype=tf.uint8),
        'label': ClassLabel(shape=(), dtype=tf.int64, num_classes=10),
    }),
    total_num_examples=70000,
    splits={
        'test': 10000,
        'train': 60000,
    },
    supervised_keys=('image', 'label'),
    citation="""@article{lecun2010mnist,
      title={MNIST handwritten digit database},
      author={LeCun, Yann and Cortes, Corinna and Burges, CJ},
      journal={ATT Labs [Online]. Available: http://yann. lecun. com/exdb/mnist},
      volume={2},
      year={2010}
    }""",
    redistribution_info=,
)
```

图5.3 MNIST 数据集

这里记录了数据的种类、大小以及对应的格式，请读者自行调阅查看。

5.2 Datasets 数据集的使用——FashionMNIST

FashionMNIST是一个替代MNIST手写数字集的图像数据集。它是由Zalando（一家德国的时尚科技公司）旗下的研究部门提供的，涵盖了来自10种类别的共7万个不同商品的正面图片。

FashionMNIST的大小、格式和训练集/测试集划分与原始的MNIST完全一致，拥有60000/10000的训练测试数据划分，28×28的灰度图片，如图5.4所示。它一般直接用于测试机器学习和深度学习算法性能，且不需要改动任何的代码。

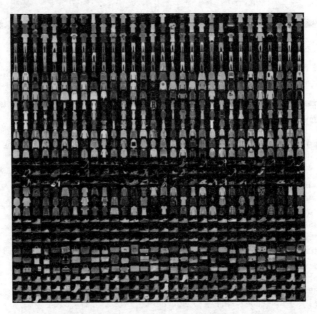

图 5.4 FashionMNIST 数据集示例

5.2.1 FashionMNIST 数据集下载与展示

读者通过搜索 FashionMNIST 关键字可以很容易地下载相应的数据集，而同样 TensorFlow 中也自带了相应的 FashionMNIST 数据集，可以通过如下代码将数据集下载到本地，下载过程如图 5.5 所示，代码如下：

```
import tensorflow_datasets as tfds
dataset,metadata = tfds.load('fashion_mnist',as_supervised=True,
with_info=True)
train_dataset,test_dataset = dataset['train'],dataset['test']
```

首先导入 tensorflow_datasets 库作为下载的辅助库，load()函数中定义了所需要下载的数据集的名称，这里只需将其定义成本例中的目标数据库 fashion_mnist。

该函数需要特别注意一个参数 as_supervised，该参数设置为 as_supervised=True，这样函数就会返回一个二元组(input, label)，而不是返回 FeaturesDict，因为二元组的形式更方便理解和使用。接下来指定 with_info=True，这样就可以得到函数处理的信息，以便加深对数据的理解。

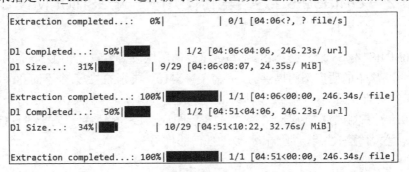

图 5.5 FashionMNIST 数据集下载过程

下面根据下载的数据创建对应的标签。

标注编号描述：

0：T-shirt/top（T恤）
1：Trouser（裤子）
2：Pullover（套衫）
3：Dress（裙子）
4：Coat（外套）
5：Sandal（凉鞋）
6：Shirt（汗衫）
7：Sneaker（运动鞋）
8：Bag（包）
9：Ankle boot（踝靴）

下面查看训练样本的个数，代码如下：

```
num_train_examples = metadata.splits['train'].num_examples
num_test_examples = metadata.splits['test'].num_examples
print("训练样本个数:{}".format(num_train_examples))
print("测试样本个数:{}".format(num_test_examples))
```

结果如下：

训练样本个数：60000
测试样本个数：10000

下面是对样本的展示，这里输出前25个样本，代码如下：

```
import matplotlib.pyplot as plt
plt.figure(figsize=(10,10))
i = 0
for (image, label) in test_dataset.take(25):
    image = image.numpy().reshape((28,28))
    plt.subplot(5,5,i+1)
    plt.xticks([])
    plt.yticks([])
    plt.grid(False)
    plt.imshow(image, cmap=plt.cm.binary)
    plt.xlabel(class_names[label])
    i += 1
plt.show()
```

图5.6显示了数据集前25个图形的内容，并用[5,5]的矩阵将其展示出来。

图 5.6　FashionMNIST 数据集展示结果

5.2.2　模型的建立与训练

模型的建立非常简单,在这里使用TensorFlow 2中的"顺序结构"建立一个基本的4层判别模型,即一个输入层、两个隐藏层和一个输出层的模型结构,代码如下:

```
model = tf.keras.Sequential([
    tf.keras.layers.Flatten(input_shape=(28,28,1)),         #输入层
    tf.keras.layers.Dense(256,activation=tf.nn.relu),       #隐藏层1
    tf.keras.layers.Dense(128,activation=tf.nn.relu),       #隐藏层2
    tf.keras.layers.Dense(10,activation=tf.nn.softmax)      #输出层
])
```

下面对模型进行说明。

- 输入层:tf.keras.layers.Flatten 这一层将图像从 2d 数组转换为 ld 序列,即 28×28 像素被转化为一个 784 像素的一维数组。将这一层想象为将图像中的像素逐行拆开,并将它们排列起来。该层没有需要学习的参数,因为只是重新格式化数据。
- 隐藏层:tf.keras.layers.Dense 是由 256 或 128 个神经元组成的密集连接层。每个神经元(或节点)从前一层的所有 784 个节点获取输入,根据训练过程中的隐藏层参数对输入进行加权,并将单个值输出到下一层。
- 输出层:同样由 tf.keras.layers.Dense 构成,不同的是此层的激活函数是由 softmax 提供的,将输入转化成 10 个节点,本例中每个节点表示一组服装。与前一层一样,每个节点从其前面层的 128 个节点获取输入。每个节点根据学习到的参数对输入进行加权,然后在此范围内输出一个值。[0,1]表示图像属于该类的概率。所有 10 个节点值之和为 1。

接下来定义优化器和损失函数。

TensorFlow提供了多种优化器供用户使用,常用的是SGD与ADAM。这里直接使用ADAM作为本例中的优化器,也推荐读者在后续的实验中将其作为默认的优化器。

另外,对于损失函数的选择,本例中的FashionMNIST分类可以按模型计算的结果将其分解到不同的类别分布中,因此选择"交叉熵"作为对应的损失函数,代码如下:

```
model.compile(optimizer='adam', loss='sparse_categorical_crossentropy', metrics=['accuracy'])
```

有读者会注意到,在compile函数中,优化器(optimizer)的定义是adam,而损失函数的定义则为sparse_categorical_crossentropy,而不是传统的categorical_crossentropy,这是因为sparse_categorical_crossentropy函数能够将输入的序列转化成与模型对应的分布函数,而无须手动调节,这样可以在数据的预处理过程中较好地减少显存的占用和数据交互的时间。

当然,读者也可以使用categorical_crossentropy交叉熵函数对损失函数进行定义,不过需要在数据的预处理过程中加上tf.One-Hot函数对标签的分布做出预处理。本书推荐使用sparse_categorical_crossentropy对损失函数进行定义。

接下来设置样本的轮次和batch_size的大小,这里根据不同的硬件配置可以对其进行不同的设置,代码如下:

```
batch_size = 256
train_dataset = train_dataset.repeat().shuffle(num_train_examples).batch(batch_size)
test_dataset = test_dataset.batch(batch_size)
```

batch_size的大小可以根据不同机器的配置情况进行设置。最后一步是模型对样本的训练,代码如下:

```
model.fit(train_dataset, epochs=5, steps_per_epoch=math.ceil(num_train_examples/ batch_size))
```

完整代码如下:

【程序5-1】

```
import tensorflow_datasets as tfds
import tensorflow as tf
import math
dataset,metadata = tfds.load('fashion_mnist',as_supervised=True, with_info=True)
train_dataset,test_dataset = dataset['train'],dataset['test']

model = tf.keras.Sequential([
    tf.keras.layers.Flatten(input_shape=(28,28,1)),            #输入层
    tf.keras.layers.Dense(256,activation=tf.nn.relu),          #隐藏层1
    tf.keras.layers.Dense(128,activation=tf.nn.relu),          #隐藏层2
    tf.keras.layers.Dense(10,activation=tf.nn.softmax)         #输出层
])
```

```
model.compile(optimizer='adam', loss='sparse_categorical_crossentropy',
metrics=['accuracy'])

batch_size = 256
train_dataset = train_dataset.repeat().shuffle(50000).batch(batch_size)
test_dataset = test_dataset.batch(batch_size)

model.fit(train_dataset, epochs=5,
steps_per_epoch=math.ceil(50000//batch_size))
```

最终结果请读者自行完成。

5.3 使用 Keras 对 FashionMNIST 数据集进行处理

Keras作为TensorFlow 2强力推荐的高级API，同样将FashionMNIST数据集作为自带的数据集。本节将采用Keras包下载FashionMNIST，采用model结构建立模型，并对数据进行处理。

5.3.1 获取数据集

获取数据集的代码如下：

```
import tensorflow as tf

fashion_mnist = tf.keras.datasets.fashion_mnist
(train_images, train_labels), (test_images, test_labels) = fashion_mnist.load_data()

print("The shape of train_images is ",train_images.shape)
print("The shape of train_labels is ",train_labels.shape)

print("The shape of test_images is ",test_images.shape)
print("The shape of test_labels is ",test_labels.shape)
```

首先是数据集的获取，Keras中的datasets函数有fashion_mnist数据集，因此直接导入即可。与tenesorflow_dataset数据集类似，也是直接从网上下载数据并将其存储在本地，打印结果如图5.7所示。

```
The shape of train_images is  (60000, 28, 28)
The shape of train_labels is  (60000,)
The shape of test_images is  (10000, 28, 28)
The shape of test_labels is  (10000,)
```

图 5.7 fashion_mnist 数据集打印结果

5.3.2 数据集的调整

下面是对数据集的调整。前面介绍了卷积的计算方法，目前来说，对于图形图像的识别和分类问题，卷积神经网络是优选的，因此在将数据输入模型之前，需要将其修正为符合卷积模型输入条件的格式，代码如下：

```
train_images = tf.expand_dims(train_images,axis=3)
test_images = tf.expand_dims(test_images,axis=3)

print(train_images.shape)
print(test_images.shape)
```

打印结果如下：

```
(60000, 28, 28, 1)
(10000, 28, 28, 1)
```

5.3.3 使用 Python 类函数建立模型

下面是模型的建立。在上一节中，分辨模型的建立是将图进行了Flatten处理，即将其拉平，使用全连接层参数对结果进行分类和识别。本例将使用Keras API中的二维卷积层对图像进行分类，代码如下：

```
self.cnn_1 = tf.keras.layers.Conv2D(32,3,padding="SAME",
activation=tf.nn.relu)
self.batch_norm_1 = tf.keras.layers.BatchNormalization()

self.cnn_2 = tf.keras.layers.Conv2D(64,3,padding="SAME",
activation=tf.nn.relu)
self.batch_norm_2 = tf.keras.layers.BatchNormalization()

self.cnn_3 = tf.keras.layers.Conv2D(128,3,padding="SAME",
activation=tf.nn.relu)
self.batch_norm_3 = tf.keras.layers.BatchNormalization()

self.last_dense = tf.keras.layers.Dense(10)
```

tf.keras.layers.Conv2D是由若干个卷积层组成的二维卷积层。层中的每个卷积核从前一层的[3,3]大小的节点中获取输入，根据训练过程中的隐藏层参数对输入进行加权，并将单个值输出到下一层。而padding是补全操作，由于经过卷积运算，输入的图形大小维度发生了变化，因此通过一个padding可以对其进行补全。当然，可以不对其进行补全，这个由读者自行决定。

tf.keras.layers.Dense的作用是对生成的图像进行分类，按要求分成10个部分。可能有读者会注意到，这里使用全连接层做分类器是不可能实现的，因为输入数据经过卷积计算的结果是一个4维的矩阵模型，而分类器实际上是对二维的数据进行计算，这点请读者自行参考模型的建立代码。

模型的完整代码如下：

【程序5-2】

```python
class FashionClassic:
    def __init__(self):

        self.cnn_1 = tf.keras.layers.Conv2D(32,3,activation=tf.nn.relu) #第一个卷积层
        self.batch_norm_1 = tf.keras.layers.BatchNormalization()        #正则化层

        self.cnn_2 = tf.keras.layers.Conv2D(64,3,activation=tf.nn.relu)
#第二个卷积层
        self.batch_norm_2 = tf.keras.layers.BatchNormalization()        #正则化层

        self.cnn_3 = tf.keras.layers.Conv2D(128,3,activation=tf.nn.relu)
#第三个卷积层
        self.batch_norm_3 = tf.keras.layers.BatchNormalization()        #正则化层

        self.last_dense = tf.keras.layers.Dense(10 ,activation=tf.nn.softmax)
            #分类层

    def __call__(self, inputs):
        img = inputs

        img = self.cnn_1(img)                                  #使用第一个卷积层
        img = self.batch_norm_1(img)                           #正则化

        img = self.cnn_2(img)                                  #使用第二个卷积层
        img = self.batch_norm_2(img)                           #正则化

        img = self.cnn_3(img)                                  #使用第二个卷积层
        img = self.batch_norm_3(img)                           #正则化

        img_flatten = tf.keras.layers.Flatten()(img)           #将数据拉平重新排列
        output = self.last_dense(img_flatten)                  #使用分类器进行分类

        return output
```

在这里笔者使用了3个卷积层和3个batch_normalization作为正则化层，之后使用flatten函数将数据拉平并重新排列，以提供给分类器使用，这就解决了分类器数据输入的问题。

> **注　意**
>
> 笔者使用了正统的模型类的定义方式，首先生成一个FashionClassic类名，在init函数中对所有需要用到的层进行定义，而在__call__函数中对其进行了调用。Python类的定义和使用如果读者不是很熟悉，请自行查阅Python类中的__call__函数和__init__函数的用法。

5.3.4 Model 的查看和参数打印

下面介绍模型的使用，TensorFlow 2.X提供了将模型进行组合和建立的函数，代码如下：

```
img_input = tf.keras.Input(shape=(28,28,1))
output = FashionClassic()(img_input)
model = tf.keras.Model(img_input,output)
```

与传统的TensorFlow类似，这里的Input函数创建了一个占位符，提供了数据的输入口。之后直接调用分类函数获取占位符的输出结果，从而虚拟达成一个类的完整形态。之后的Model函数建立了输入与输出连接，从而建立了一个完整的TensorFlow模型。

下一步是对模型的展示，TensorFlow 2.X通过调用Keras作为高级API可以打印模型的大概结构和参数，使用代码如下：

```
print(model.summary())
```

打印结果如图5.8所示。

```
Layer (type)                 Output Shape              Param #
=================================================================
input_1 (InputLayer)         [(None, 28, 28, 1)]       0
_____
conv2d (Conv2D)              (None, 26, 26, 32)        320
_____
batch_normalization (BatchNo (None, 26, 26, 32)        128
_____
conv2d_1 (Conv2D)            (None, 24, 24, 64)        18496
_____
batch_normalization_1 (Batch (None, 24, 24, 64)        256
_____
conv2d_2 (Conv2D)            (None, 22, 22, 128)       73856
_____
batch_normalization_2 (Batch (None, 22, 22, 128)       512
_____
flatten (Flatten)            (None, 61952)             0
_____
dense (Dense)                (None, 10)                619530
=================================================================
Total params: 713,098
Trainable params: 712,650
```

图 5.8　模型的层次与参数

从模型层次的打印和参数的分布上来看，与在模型类中定义的分布一致，首先是输入端，之后分别接了3个卷积层和batch_normalization层作为特征提取的工具，之后flatten层将数据拉平，全连接层对输入的数据进行分类处理。

此外，TensorFlow中还提供了图形化模型输入输出的函数，代码如下：

```
tf.keras.utils.plot_model(model)
```

输出结果如图5.9所示。

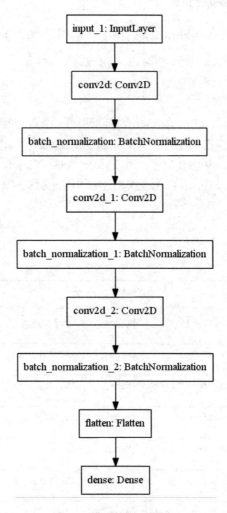

图 5.9　模型的图形化展示

该函数将画出模型结构图，并保存成图片，除了输入使用TensorFlow中Keras创建的模型外，plot_model函数还接收额外的两个参数：

- show_shapes：指定是否显示输出数据的形状，默认为False。
- show_layer_names：指定是否显示层名称，默认为True。

5.3.5　模型的训练和评估

下面介绍模型的训练和评估，这里使用和上一节类似的模型参数进行设置，唯一的区别就是自定义学习率，因为随着模型的变化，学习率也会发生变化，代码如下：

```
img_input = tf.keras.Input(shape=(28,28,1))
output = FashionClassic()(img_input)
model = tf.keras.Model(img_input,output)
```

```
    model.compile(optimizer=tf.keras.optimizers.Adam(1e-4),
loss=tf.losses.sparse_categorical_crossentropy, metrics=['accuracy'])
    model.fit(x=train_images,y=train_labels,epochs=10,verbose=2)

    model.evaluate(x=test_images,y=test_labels,verbose=2)
```

在这里,训练数据和测试数据被分别使用,并进行训练和验证,epochs为训练的轮数,而verbose=2设置了显示结果。完整代码如下:

【程序5-3】

```
import tensorflow as tf

fashion_mnist = tf.keras.datasets.fashion_mnist
    (train_images, train_labels), (test_images, test_labels) =
fashion_mnist.load_data()

train_images = tf.expand_dims(train_images,axis=3)
test_images = tf.expand_dims(test_images,axis=3)

class FashionClassic:
    def __init__(self):

        self.cnn_1 = tf.keras.layers.Conv2D(32,3,activation=tf.nn.relu)
        self.batch_norm_1 = tf.keras.layers.BatchNormalization()

        self.cnn_2 = tf.keras.layers.Conv2D(64,3,activation=tf.nn.relu)
        self.batch_norm_2 = tf.keras.layers.BatchNormalization()

        self.cnn_3 = tf.keras.layers.Conv2D(128,3,activation=tf.nn.relu)
        self.batch_norm_3 = tf.keras.layers.BatchNormalization()

        self.last_dense = tf.keras.layers.Dense(10,activation=tf.nn.softmax)

    def __call__(self, inputs):
        img = inputs

        img = self.cnn_1(img)
        img = self.batch_norm_1(img)

        img = self.cnn_2(img)
        img = self.batch_norm_2(img)

        img = self.cnn_3(img)
        img = self.batch_norm_3(img)

        img_flatten = tf.keras.layers.Flatten()(img)
        output = self.last_dense(img_flatten)

        return output
```

```python
if __name__ == "__main__":
    img_input = tf.keras.Input(shape=(28,28,1))
    output = FashionClassic()(img_input)
    model = tf.keras.Model(img_input,output)

    model.compile(optimizer=tf.keras.optimizers.Adam(1e-4),
loss=tf.losses.sparse_categorical_crossentropy, metrics=['accuracy'])

    model.fit(x=train_images,y=train_labels, epochs=10,verbose=2)
    model.evaluate(x=test_images,y=test_labels)
```

训练和验证输出如图5.10所示。

```
Train on 60000 samples
Epoch 1/10
60000/60000 - 15s - loss: 0.5301 - accuracy: 0.8537
Epoch 2/10
60000/60000 - 14s - loss: 0.2843 - accuracy: 0.9176
Epoch 3/10
60000/60000 - 14s - loss: 0.1899 - accuracy: 0.9425
Epoch 4/10
60000/60000 - 14s - loss: 0.1326 - accuracy: 0.9578
Epoch 5/10
60000/60000 - 14s - loss: 0.0994 - accuracy: 0.9676
Epoch 6/10
60000/60000 - 14s - loss: 0.0789 - accuracy: 0.9740
Epoch 7/10
60000/60000 - 14s - loss: 0.0597 - accuracy: 0.9809
Epoch 8/10
60000/60000 - 14s - loss: 0.0501 - accuracy: 0.9837
Epoch 9/10
60000/60000 - 14s - loss: 0.0399 - accuracy: 0.9865
Epoch 10/10
60000/60000 - 15s - loss: 0.0424 - accuracy: 0.9865
10000/10000 - 1s - loss: 0.5931 - accuracy: 0.9023
```

图5.10　训练和验证过程展示

可以看到训练的准确率上升得很快，仅仅经过10个周期后，在验证集上准确率就达到了0.9023，是一个较好的成绩。

5.4　使用 TensorBoard 可视化训练过程

TensorBoard是TensorFlow自带的一个强大的可视化工具，也是一个Web应用程序套件。在众多机器学习库中，TensorFlow是目前唯一自带可视化工具的库，这也是TensorFlow的一个优点。学会使用TensorBoard可以帮助TensorFlow的使用者构建复杂模型。

TensorBoard是集成在TensorFlow中自动安装的，基本上安装完TensorFlow 1.X或者2.X，TensorBoard也就默认安装了。而且无论是1.X版本的TensorBoard还是2.X版本的TensorBoard，都可以在TensorFlow 2.X下直接使用，而无须做出调整。

TensorBoard是官方定义的tf.keras.callbacks.TensorBoard类，其是TensorFlow提供的一个可视化工具。

5.4.1 TensorBoard 文件夹的设置

在使用TensorBoard之前，读者需要知道的是，TensorBoard实际上是将训练过程的数据存储并写入硬盘的类，因此需要按TensorFlow官方的定义生成存储文件夹。

图5.11所示是TensorBoard文件的存储架构，可以看到logs文件夹下的train文件夹中存放着以events开头的文件，这也是TensorBoard存储的文件类型。

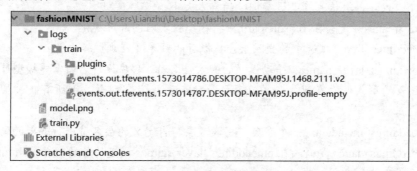

图 5.11　TensorBoard 文件存储架构

在真实的模型训练中，logs中的train文件夹是在TensorBoard函数初始化的过程中创建的，因此读者只需要在与训练代码"平行"的位置创建一个logs文件夹即可，如图5.12所示。

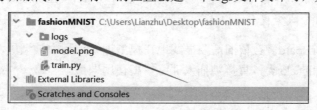

图 5.12　创建的 logs 文件夹

可以看到logs文件夹是与train这个.py文件平行的文件夹，专用于存放TensorBoard在程序的运行过程中产生的数据文件。

5.4.2 TensorBoard 的显式调用

在1.X版本中，如果用户需要使用TensorBoard对训练过程进行监督，需要显式地调用TensorBoard对数据进行加载，即TensorBoard通过一些操作将数据记录到文件中，然后读取文件来完成作图。

而在TensorFlow 2.X中，为了结合Keras高级API的数据调用和使用方法，TensorBoard被集成在callbacks函数中，用户可以自由地将其加载到训练过程中，并直观地观测模型的训练情况。

在TensorFlow 2.X中，调用TensorBoard callbacks的代码如下：

```
tensorboard = tf.keras.callbacks.TensorBoard(histogram_freq=1)
```

参数说明（可选参数，上述代码中没有给出）：

- log_dir：用来保存被TensorBoard分析的日志文件的文件名。
- histogram_freq：对于模型中各个层计算激活值和模型权重直方图的频率（训练轮数中）。如果设置成0，则直方图不会被计算。对于直方图可视化的验证数据（或分离数据），一定要明确地指出。
- write_graph：是否在TensorBoard中可视化图像。如果write_graph被设置为True，日志文件会变得非常大。
- write_grads：是否在TensorBoard中可视化梯度值直方图。histogram_freq必须大于0。
- batch_size：每次传入模型进行训练的样本大小。
- write_images：是否在TensorBoard中将模型权重以图片可视化。
- embeddings_freq：被选中的嵌入层会被保存的频率（在训练轮中）。
- embeddings_layer_names：手动设置的嵌入层名称，程序设计者将需要模型监测的层名称以列表的形式保存在此，如果此参数是None或者空列表，则所有嵌入层都会被模型监控。
- embeddings_metadata：一个字典，将嵌入层与自定义的层名称进行映射的配对字典。
- embeddings_data：要嵌入在embeddings_layer_names指定的层的数据，NumPy数组（如果模型有单个输入）或NumPy数组列表（如果模型有多个输入）。
- update_freq：batch或epoch或整数。当使用batch时，在每个batch之后将损失和评估值写入TensorBoard中。同样的情况应用到epoch中。如果使用整数，例如10000，这个回调会在每10000个样本之后将损失和评估值写入TensorBoard中。注意，频繁地写入TensorBoard会减缓我们的训练。

调用好的TensorBoard函数依旧需要显式地在模型训练过程中被调用，此时TensorBoard通过继承Keras中的Callbacks类，直接被插入训练模型使用即可。

```
model.fit(x=train_images,y=train_labels, epochs=10,verbose=2,
callbacks=[tensorboard])
```

这里借用了5.3节中FashionMNIST训练过程的fit函数，callbacks将实例化的一个callbacks类显式地传递到训练模型中被调用。

顺便说一句，callbacks类的使用和实现不止TensorBoard一个，本例中读者只需要记住有这个类即可。

【程序5-4】

```
import tensorflow as tf

fashion_mnist = tf.keras.datasets.fashion_mnist
(train_images, train_labels), (test_images, test_labels) = fashion_mnist.load_data()
```

```python
train_images = tf.expand_dims(train_images,axis=3)
test_images = tf.expand_dims(test_images,axis=3)

class FashionClassic:
    def __init__(self):

        self.cnn_1 = tf.keras.layers.Conv2D(32,3,activation=tf.nn.relu)
        self.batch_norm_1 = tf.keras.layers.BatchNormalization()

        self.cnn_2 = tf.keras.layers.Conv2D(64,3,activation=tf.nn.relu)
        self.batch_norm_2 = tf.keras.layers.BatchNormalization()

        self.cnn_3 = tf.keras.layers.Conv2D(128,3,activation=tf.nn.relu)
        self.batch_norm_3 = tf.keras.layers.BatchNormalization()

        self.last_dense = tf.keras.layers.Dense(10,activation=tf.nn.softmax)


    def __call__(self, inputs):
        img = inputs

        conv_1 = self.cnn_1(img)
        conv_2 = self.batch_norm_1(conv_1)

        conv_2 = self.cnn_2(conv_2)
        conv_3 = self.batch_norm_2(conv_2)

        conv_3 = self.cnn_3(conv_3)
        conv_4 = self.batch_norm_3(conv_3)

        img_flatten = tf.keras.layers.Flatten()(conv_4)
        output = self.last_dense(img_flatten)

        return output


if __name__ == "__main__":
    img_input = tf.keras.Input(shape=(28,28,1))
    output = FashionClassic()(img_input)
    model = tf.keras.Model(img_input,output)

    model.compile(optimizer=tf.keras.optimizers.Adam(1e-4),
loss=tf.losses.sparse_categorical_crossentropy, metrics=['accuracy'])

    tensorboard = tf.keras.callbacks.TensorBoard(histogram_freq=1) #初始化
TensorBoard
```

```
        model.fit(x=train_images,y=train_labels,
epochs=10,verbose=2,callbacks=[tensorboard])
        model.evaluate(x=test_images,y=test_labels)          #显式调用TensorBoard
```

程序的运行结果读者可参考上一节的程序运行示例，这里不再说明。

5.4.3 TensorBoard 的使用

TensorBoard的使用可以分成3部分：

- 确认 TensorBoard 生成完毕。
- 在终端输入调用命令。
- 根据终端返回值打开网页客户端。

第一步：确认 TensorBoard 生成完毕

模型训练完毕或者在训练的过程中，TensorBoard会在logs文件夹下生成对应的数据存储文件，如图5.13所示，可以通过查阅相应的文件确定文件的产生。

图 5.13　TensorBoard 文件的存储

第二步：在终端输入 TensorBoard 启动命令

打开终端，如图5.14所示。

输入如下内容：

```
tensorboard --logdir=/full_path_to_your_logs/train
```

图 5.14　打开终端

也就是显式地调用TensorBoard，在对应的位置（见图5.15）打开存储的数据文件，如图5.16所示。

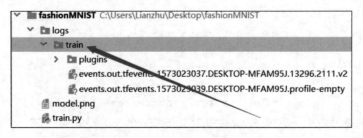

图 5.15　TensorBoard 存储的位置

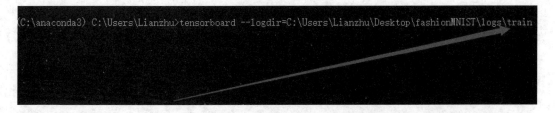

图 5.16 在终端调用 TensorBoard 的位置

在核对完终端的TensorBoard启动命令后,终端显示如图5.17所示的值,即可确定TensorBoard启动完毕。

图 5.17 TensorBoard 在终端启动后的输出值

可以看到,此时TensorBoard自动启动了一个端口为6006的HTTP地址,而地址名就是本机地址,可以用localhost代替。

第三步:在浏览器中查看 TensorBoard

接下来在浏览器中查看TensorBoard,建议使用Chrome浏览器或者Edge浏览器打开TensorBoard页面,输入地址为http://localhost:6006。

打开的页面如图5.18所示。

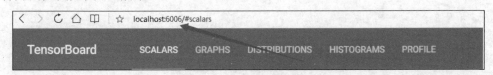

图 5.18 打开的 TensorBoard 页面

在打开的页面中有若干个标签,分别为SCALARS、GRAPHS、DISTPIBUTIONS、HISTOGRAMS、PROFILE。SCALARS显示按命名空间划分的监控数据,形式如图5.19所示。

可以看到这里展示了在程序代码段中的两个监控指标:epoch_loss和epoch_accuracy。随着时间的变换,loss呈现线性地减少,而accuarcy呈现线性地增加。图中横坐标表示训练次数,纵坐标表示该标量的具体值。从这幅图可以看出,随着训练次数的增加,损失函数的值是在逐步减小的。

TensorBoard左侧的工具栏上的Smoothing表示在做图的时候对图像进行平滑处理,这样做是为了更好地展示参数的整体变化趋势。如果不进行平滑处理的话,则有些曲线波动很大,难以看出趋势。0是不平滑,1是最平滑,默认是0.6。

GRAPHS是整个模型图的架构展示,如图5.20所示。

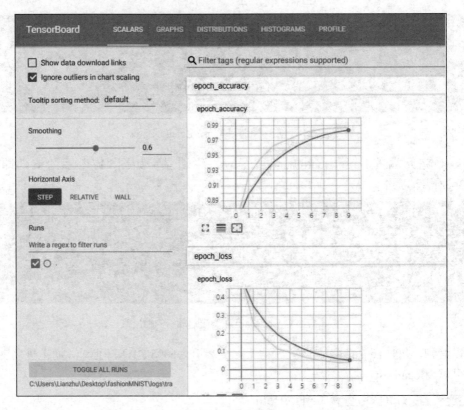

图 5.19　监控数据

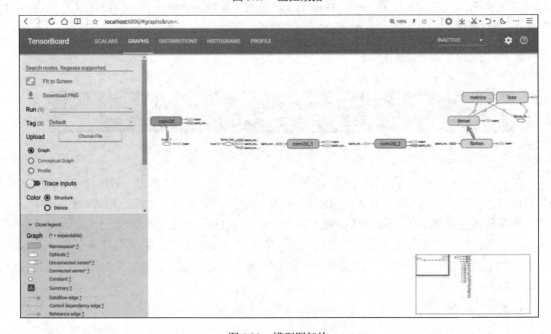

图 5.20　模型图架构

相对于Keras中的模型图和参数展示，TensorBoard能够更加细节地展示模型架构，单击每个模型的节点可以展开看到每个节点的输入和输出数据，如图5.21所示。

第 5 章　TensorFlow Datasets 和 TensorBoard 详解

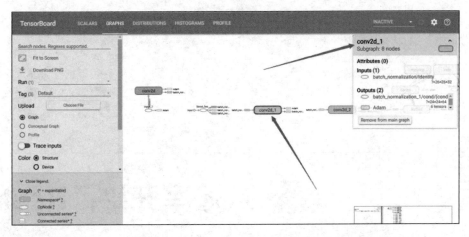

图 5.21　展开后的 TensorBoard 节点显示图

DISTRIBUTIONS可以查看神经元输出的分布、有激活函数之前的分布和激活函数之后的分布等，如图5.22所示。

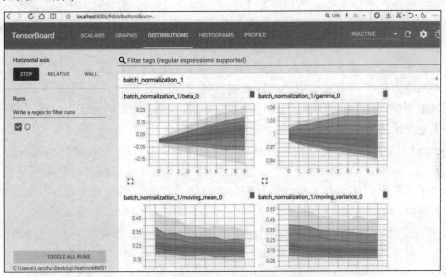

图 5.22　DISTRIBUTIONS 标签的展示

TensorBoard中剩下的标签分别是分布和统计方面的一些模型信息，这里就不再过多介绍了，有兴趣的读者可自行查阅相关内容。

5.5　本章小结

本章主要介绍了两个TensorFlow 2.X中新的高级API。TensorFlow Datasets简化了数据集的获取与使用，而且TensorFlow Datasets中的数据集依旧在不停地增加中。TensorBoard是可视化模型训练过程的利器，通过其对模型训练过程不同维度的观测，可以帮助用户更好地对模型进行训练。

第 6 章

从冠军开始：ResNet

随着VGG网络模型的成功，更深、更宽、更复杂的网络似乎成为卷积神经网络搭建的主流。卷积神经网络能够用来提取所侦测对象的低、中、高的特征，网络的层数越多，意味着能够提取到不同Level的特征越丰富，并且通过还原镜像发现越深的网络提取的特征越抽象，越具有语义信息。

这也产生了一个非常大的疑问，是否可以单纯地通过增加神经网络模型的深度和宽度，即增加更多的隐藏层和每个层之中的神经元去获得更好的结果？

答案是不可能。因为根据实验发现，随着卷积神经网络层数的加深，出现了另一个问题，即在训练集上，准确率难以达到100%，甚至产生了下降。

这似乎不能简单地解释为卷积神经网络的性能下降，因为卷积神经网络加深的基础理论就是越深越好。如果强行解释为产生了"过拟合"，似乎也不能够解释准确率下降的问题，因为如果产生了过拟合，那么在训练集上卷积神经网络应该表现得更好才对。

这个问题被称为"神经网络退化"。

神经网络退化问题的产生说明卷积神经网络不能够被简单地使用堆积层数的方法进行优化。

2015年，152层深的ResNet横空出世，取得了当年ImageNet竞赛的冠军，相关论文在CVPR 2016斩获最佳论文奖。ResNet成为视觉乃至整个 AI 界的一个经典。ResNet使得训练深达数百甚至数千层的网络成为可能，而且性能仍然优异。

本章将主要介绍ResNet及其变种。后面介绍的Attention模块是基于ResNet模型的扩展，因此本章内容非常重要。本章还会引入一个新的模块TensorFlow-Layers，这是为了简化。

让我们站在巨人的肩膀上，从冠军开始！

提 示
ResNet 非常简单。

6.1 ResNet 基础原理与程序设计基础

ResNet的出现彻底改变了VGG系列所带来的固定思维，破天荒地提出了采用模块化的思维来替代整体的卷积层，通过一个个模块的堆叠来替代不断增加的卷积层。对ResNet的研究和不断改进，成为过去几年中计算机视觉和深度学习领域最具突破性的工作。同时，由于其表征能力强，ResNet在图像分类任务以外的许多计算机视觉应用上也取得了巨大的性能提升，例如对象检测和人脸识别。

6.1.1 ResNet 诞生的背景

卷积神经网络的实质就是无限拟合一个符合对应目标的函数。而根据泛逼近定理（Universal Approximation Theorem），如果给定足够的容量，一个单层的前馈网络就足以表示任何函数。但是，这个层可能是非常大的，而且网络容易过拟合数据。因此，学术界有一个共同的认识，就是网络架构需要更深。

但是，研究发现只是简单地将层堆叠在一起，增加网络的深度并不会起太大的作用。这是由于难搞的梯度消失（Vanishing Gradient）问题，深层的网络很难训练。因为梯度反向传播到前一层，重复相乘可能使梯度无穷小。结果就是，随着网络的层数更深，其性能趋于饱和，甚至开始迅速下降，如图6.1所示。

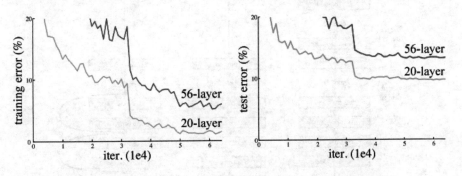

图 6.1 随着网络的层数更深，其性能趋于饱和，甚至开始迅速下降

在ResNet之前，已经出现了好几种处理梯度消失问题的方法，但是没有一个方法能够真正解决这个问题。何恺明等人于2015年发表的论文《用于图像识别的深度残差学习》（Deep Residual Learning for Image Recognition）中，认为堆叠的层不应该降低网络的性能，可以简单地在当前网络上堆叠映射层（不处理任何事情的层），并且所得到的架构性能不变。

$$f'(x) = \begin{cases} x \\ fx + x \end{cases}$$

即当$f(x)$为0时，$f'(x)$等于x；而当$f(x)$不为0时，所获得的$f'(x)$性能要优于单纯地输入x。公式表明，较深的模型所产生的训练误差不应比较浅的模型的误差更高。假设让堆叠的层拟合一个残差映射（Residual Mapping），要比让它们直接拟合所需的底层映射更容易。

从图6.2可以看到，残差映射与传统的直接相连的卷积网络相比，最大的变化是加入了一个恒等映射$y = x$层。其主要作用是使得网络随着深度的增加而不会产生权重衰减、梯度衰减或者消失这些问题。

图中$F(x)$表示的是残差，$F(x) + x$是最终的映射输出，因此可以得到网络的最终输出为$H(x) = F(x) + x$。由于网络框架中有两个卷积层和两个ReLU函数，因此最终的输出结果可以表示为：

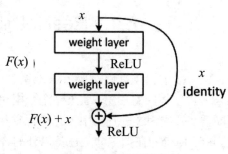

图6.2 残差框架模块

$$H_1(x) = \text{ReLU}_1(w_1 \times x)$$
$$H_2(x) = \text{ReLU}_2(w_2 \times h_1(x))$$
$$H(x) = H_2(x) + x$$

其中H_1是第一层的输出，而H_2是第二层的输出。这样在输入与输出有相同维度时，可以使用直接输入的形式将数据传递到框架的输出层。

ResNet整体结构图及与VGGNet的比较如图6.3所示。

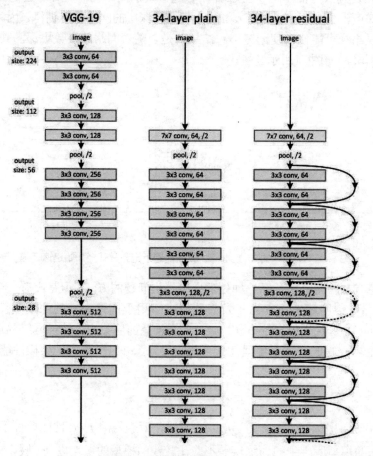

图6.3 ResNet模型结构及比较

图6.3展示了VGGNet19、34层的普通结构神经网络以及34层的ResNet网络的对比图。通过验证可以知道，在使用了ResNet的结构后，可以发现层数不断加深导致的训练集上误差增大的现象被消除了，ResNet网络的训练误差会随着层数的增大而逐渐减小，并且在测试集上的表现也会变好。

但是，除了用以讲解的二层残差学习单元外，实际上更多的是使用[1,1]结构的三层残差学习单元，如图6.4所示。

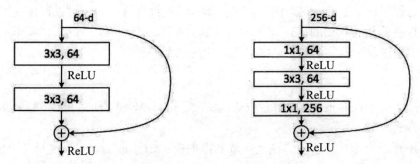

图6.4　二层（左）以及三层（右）残差单元的比较

这是借鉴了NIN模型的思想，在二层残差单元中包含一个[3,3]卷积层的基础上，更包含了两个[1,1]大小的卷积，放在[3,3]卷积层的前后，执行先降维再升维的操作。

无论采用哪种连接方式，ResNet的核心都是引入一个"身份捷径连接"（Identity Shortcut Connection），直接跳过一层或多层将输入层与输出层进行连接。实际上，ResNet并不是第一个利用身份捷径连接的方法，较早期有相关研究人员就在卷积神经网络中引入了"门控短路电路"，即参数化的门控系统允许何种信息通过网络通道，如图6.5所示。

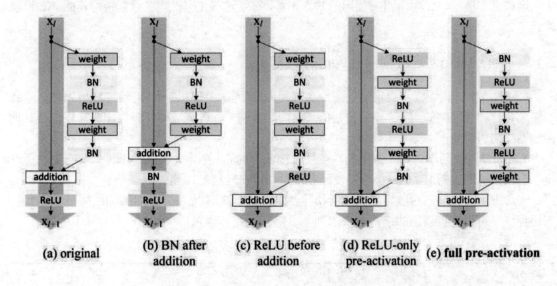

图6.5　门控短路电路

但并不是所有加入了shortcut的卷积神经网络都会提高传输效果。在后续的研究中，有不少研究人员对残差块进行了改进，但是很遗憾并不能获得性能上的提高。

> **注 意**
>
> 目前图 6.5 中(a)图的性能最好。

6.1.2 模块工具的 TensorFlow 实现——不要重复造轮子

我们现在亟不可待地想要自定义自己的残差网络。但在构建自己的残差网络之前,需要准备好相关的程序设计工具。这里的工具是指那些已经设计好结构,可以直接使用的代码。

首先最重要的是卷积核的创建方法。从模型上看,需要更改的内容很少,即卷积核的大小、输出通道数以及所定义的卷积层的名称,代码如下:

```
tf.keras.layers.Conv2D
```

这里直接调用了TensorFlow中对卷积层的实现,只需要输入对应的卷积核数目、卷积核大小以及补全方式即可。

此外,还有一个非常重要的方法是获取数据的BatchNormalization,这是使用批量正则化对数据进行处理,代码如下:

```
tf.keras.layers.BatchNormalization
```

其他的还有最大池化层,代码如下:

```
tf.keras.layers.MaxPool2D
```

平均池化层代码如下:

```
tf.keras.layers.AveragePooling2D
```

这些是在模型单元中所需要使用的基本工具,有了这些工具,就可以直接构建ResNet模型单元了。

6.1.3 TensorFlow 高级模块 layers 用法简介

6.1.2小节中,我们使用自定义的方法实现了ResNet模型的功能单元,这能够极大地帮助我们完成搭建神经网络的工作,除了搭建ResNet网络模型外,基本结构的模块化编写还包括其他神经网络的搭建。

TensorFlow 2同样提供了原生的、可供直接使用的卷积神经网络模块Layers。它是用于深度学习的更高层次封装的API,程序设计者可以利用它轻松地构建模型。

表6.1展示了Layers封装好的多种卷积神经网络API,基本上所有常用的神经网络处理"层"都已提供了可供直接调用的接口,表中列举了部分层及其说明。

表6.1 多种卷积神经网络 API

部 分 层	说 明
input(…)	用于实例化一个输入 Tensor,作为神经网络的输入
average_pooling1d(…)	一维平均池化层
average_pooling2d(…)	二维平均池化层
average_pooling3d(…)	三维平均池化层

（续表）

部 分 层	说 明
batch_normalization(…)	批量标准化层
conv1d(…)	一维卷积层
conv2d(…)	二维卷积层
conv2d_transpose(…)	二维反卷积层
conv3d(…)	三维卷积层
conv3d_transpose(…)	三维反卷积层
dense(…)	全连接层
dropout(…)	Dropout 层
flatten(…)	Flatten 层，即把一个 Tensor 展平
max_pooling1d(…)	一维最大池化层
max_pooling2d(…)	二维最大池化层
max_pooling3d(…)	三维最大池化层
separable_conv2d(…)	二维深度可分离卷积层

1. convolution 简介

实际上Layers中提供了多个卷积的实现方法，例如conv1d()、conv2d()、conv3d()，分别代表一维、二维、三维卷积；还有conv2d_transpose()、conv3d_transpose()，分别代表二维和三维反卷积；另外还有separable_conv2d()，代表二维深度可分离卷积。这里以conv2d()方法为例进行说明。

```
def __init__(self,
    filters,
    kernel_size,
    strides=(1, 1),
    padding='valid',
    data_format=None,
    dilation_rate=(1, 1),
    activation=None,
    use_bias=True,
    kernel_initializer='glorot_uniform',
    bias_initializer='zeros',
    kernel_regularizer=None,
    bias_regularizer=None,
    activity_regularizer=None,
    kernel_constraint=None,
    bias_constraint=None,
    **kwargs):
```

参数说明如下：

- filters：必需，是一个数字，代表输出通道的个数，即 output_channels。
- kernel_size：必需，卷积核大小，必须是一个数字（高和宽都是此数字）或者长度为 2 的列表（分别代表高、宽）。

- strides：可选，默认为(1,1)，卷积步长，必须是一个数字（高和宽都是此数字）或者长度为 2 的列表（分别代表高、宽）。
- padding：可选，默认为 valid，padding 的模式有 valid 和 same 两种，不区分大小写。
- data_format：可选，默认为 channels_last，分为 channels_last 和 channels_first 两种模式，代表了输入数据的维度类型。如果是 channels_last，那么输入数据的 shape 为 (batch,height,width,channels)；如果是 channels_first，那么输入数据的 shape 为 (batch,channels,height,width)。
- dilation_rate：可选，默认为(1,1)，卷积的扩张率。当扩张率为 2 时，卷积核内部就会有边距，3×3 的卷积核就会变成 5×5。
- activation：可选，默认为 None。若为 None，则是线性激活。
- use_bias：可选，默认为 True，是否使用偏置。
- kernel_initializer：可选，默认为 None，即权重的初始化方法。若为 None，则使用默认的 Xavier 初始化方法。
- bias_initializer：可选，默认为零值初始化，即偏置的初始化方法。
- kernel_regularizer：可选，默认为 None，施加在权重上的正则项。
- bias_regularizer：可选，默认为 None，施加在偏置上的正则项。
- activity_regularizer：可选，默认为 None，施加在输出上的正则项。
- kernel_constraint：可选，默认为 None，施加在权重上的约束项。
- bias_constraint：可选，默认为 None，施加在偏置上的约束项。
- trainable：可选，默认为 True，布尔类型。若为 True，则将变量添加到 GraphKeys.TRAINABLE_VARIABLES 中。
- name：可选，默认为 None，卷积层的名称。
- reuse：可选，默认为 None，布尔类型。若为 True，则在 name 相同时会重复利用。
- 返回值：卷积后的 Tensor。

使用方法与自定义的卷积层方法类似，这里我们通过一个小例子予以说明。

【程序 6-1】

```
import tensorflow as tf
with tf.device("/CPU:0"):
    #自定义输入数据
    xs = tf.random.truncated_normal(shape=[50, 32, 32, 32])
    #使用二维卷积进行计算
    out = tf.keras.layers.Conv2D(64,3,padding="SAME")(xs)
    print(out.shape)
```

例子中首先定义了一个[50, 32, 32, 32]的输入数据，之后传给conv2d函数，filter是输出的维度，设置成32。选择的卷积核大小为3×3，strides为步进距离，这里采用一个步进距离，也就是采用默认的步进设置。padding为补全设置，这里设置为根据卷积核大小对输入值进行补全。输入结果如下：

$$(50, 32, 32, 64)$$

此时如果将strides设置成[2,2]，结果如下：

$$(50, 16, 16, 64)$$

当然，此时的padding也可以变化，读者可以将其设置成VALID，看看结果如何。

顺便说一句，TensorFlow中如果padding被设置成SAME，其实是先对输入数据进行补全之后再进行卷积计算。

此外，还可以传入激活函数、设定kernel的格式化方式或者禁用bias等，这些操作读者可自行尝试。

```
out = tf.keras.layers.Conv2D(64,3,strides=[2,2],padding="SAME",
activation=tf.nn.relu)(xs)
```

2. batch_normalization 简介

batch_normalization是目前最常用的数据标准化方法，也是批量标准化方法。输入数据经过处理之后能够显著加速训练速度，并且减少过拟合出现的可能性。

```
def __init__(self,
    axis=-1,
    momentum=0.99,
    epsilon=1e-3,
    center=True,
    scale=True,
    beta_initializer='zeros',
    gamma_initializer='ones',
    moving_mean_initializer='zeros',
    moving_variance_initializer='ones',
    beta_regularizer=None,
    gamma_regularizer=None,
    beta_constraint=None,
    gamma_constraint=None,
    renorm=False,
    renorm_clipping=None,
    renorm_momentum=0.99,
    fused=None,
    trainable=True,
    virtual_batch_size=None,
    adjustment=None,
    name=None,
    **kwargs):
```

参数说明如下：

- axis：可选，默认为-1，即进行标注化操作时操作数据的哪个维度。
- momentum：可选，默认为0.99，即动态均值的动量。
- epsilon：可选，默认为0.01，大于0的小浮点数，用于防止除0错误。

- center：可选，默认为 True，若设为 True，则会将 beta 作为偏置加上去，否则忽略参数 beta。
- scale：可选，默认为 True。若设为 True，则会乘以 gamma，否则不使用 gamma；当下一层是线性的时，可以设为 False，因为 scaling 的操作将被下一层执行。
- beta_initializer：可选，默认为 zeros_initializer，即 beta 权重的初始方法。
- gamma_initializer：可选，默认为 ones_initializer，即 gamma 的初始化方法。
- moving_mean_initializer：可选，默认为 zeros_initializer，即动态均值的初始化方法。
- moving_variance_initializer：可选，默认为 ones_initializer，即动态方差的初始化方法。
- beta_regularizer：可选，默认为 None，beta 的正则化方法。
- gamma_regularizer：可选，默认为 None，gamma 的正则化方法。
- beta_constraint：可选，默认为 None，加在 beta 上的约束项。
- gamma_constraint：可选，默认为 None，加在 gamma 上的约束项。
- training：可选，默认为 False，返回结果是 training 模式。
- trainable：可选，默认为 True，布尔类型。若为 True，则将变量添加到 GraphKeys.TRAINABLE_VARIABLES 中。
- name：可选，默认为 None，层名称。
- fused：可选，默认为 None，根据层名判断是否重复利用。
- renorm：可选，默认为 False，是否要用 BatchRenormalization。
- renorm_clipping：可选，默认为 None。
- renorm_momentum：可选，默认为 0.99，用来更新动态均值和标准差的 Momentum 值。
- virtual_batch_size：可选，默认为 None，是一个 int 数字，指定一个虚拟 batchsize。
- adjustment：可选，默认为 None，对标准化后的结果进行适当调整的方法。

其用法也很简单，直接在tf.layers.batch_normalization函数中输入xs即可。

【程序 6-2】

```
import tensorflow as tf
with tf.device("/CPU:0"):
    #自定义输入数据
    xs = tf.random.truncated_normal(shape=[50, 32, 32, 32])
    #使用二维卷积进行计算
    out = tf.keras.layers.BatchNormalization()(xs)
    print(out.shape)
```

输出结果如下：

(50, 32, 32, 32)

3. dense 简介

dense是全连接层，Layers中提供了一个专门的函数来实现此操作，即tf.layers.dense，其结构如下：

```
def __init__(self,
    units,
    activation=None,
    use_bias=True,
    kernel_initializer='glorot_uniform',
    bias_initializer='zeros',
    kernel_regularizer=None,
    bias_regularizer=None,
    activity_regularizer=None,
    kernel_constraint=None,
    bias_constraint=None,
    **kwargs):
```

参数说明如下：

- units: 必需，即神经元的数量。
- activation: 可选，默认为 None。若为 None，则是线性激活。
- use_bias: 可选，默认为 True，是否使用偏置。
- kernel_initializer: 可选，默认为 None，即权重的初始化方法。
- bias_initializer: 可选，默认为零值初始化，即偏置的初始化方法。
- kernel_regularizer: 可选，默认为 None，施加在权重上的正则项。
- bias_regularizer: 可选，默认为 None，施加在偏置上的正则项。
- activity_regularizer: 可选，默认为 None，施加在输出上的正则项。
- kernel_constraint，可选，默认为 None，施加在权重上的约束项。
- bias_constraint，可选，默认为 None，施加在偏置上的约束项。

【程序 6-3】

```
import tensorflow as tf

with tf.device("/CPU:0"):
    #自定义输入数据
    xs = tf.random.truncated_normal(shape=[50, 32, 32, 32])
    out_1 = tf.keras.layers.Dense(32)(xs)
    print(out.shape)
```

xs 即为输入数据，units 为输出层次，结果如下：

(50, 32, 32, 32)

这里指定了输出层的维度为 32，因此输出结果为[50,32,32,32]，可以看到输出结果的最后一个维度就等于神经元的个数。

此外，还可以仿照卷积层的设置对激活函数以及初始化的方式进行定义：

```
dense = tf.layers.dense(xs,units=10,activation=tf.nn.sigmoid,use_bias=False)
```

4. pooling 简介

pooling 即池化。Layers 模块提供了多个池化方法，这几个池化方法类似，包括

max_pooling1d()、max_pooling2d()、max_pooling3d()、average_pooling1d()、average_pooling2d()、average_pooling3d()，分别代表一维、二维、三维的最大池化和平均池化方法，这里以常用的avg_pooling2d为例进行讲解。

```
def __init__(self,
    pool_size=(2, 2),
    strides=None,
    padding='valid',
    data_format=None,
    **kwargs):
```

参数说明如下：

- pool_size：必需，池化窗口大小，必须是一个数字（高和宽都是此数字）或者长度为 2 的列表（分别代表高、宽）。
- strides：必需，池化步长，必须是一个数字（高和宽都是此数字）或者长度为 2 的列表（分别代表高、宽）。
- padding：可选，默认为 valid，padding 的方法为 valid 或者 same，不区分大小写。
- data_format：可选，默认为 channels_last，分为 channels_last 和 channels_first 两种模式，代表了输入数据的维度类型。如果是 channels_last，那么输入数据的 shape 为 (batch,height,width,channels)；如果是 channels_first，那么输入数据的 shape 为 (batch,channels,height,width)。
- name：可选，默认为 None，池化层的名称。
- 返回值：经过池化处理后的 Tensor。

【程序6-4】

```
import tensorflow as tf
#自定义输入数据
with tf.device("/CPU:0"):
    xs = tf.random.truncated_normal(shape=[50, 32, 32, 32])
    out = tf.keras.layers.AveragePooling2D(strides=[1,1])(xs)
    print(out.shape)
```

这里对输入值设置了以[2,2]为大小的均值核，步进为[1,1]。补全方式为SAME，即通过补0的方式对输入数据进行补全。结果如下：

(50, 31, 31, 32)

5．Layers 模块应用实例

下面使用一个例子来对数据进行说明。

【程序6-5】

```
import tensorflow as tf
#自定义输入数据
with tf.device("/CPU:0"):
```

```
xs = tf.random.truncated_normal(shape=[50, 32, 32, 32])
out = tf.keras.layers.MaxPool2D(strides=[1,1])(xs)
out = tf.keras.layers.Conv2D(filters=32,kernel_size = [2,2],padding="SAME")(out)
out = tf.keras.layers.BatchNormalization()(xs)
out = tf.keras.layers.Flatten()(out)
logits = tf.keras.layers.Dense(10)(out)
print(logits.shape)
```

程序首先创建了一个[50,32,32,32]维度的数据值,先对其进行最大池化,之后进行strides为[2,2]的卷积,采用的激活函数为ReLU,之后进行batch_normalization批正则化,flatten对输入的数据进行平整化,输出为一个与batch相符合的二维向量,最后进行全连接计算,输出最后的维度。

(50, 10)

此外,将所有模块全部存放在一个Mode中也是可以的,代码如下:

【程序6-6】

```
import tensorflow as tf
#自定义输入数据
xs = tf.keras.Input( [32, 32, 32])
out = tf.keras.layers.MaxPool2D(strides=[1,1])(xs)
out = tf.keras.layers.Conv2D(filters=32,kernel_size = [2,2],padding="SAME")(xs)
out = tf.keras.layers.BatchNormalization()(xs)
out = tf.keras.layers.Add()([out,xs])
out = tf.keras.layers.Flatten()(out)
logits = tf.keras.layers.Dense(10)(out)
model = tf.keras.Model(inputs=xs, outputs=logits)
print(model.summary())
```

最终打印的模型构造如图6.6所示。

```
Model: "model"
_____
Layer (type)                    Output Shape         Param #     Connected to
===============================================================================
input_1 (InputLayer)            [(None, 32, 32, 32)] 0
_____
batch_normalization (BatchNorma (None, 32, 32, 32)   128         input_1[0][0]
_____
add (Add)                       (None, 32, 32, 32)   0           batch_normalization[0][0]
                                                                 input_1[0][0]
_____
flatten (Flatten)               (None, 32768)        0           add[0][0]
_____
dense (Dense)                   (None, 10)           327690      flatten[0][0]
===============================================================================
Total params: 327,818
Trainable params: 327,754
Non-trainable params: 64
```

图6.6 打印结果

可以看到，程序构建了一个小型残差网络，与前面打印出的模型结构不同的是，这里是多个类与层的串联，因此还标注出了连接点。

6.2 ResNet 实战：CIFAR-100 数据集分类

本节将使用ResNet实现CIFAR-100数据集的分类。

6.2.1 CIFAR-100 数据集简介

CIFAR-100数据集（见图6.7）共有60000幅彩色图像，这些图像是32×32像素的，分为100类，每类6000幅图。这里面有50000幅用于训练，构成了5个训练批，每一批10000幅图；另外10000幅图用于测试，单独构成一批。测试批的数据中，取自100类中的每一类，每一类随机取1000幅。抽剩下的就随机排列组成训练批。注意，一个训练批中的各类图像的数量并不一定相同，总的来看训练批每一类都有5000幅图。

CIFAR-100数据集的下载地址读者可以自己搜索。

图 6.7　CIFAR-100 数据集

进入下载页面后，选择下载方式，如图6.8所示。

Version	Size	md5sum
CIFAR-100 python version	161 MB	eb9058c3a382ffc7106e4002c42a8d85
CIFAR-100 Matlab version	175 MB	6a4bfa1dcd5c9453dda6bb54194911f4
CIFAR-100 binary version (suitable for C programs)	161 MB	03b5dce01913d631647c71ecec9e9cb8

图 6.8　选择下载方式

由于TensorFlow采用Python语言编程，因此选择Python相应的版本下载。下载之后解压缩，得到如图6.9所示的几个文件。

data_batch_1~data_batch_5是划分好的训练数据，每个文件中包含10000幅图片，test_batch是测试集数据，也包含10000幅图片。

```
batches.meta      2009/3/31/周二...   META 文件         1 KB
data_batch_1      2009/3/31/周二...   文件           30,309 KB
data_batch_2      2009/3/31/周二...   文件           30,308 KB
data_batch_3      2009/3/31/周二...   文件           30,309 KB
data_batch_4      2009/3/31/周二...   文件           30,309 KB
data_batch_5      2009/3/31/周二...   文件           30,309 KB
readme.html       2009/6/5/周五 4:... Firefox HTML D...  1 KB
test_batch        2009/3/31/周二...   文件           30,309 KB
```

图 6.9 得到的文件

读取数据的代码段如下：

```python
import pickle
def load_file(filename):
    with open(filename, 'rb') as fo:
        data = pickle.load(fo, encoding='latin1')
    return data
```

首先定义读取数据的函数，这几个文件都是通过pickle产生的，所以在读取的时候也要用到这个包。返回的data是一个字典，先看看这个字典里面有哪些键。

```python
data = load_file('data_batch_1')
print(data.keys())
```

输出结果如下：

```
dict_keys(['batch_label', 'labels', 'data', 'filenames'])
```

具体说明如下：

- batch_label：对应的值是一个字符串，用来表明当前文件的一些基本信息。
- labels：对应的值是一个长度为 10000 的列表，每个数字取值范围为 0~9，代表当前图片所属的类别。
- data：10000 × 3072 的二维数组，每一行代表一幅图片的像素值。
- filenames：对应一个长度为 10000 的列表，依次存储图片文件名。

完整的数据读取函数如下：

【程序 6-7】

```python
import pickle
import numpy as np
import os
def get_cifar100_train_data_and_label(root = ""):
    def load_file(filename):
        with open(filename, 'rb') as fo:
            data = pickle.load(fo, encoding='latin1')
        return data
    data_batch_1 = load_file(os.path.join(root, 'data_batch_1'))
    data_batch_2 = load_file(os.path.join(root, 'data_batch_2'))
```

```python
            data_batch_3 = load_file(os.path.join(root, 'data_batch_3'))
            data_batch_4 = load_file(os.path.join(root, 'data_batch_4'))
            data_batch_5 = load_file(os.path.join(root, 'data_batch_5'))
            dataset = []
            labelset = []
            for data in [data_batch_1,data_batch_2,data_batch_3,data_batch_4,data_batch_5]:
                img_data = (data["data"])
                img_label = (data["labels"])
                dataset.append(img_data)
                labelset.append(img_label)
            dataset = np.concatenate(dataset)
            labelset = np.concatenate(labelset)
            return dataset,labelset
        def get_cifar100_test_data_and_label(root = ""):
            def load_file(filename):
                with open(filename, 'rb') as fo:
                    data = pickle.load(fo, encoding='latin1')
                return data
            data_batch_1 = load_file(os.path.join(root, 'test_batch'))
            dataset = []
            labelset = []
            for data in [data_batch_1]:
                img_data = (data["data"])
                img_label = (data["labels"])
                dataset.append(img_data)
                labelset.append(img_label)
            dataset = np.concatenate(dataset)
            labelset = np.concatenate(labelset)
            return dataset,labelset

    def get_CIFAR100_dataset(root = ""):
        train_dataset,label_dataset = get_cifar100_train_data_and_label(root=root)
        test_dataset,test_label_dataset = get_cifar100_train_data_and_label(root=root)
        return  train_dataset,label_dataset,test_dataset,test_label_dataset
    if __name__ == "__main__":
    get_CIFAR100_dataset(root="../cifar-10-batches-py/")
```

其中的root函数是下载数据解压后的根目录，os.join函数将其组合成数据文件的位置。最终返回训练文件和测试文件及它们对应的label。

6.2.2 ResNet 残差模块的实现

ResNet网络结构已经在上文做了介绍，它突破性地使用"模块化"思维对网络进行叠加，从而实现了数据在模块内部特征的传递不会产生丢失。

从图6.10可以看到,模块的内部实际上是3个卷积通道相互叠加,形成了一种瓶颈设计。对于每个残差模块,使用3层卷积。这三层分别是1×1、3×3和1×1的卷积层,其中1×1层卷积的作用是对输入数据进行一个"整形"的作用,通过修改通道数使得3×3卷积层具有较小的输入/输出数据结构。

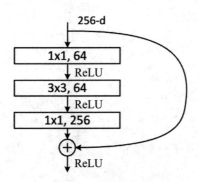

图6.10 模块的内部

实现的瓶颈三层卷积结构的代码段如下:

```
conv = tf.keras.layers.Conv2D(out_dim/4,kernel_size=1,padding="SAME",activation=tf.nn.relu)(input_xs)
conv = tf.keras.layers.BatchNormalization()(conv)
conv = tf.keras.layers.Conv2D(out_dim/4,kernel_size=3,padding="SAME",activation=tf.nn.relu)(conv)
conv = tf.keras.layers.BatchNormalization()(conv)
conv = tf.keras.layers.Conv2D(out_dim,kernel_size=1,padding="SAME",activation=tf.nn.relu)(conv)
```

代码中输入的数据首先经过conv2d卷积层计算,将输出维度减少到输入的1/4,这是为了降低输入数据的整个数据量,为进行下一层的[3,3]计算打下基础。可以人为地为每层添加一个对应的名称,但是基于前文对模型的分析,TensorFlow 2会自动为每个层中的参数分配一个递增的名称,因此这个工作可以交给TensorFlow 2完成。batch_normalization和relu分别为批处理层和激活层。

在数据传递的过程中,ResNet模块使用了名为shortcut的"信息高速公路",shortcut连接相当于简单执行了同等映射,不会产生额外的参数,也不会增加计算复杂度,如图6.11所示。而且,整个网络依旧可以通过端到端的反向传播训练,代码如下:

```
conv = tf.keras.layers.Conv2D(out_dim/4,kernel_size=1,padding="SAME",activation=tf.nn.relu)(input_xs)
conv = tf.keras.layers.BatchNormalization()(conv)
conv = tf.keras.layers.Conv2D(out_dim/4,kernel_size=3,padding="SAME",activation=tf.nn.relu)(conv)
conv = tf.keras.layers.BatchNormalization()(conv)
conv = tf.keras.layers.Conv2D(out_dim,kernel_size=1,padding="SAME",activation=tf.nn.relu)(conv)
out = tf.keras.layers.Add()([input_xs,out])
```

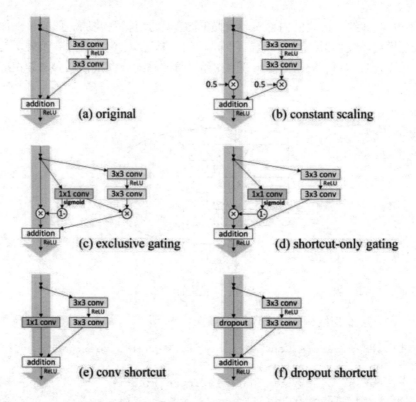

图 6.11　shortcut

> **说　明**
>
> 有兴趣的读者可以自行完成，这里笔者采用的是直联的方式，也就是（a）的 original 模式。

有的时候，除了判定是否对输入数据进行处理外，由于 ResNet 在实现过程中对数据的维度做了改变，因此当输入的维度和要求模型输出的维度不相同，即 input_channel 不等于 out_dim 时，需要对输入数据的维度进行 padding 操作。

> **提　示**
>
> padding 操作就是补全数据，tf.pad 函数用来对数据进行补全，第二个参数是一个序列，分别代表向对应的维度进行双向补全操作。首先计算输出层与输入层在第 4 个维度上的差值，除 2 的操作是将差值分成两份，在上下分别进行补全操作。当然，也可以在一个方向进行补全。

ResNet 残差模型整体如下：

```
def identity_block(input_tensor,out_dim):
    conv1 = tf.keras.layers.Conv2D(out_dim // 4, kernel_size=1, padding="SAME",
activation=tf.nn.relu)(input_tensor)
    conv2 = tf.keras.layers.BatchNormalization()(conv1)
    conv3 = tf.keras.layers.Conv2D(out_dim // 4, kernel_size=3, padding="SAME",
activation=tf.nn.relu)(conv2)
```

```
        conv4 = tf.keras.layers.BatchNormalization()(conv3)
        conv5 = tf.keras.layers.Conv2D(out_dim, kernel_size=1,
padding="SAME")(conv4)
        out = tf.keras.layers.Add()([input_tensor, conv5])
        out = tf.nn.relu(out)
        return out
```

6.2.3 ResNet 网络的实现

ResNet的结构如图6.12所示。

layer name	output size	18-layer	34-layer	50-layer	101-layer	152-layer
conv1	112×112	7×7, 64, stride 2				
		3×3 max pool, stride 2				
conv2_x	56×56	$\begin{bmatrix}3\times3, 64\\3\times3, 64\end{bmatrix}\times2$	$\begin{bmatrix}3\times3, 64\\3\times3, 64\end{bmatrix}\times3$	$\begin{bmatrix}1\times1, 64\\3\times3, 64\\1\times1, 256\end{bmatrix}\times3$	$\begin{bmatrix}1\times1, 64\\3\times3, 64\\1\times1, 256\end{bmatrix}\times3$	$\begin{bmatrix}1\times1, 64\\3\times3, 64\\1\times1, 256\end{bmatrix}\times3$
conv3_x	28×28	$\begin{bmatrix}3\times3, 128\\3\times3, 128\end{bmatrix}\times2$	$\begin{bmatrix}3\times3, 128\\3\times3, 128\end{bmatrix}\times4$	$\begin{bmatrix}1\times1, 128\\3\times3, 128\\1\times1, 512\end{bmatrix}\times4$	$\begin{bmatrix}1\times1, 128\\3\times3, 128\\1\times1, 512\end{bmatrix}\times4$	$\begin{bmatrix}1\times1, 128\\3\times3, 128\\1\times1, 512\end{bmatrix}\times8$
conv4_x	14×14	$\begin{bmatrix}3\times3, 256\\3\times3, 256\end{bmatrix}\times2$	$\begin{bmatrix}3\times3, 256\\3\times3, 256\end{bmatrix}\times6$	$\begin{bmatrix}1\times1, 256\\3\times3, 256\\1\times1, 1024\end{bmatrix}\times6$	$\begin{bmatrix}1\times1, 256\\3\times3, 256\\1\times1, 1024\end{bmatrix}\times23$	$\begin{bmatrix}1\times1, 256\\3\times3, 256\\1\times1, 1024\end{bmatrix}\times36$
conv5_x	7×7	$\begin{bmatrix}3\times3, 512\\3\times3, 512\end{bmatrix}\times2$	$\begin{bmatrix}3\times3, 512\\3\times3, 512\end{bmatrix}\times3$	$\begin{bmatrix}1\times1, 512\\3\times3, 512\\1\times1, 2048\end{bmatrix}\times3$	$\begin{bmatrix}1\times1, 512\\3\times3, 512\\1\times1, 2048\end{bmatrix}\times3$	$\begin{bmatrix}1\times1, 512\\3\times3, 512\\1\times1, 2048\end{bmatrix}\times3$
	1×1	average pool, 1000-d fc, softmax				
FLOPs		1.8×10^9	3.6×10^9	3.8×10^9	7.6×10^9	11.3×10^9

图 6.12 ResNet 的结构

上面一共提出了5种深度的ResNet，分别是18、34、50、101和152，其中所有的网络都分成5部分，分别是conv1、conv2_x、conv3_x、conv4_x和conv5_x。

下面将对其进行实现。需要说明的是，ResNet完整的实现需要较高性能的显卡，因此我们对其做了修改，去掉了pooling层，并降低了每次filter的数目和每层的层数，这一点请读者注意。

conv1：

```
input_xs = tf.keras.Input(shape=[32,32,3])
conv1 = tf.keras.layers.Conv2D(filters=64,kernel_size=3,padding="SAME",
activation=tf.nn.relu)(input_xs)
```

最上层是模型的输入层，定义了输入的维度，这里使用一个卷积核为[7,7]、步进为[2,2]大小的卷积作为第一层。

conv2_x：

```
out_dim = 64
identity_1 = tf.keras.layers.Conv2D(filters=out_dim, kernel_size=3,
padding="SAME", activation=tf.nn.relu)(conv_1)
identity_1 = tf.keras.layers.BatchNormalization()(identity_1)
for _ in range(3):
    identity_1 = identity_block(identity_1,out_dim)
```

第二层使用多个[3,3]大小的卷积核，之后接了3个残差核心。

conv3_x：

```
out_dim = 128
identity_2 = tf.keras.layers.Conv2D(filters=out_dim, kernel_size=3, padding="SAME", activation=tf.nn.relu)(identity_1)
identity_2 = tf.keras.layers.BatchNormalization()(identity_2)
for _ in range(4):
    identity_2 = identity_block(identity_2,out_dim)
```

conv4_x：

```
out_dim = 256
identity_3 = tf.keras.layers.Conv2D(filters=out_dim, kernel_size=3, padding="SAME", activation=tf.nn.relu)(identity_2)
identity_3 = tf.keras.layers.BatchNormalization()(identity_3)
for _ in range(6):
    identity_3 = identity_block(identity_3,out_dim)
```

conv5_x：

```
out_dim = 512
identity_4 = tf.keras.layers.Conv2D(filters=out_dim, kernel_size=3, padding="SAME", activation=tf.nn.relu)(identity_3)
identity_4 = tf.keras.layers.BatchNormalization()(identity_4)
for _ in range(3):
    identity_4 = identity_block(identity_4,out_dim)
```

class_layer：
最后一层是分类层，在经典的ResNet中，它是由一个全连接层作为分类器，代码如下：

```
flat = tf.keras.layers.Flatten()(identity_4)
flat = tf.keras.layers.Dropout(0.217)(flat)
dense = tf.keras.layers.Dense(1024,activation=tf.nn.relu)(flat)
dense = tf.keras.layers.BatchNormalization()(dense)
logits = tf.keras.layers.Dense(100,activation=tf.nn.softmax)(dense)
```

代码首先使用reduce_mean作为全局池化层，之后接的卷积层将其压缩到分类的大小，softmax是最终的激活函数，为每层对应的类别进行分类处理。

最终的代码如下：

```
import tensorflow as tf
def identity_block(input_tensor,out_dim):
    conv1 = tf.keras.layers.Conv2D(out_dim // 4, kernel_size=1, padding="SAME", activation=tf.nn.relu)(input_tensor)
    conv2 = tf.keras.layers.BatchNormalization()(conv1)
    conv3 = tf.keras.layers.Conv2D(out_dim // 4, kernel_size=3, padding="SAME", activation=tf.nn.relu)(conv2)
    conv4 = tf.keras.layers.BatchNormalization()(conv3)
```

```python
        conv5 = tf.keras.layers.Conv2D(out_dim, kernel_size=1, padding="SAME")(conv4)
        out = tf.keras.layers.Add()([input_tensor, conv5])
        out = tf.nn.relu(out)
        return out
    def resnet_Model(n_dim = 10):
        input_xs = tf.keras.Input(shape=[32,32,3])
        conv_1 = tf.keras.layers.Conv2D(filters=64,kernel_size=3,padding="SAME",activation=tf.nn.relu)(input_xs)
        """--------第一层----------"""
        out_dim = 64
        identity_1 = tf.keras.layers.Conv2D(filters=out_dim, kernel_size=3, padding="SAME", activation=tf.nn.relu)(conv_1)
        identity_1 = tf.keras.layers.BatchNormalization()(identity_1)
        for _ in range(3):
            identity_1 = identity_block(identity_1,out_dim)
        """--------第二层----------"""
        out_dim = 128
        identity_2 = tf.keras.layers.Conv2D(filters=out_dim, kernel_size=3, padding="SAME", activation=tf.nn.relu)(identity_1)
        identity_2 = tf.keras.layers.BatchNormalization()(identity_2)
        for _ in range(4):
            identity_2 = identity_block(identity_2,out_dim)
        """--------第三层----------"""
        out_dim = 256
        identity_3 = tf.keras.layers.Conv2D(filters=out_dim, kernel_size=3, padding="SAME", activation=tf.nn.relu)(identity_2)
        identity_3 = tf.keras.layers.BatchNormalization()(identity_3)
        for _ in range(6):
            identity_3 = identity_block(identity_3,out_dim)
        """--------第四层----------"""
        out_dim = 512
        identity_4 = tf.keras.layers.Conv2D(filters=out_dim, kernel_size=3, padding="SAME", activation=tf.nn.relu)(identity_3)
        identity_4 = tf.keras.layers.BatchNormalization()(identity_4)
        for _ in range(3):
            identity_4 = identity_block(identity_4,out_dim)
        flat = tf.keras.layers.Flatten()(identity_4)
        flat = tf.keras.layers.Dropout(0.217)(flat)
        dense = tf.keras.layers.Dense(2048,activation=tf.nn.relu)(flat)
        dense = tf.keras.layers.BatchNormalization()(dense)
        logits = tf.keras.layers.Dense(100,activation=tf.nn.softmax)(dense)
        model = tf.keras.Model(inputs=input_xs, outputs=logits)
        return model
    if __name__ == "__main__":
        resnet_model = resnet_Model()
        print(resnet_model.summary())#.2.4、使用ResNet50实战CIFAR10
```

6.2.4 使用 ResNet 对 CIFAR-100 数据集进行分类

前面介绍了CIFAR-100数据集的下载,TensorFlow中也自带了相关的数据集CIFAR-100。本节将使用TensorFlow自带的数据集对CIFAR-100进行分类。

第一步,数据集的获取

前面我们已经下载过CIFAR数据集,数据集可以放在本地,TensorFlow 2.X自带了数据的读取函数,代码如下:

```
path = "./dataset/cifar-100-python"
from tensorflow.python.keras.datasets.cifar import load_batch
fpath = os.path.join(path, 'train')
x_train, y_train = load_batch(fpath, label_key='fine' + '_labels')
fpath = os.path.join(path, 'test')
x_test, y_test = load_batch(fpath, label_key='fine' + '_labels')

x_train = tf.transpose(x_train,[0,2,3,1])
y_train = np.float32(tf.keras.utils.to_categorical(y_train, num_classes=100))
x_test = tf.transpose(x_test,[0,2,3,1])
y_test = np.float32(tf.keras.utils.to_categorical(y_test,num_classes=100))
```

关于数据读取没有什么好说的,读者可以运行代码验证,需要提醒的是,对于不同的数据集,其维度的结构有所区别。此外,数据集打印的维度为(60000,3,32,32),并不符合传统使用的(60000,32,32,3)的普通维度格式,因此需要对其进行调整。

之后,需要将数据打包整合成能够被编译的格式,这里使用的是TensorFlow 2自带的Dataset API,代码如下:

```
batch_size = 48
train_data = tf.data.Dataset.from_tensor_slices((x_train,y_train)).shuffle(batch_size*10).batch(batch_size).repeat(3)
```

第二步,模型的导入和编译

这一步就是导入模型并设定优化器和损失函数,代码如下:

```
import resnet_model
model = resnet_model.resnet_Model()
model.compile(optimizer=tf.optimizers.Adam(1e-2),
loss=tf.losses.categorical_crossentropy,metrics = ['accuracy'])
model.fit(train_data, epochs=10)
```

第三步,模型的计算

全部代码如下:

【程序6-8】

```python
import tensorflow as tf
import os
import numpy as np
path = "./dataset/cifar-100-python"
from tensorflow.python.keras.datasets.cifar import load_batch
fpath = os.path.join(path, 'train')
x_train, y_train = load_batch(fpath, label_key='fine' + '_labels')
fpath = os.path.join(path, 'test')
x_test, y_test = load_batch(fpath, label_key='fine' + '_labels')
x_train = tf.transpose(x_train,[0,2,3,1])
y_train = np.float32(tf.keras.utils.to_categorical(y_train, num_classes=100))
x_test = tf.transpose(x_test,[0,2,3,1])
y_test = np.float32(tf.keras.utils.to_categorical(y_test,num_classes=100))
batch_size = 48
train_data = tf.data.Dataset.from_tensor_slices((x_train,y_train)).shuffle(batch_size*10).batch(batch_size).repeat(3)
import resnet_model
model = resnet_model.resnet_Model()
model.compile(optimizer=tf.optimizers.Adam(1e-2),loss=tf.losses.categorical_crossentropy,metrics = ['accuracy'])
model.fit(train_data, epochs=10)
score = model.evaluate(x_test, y_test)
print("last score:",score)
```

根据不同的硬件设备，模型的参数和训练集的batch_size都需要做出调整，具体数值请根据需要对它们进行设置。

6.3　ResNet的兄弟——ResNeXt

大家对一层一层堆叠的网络形成思维惯性的时候，shortcut的思想是跨越性的。即使网络层级叠加到100层，运算量和16层的VGG相差不多，精度却提高了一个档次，而且模块性、可移植性很强。

6.3.1　ResNeXt诞生的背景

随着研究的深入以及ResNet层次的加深，研究人员开始在增加网络的"宽度"方面进行探究。神经网络的标准范式就符合这样的"分割-转换-合并"（Split-Transform-Merge）模式。以一个普通神经元为例（比如dense中的每个神经元），如图6.13所示。

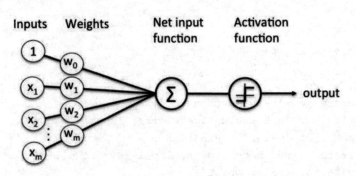

图 6.13 神经元

简单解释一下，就是对输入的数据进行权重乘积，求和后经过一个激活函数，因此神经网络又可以用公式表示为：

$$f(x) = \sum_{n=1}^{m} w(x_i)$$

而ResNet的公式表示为：

$$w(x) = x + \sum_{n=1}^{n} T(x_i)$$

在公式中，T函数理解为ResNet中的任意通路"模块"，x为数据的shortcut，n为模块中通路的个数，如图6.14所示，shortcut与通路模块共同构成了一个完整的"残差单元"。

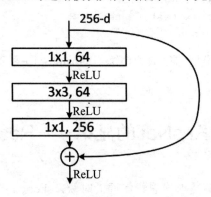

图 6.14 残差单元

可以简单地理解为，随着n的增加，"通路"增加能够带来方程$w(x)$值的增加，即使单个增加的幅度很小，求和后一样可以带来效果的改善，即在每个ResNet模块中增加通路个数。这也是ResNeXt产生的初衷。

如图6.15所示，左边是ResNet的基本结构，右边是ResNeXt的基本结构。

相对于左图的ResNet经典结构，右图ResNet中使用32组同样结构的输出求和以后，与输入端的shortcut进行二次叠加，如图6.16所示。

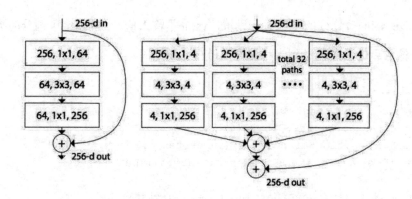

图 6.15 ResNet 和 ResNeXt 的基本结构

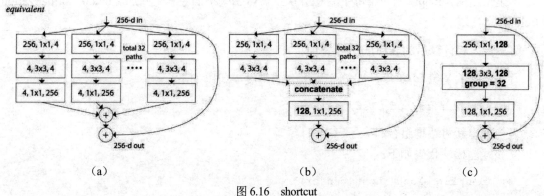

图 6.16 shortcut

进一步对 ResNeXt 进行改进，如果将输入的[1,1]卷积层合并在一起，减少通道数，最终还是形成了经典的 ResNet 结构，因此也可以认为，经典的 ResNet 结构就是 ResNeXt 的一个特殊结构。

6.3.2 ResNeXt 残差模块的实现

从 6.3.1 小节的分析可以看到，ResNext 实际上就是更换了更具有普遍性的残差模块的 ResNet，而残差模块的更改实质上是将一个连接通道在模块内部增加为32个，这里我们使用图6.17所示的模型架构实现 ResNeXt。

实现步骤拆解如下：

第一步：对输入数据的划分

TensorFlow 提供了数据分块函数 split，代码如下：

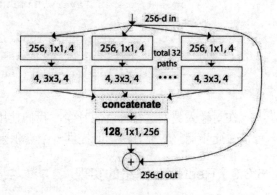

图 6.17 模型架构

```
input_tensor_list = tf.split(input_tensor, num_or_size_splits=64, axis=3)
```

这里先对输入的数据进行划分：

[batch,img_H,img_W,256] → [batch,img_H,img_W,32]

num_or_size_splits对划分的参数进行设置，value是输入值，axis确定了划分的数据维度。

第二步：输入后的数据输送到卷积层开始进行卷积计算

代码如下：

```
def conv_fun(input_tensor):
    out = tf.keras.layers.Conv2D(4, 3, padding="SAME",activation=tf.nn.relu)(input_tensor)
    out = tf.keras.layers.BatchNormalization()(out)
    return out
out_list = list(map(conv_fun, input_tensor_list))
```

这里采用的是map函数，在每个卷积分块上做[3,3]大小的卷积，并加上batch_normalization和relu层。

第三步：将计算后的卷积层重新叠加

叠加选择的是第4个维度，即第一步拆分的维度，代码如下：

```
out = tf.concat(out_list, axis=-1)
```

这样就重新将数据组合起来了。

完整残差模块代码如下：

```
def identity_block(input_tensor):
    input_tensor_list = tf.split(input_tensor, num_or_size_splits=64, axis=3)
    def conv_fun(input_tensor):
        out = tf.keras.layers.Conv2D(4, 3, padding="SAME", activation=tf.nn.relu)(input_tensor)
        out = tf.keras.layers.BatchNormalization()(out)
        return out
    out_list = list(map(conv_fun, input_tensor_list))
    out = tf.concat(out_list, axis=-1)
    out = tf.keras.layers.Add()([out, input_tensor])
    return out
```

在对输入数据进行分解的时候，我们使用split函数直接对第4维进行拆解。有兴趣的读者可以在此步调整转换方法，即提供一个卷积来对数据维度进行降维。

6.3.3 ResNeXt网络的实现

仿照ResNet，ResNext也是使用叠加残差模块的基本结构，对每个层级都做相同的转换，如图6.18所示。

这里仿照ResNet的方法对残差模块进行叠加计算，主要有4个模块，每个模块依次对输入的数据中的channel维度进行提升操作。

stage	output	ResNet-50	ResNeXt-50 (32×4d)
conv1	112×112	7×7, 64, stride 2	7×7, 64, stride 2
conv2	56×56	3×3 max pool, stride 2 [1×1, 64 3×3, 64 1×1, 256] ×3	3×3 max pool, stride 2 [1×1, 128 3×3, 128, C=32 1×1, 256] ×3
conv3	28×28	[1×1, 128 3×3, 128 1×1, 512] ×4	[1×1, 256 3×3, 256, C=32 1×1, 512] ×4
conv4	14×14	[1×1, 256 3×3, 256 1×1, 1024] ×6	[1×1, 512 3×3, 512, C=32 1×1, 1024] ×6
conv5	7×7	[1×1, 512 3×3, 512 1×1, 2048] ×3	[1×1, 1024 3×3, 1024, C=32 1×1, 2048] ×3
	1×1	global average pool 1000-d fc, softmax	global average pool 1000-d fc, softmax
# params.		25.5×10^6	25.0×10^6
FLOPs		4.1×10^9	4.2×10^9

图 6.18 叠加残差模块

代码如下：

```python
import tensorflow as tf
def identity_block(input_tensor):
    input_tensor_list = tf.split(input_tensor, num_or_size_splits=64, axis=3)

    def conv_fun(input_tensor):
        out = tf.keras.layers.Conv2D(4, 3, padding="SAME", activation=tf.nn.relu)(input_tensor)
        out = tf.keras.layers.BatchNormalization()(out)
        return out

    out_list = list(map(conv_fun, input_tensor_list))
    out = tf.concat(out_list, axis=-1)
    out = tf.keras.layers.Add()([out, input_tensor])
    return out

def resnetXL_Model():
    input_xs = tf.keras.Input(shape=[32,32,3])
    conv_1 = tf.keras.layers.Conv2D(filters=64,kernel_size=3,padding="SAME", activation=tf.nn.relu)(input_xs)

    """--------第一层----------"""
    out_dim = 256
    identity = tf.keras.layers.Conv2D(filters=out_dim, kernel_size=3, padding="SAME", activation=tf.nn.relu)(conv_1)
    identity = tf.keras.layers.BatchNormalization()(identity)
```

```
    for _ in range(7):
        identity = identity_block(identity)

"""--------第二层----------"""
……

"""--------第三层----------"""
……

    conv = tf.keras.layers.Conv2D(100,kernel_size=32,
activation=tf.nn.relu)(identity)
    logits = tf.nn.softmax(tf.squeeze(conv,[1,2]))

    model = tf.keras.Model(inputs=input_xs, outputs=logits)

    return model
```

上面的代码只写了第一层的实现,更多层数的实现读者可参照ResNet模型尝试一下。

6.3.4　ResNeXt 和 ResNet 的比较

通过实验对比ResNeXt和ResNet(见图6.19),ResNeXt无论是在50层还是101层,其准确度都大大高于ResNet。这里我们总结一下相关的结论。

- ResNeXt 与 ResNet 在相同参数个数的情况下,训练时前者错误率更低,但下降速度差不多。
- 相同参数的情况下,增加残差模块比增加卷积层个数更加有效。
- 101 层的 ResNeXt 比 101 层的 ResNet 更好。

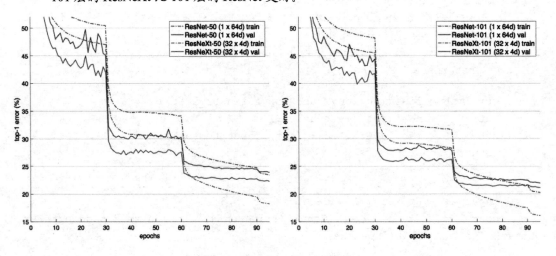

图 6.19　对比 ResNeXt 和 ResNet

6.4 本章小结

本章是一个起点,让读者站在巨人的肩膀上,从冠军开始!

ResNet和ResNeXt开创了一个时代,改变了人们仅仅依靠堆积神经网络层来获取更高性能的做法,在一定程度上解决了梯度消失和梯度爆炸的问题。这是一项跨时代的发明。

当简单的堆积神经网络层的做法失效的时候,人们开始采用模块化的思想设计网络,同时在不断"加宽"模块的内部通道。但是当这些能够做的方法被挖掘穷尽后,有没有新的方法能够进一步提升卷积神经网络的效果呢?

第 7 章

使用循环神经网络的语音识别实战

在本书的第1章介绍了一个语音识别的实现,相信读者对其模型的架构和实现不再陌生。本章将继续深入挖掘语音识别所涉及的内容,特别是使用一种新型的模型架构——循环神经网络去实现语音识别。

7.1 使用循环神经网络的语音识别

第1章实现了一个基础的情感分类任务,虽然比较简单,但是对于一个完整的项目来说,其所要求的各个部分都是完整无缺的。在此不对其进行重复讲解。本章将以此为基础继续进行一种新的语音识别模型的设计和训练。

直到目前,作者在前面章节的代码编写中使用的都是卷积神经网络。请读者回忆一下第1章中的内容,其中提到了语音识别的发展历程,一个非常重要的发展里程碑就是使用循环神经网络DNN完成语音识别的任务。

一个使用循环神经网络的语音识别模型主体程序如下:

```
class WaveClassic(tf.keras.layers.Layer):
    def __init__(self):
        super(WaveClassic, self).__init__()

    def build(self, input_shape):

        #使用双向循环神经网络LSTM的某一层,注意return_sequences
        self.bi_lstm = tf.keras.layers.Bidirectional(tf.keras.layers.LSTM(128,
return_sequences=True),merge_mode="sum")
        self.lstm_layer_norms = tf.keras.layers.LayerNormalization()

        #使用双向循环神经网络GRU的某一层,注意return_sequences
        self.bi_gru = tf.keras.layers.Bidirectional(tf.keras.layers.GRU(128,
return_sequences=False),merge_mode="sum")
```

```
    self.gru_layer_norms = tf.keras.layers.LayerNormalization()

    #分类器层
self.last_dense = tf.keras.layers.Dense(40,activation=tf.nn.softmax)
    super(WaveClassic, self).build(input_shape)   # 一定要在最后调用它

def call(self, inputs):
    embedding = inputs

    embedding = self.bi_lstm(embedding)
    embedding = self.lstm_layer_norms(embedding)

    embedding = self.bi_gru(embedding)
    embedding = self.gru_layer_norms(embedding)

    logits = self.last_dense(embedding)
    return logits
```

对于代码本身,这里就不再过多解释了,相信读者已经有能力完整运行。这里的重点集中在两个新的类:tf.keras.layers.LSTM和tf.keras.layers.GRU,下一节将对它们进行详细介绍。

7.2 长短期记忆网络

长短时间记忆(Long Short Term Memory,LSTM)网络是一种特殊的RNN网络,它设计出来是为了解决长依赖问题。LSTM网络(见图7.1)由Hochreiter和Schmidhuber于1997年引入,并有许多人对其进行了改进和普及。

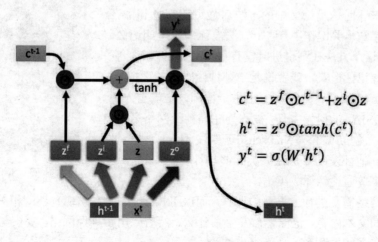

图 7.1　LSTM 网格

7.2.1 Hochreiter、Schmidhuber 和 LSTM

在介绍Hochreiter和Schmidhuber之前，先举一个例子。例如，考虑用一个语言模型通过利用以前的文字信息来预测下一个文字。

当计算机准备预测"天空中飞着一只鸟"里最后一个字"鸟"时，不太需要联系上下文。

而如果要预测"我来自于中国，中文说的很棒"里的"中文"的话，则需要结合上文中的"中国"这个提示词共同完成。

人类在阅读文本信息的时候，会通过之前看到或者理解过的信息对上下文的信息进行补充，在阅读当前文字时并不会忘记之前看到的内容，而是会联系以前的信息来帮助理解。

因此，对于人类来说，这是一个非常简单的问题，但是对于学界来说，这是一个非常困难且具有挑战性的问题。LSTM就是为了解决这个问题而产生的。LSTM可以学习非常长的序列信息并建立相互之间的联系，如图7.2所示。在LSTM诞生之后，一个长期困扰学界的问题便这样解决了。

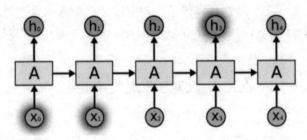

图 7.2　长序列并建立联系

1997年，Schmidhuber博士和Sepp Hochreiter发表了一篇技术论文，后来证明这篇论文中的方法对最近的视觉和语音上的快速进展起到了关键作用。这个方法被称为长短期记忆，简称为LSTM。这个方法在刚引进时没有得到广泛的理解。它主要提供了一种记忆形式，或者说是一种神经网络的环境。

Jürgen Schmidhuber（见图7.3）出生于德国，是瑞士人工智能实验室（IDSIA）的研发主任，被称为递归神经网络之父。Schmidhuber本人创立的公司Nnaisense正专注于人工智能技术研发。此前，他开发的算法让人类能够与计算机对话，还能让智能手机将普通话翻译成英语。

图 7.3　Schmidhuber

一个神经网络需要进行上百万的计算，而LSTM的代码旨在发现有趣的相关关系，在数据分析中增加时间文本内容，记住之前发生了什么，然后应用于神经网络，观察与神经网络接下来所发生的事情之间的联系，从而得出结论。

如此精巧而又复杂的设计让AI自我发展、独自得出结论，并发展成为一个更强大的系统成为现实——基于大量文本的学习，达到语言中细微差别的自我学习。

Schmidhuber将类似的AI训练比作人类大脑的一种筛选模式，即长时记忆会记住重大的时刻，而对于司空见惯的时刻则任之消失。Schmidhuber认为，"LSTM能够学习将重要的事物放在记忆中，然后忽略掉不重要的内容"。

如今，LSTM在很多重要的领域都表现得很出色，比如最出名的就是语音识别和语言翻译，还有图片的解说，即当你看到一张图像时，能够写下一段话解释你所看到的内容。

7.2.2 循环神经网络与长短时间序列

LSTM设计之初就是为了解决序列模型中需要距离依赖的问题，在详细介绍LSTM之前，先简单介绍一下循环神经网络（RNN）的基本结构。

任何一个RNN都是由若干个重复的神经网络模块构成的（见图7.4），在标准的RNN中，每个具有相同结构而相互独立的模块都被重复连接在一起。

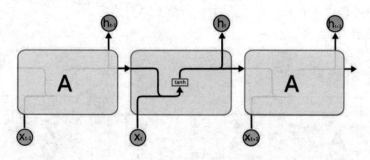

图 7.4　RNN

这是由于RNN的串联性质造成的，太过于复杂的结构会使得计算资源的需求大大增加。

LSTM也集成了这种网络结构，相对于传统的RNN模型，LSTM采用更为复杂的网络架构，使用多个神经网络层作为网络模块"处理单元"以及使用多个tanh函数作为激活函数，图7.5展示了LSTM的结构。

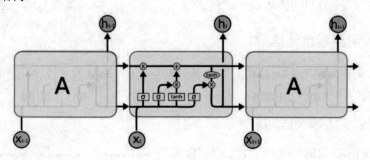

图 7.5　LSTM 的结构

在解释LSTM的详细结构前，先定义一下图中各个符号的含义，如图7.6所示。

图 7.6　各个符号的含义

- 矩形图标：函数计算层，也称为"处理单元"（见图7.7），一般由单个函数操作构成。
- 圆圈图标：简单合并操作，向量的加减乘除。
- 单箭头：向量运行的方向。
- 箭头合并：表示向量的合并（Concat）操作。
- 箭头分叉：表示向量的拷贝操作。

需要说明的是，对于LSTM中的多个输出，其输出结构如图7.8所示。

其中h_{t-1}和h_t为LSTM中处理单元输出的经过处理单元计算后的值，x_t为原始的序列向量。而信息高速公路c_t的输入输出是一个固定维度的特殊向量，其包含整个序列中所有的有用信息。

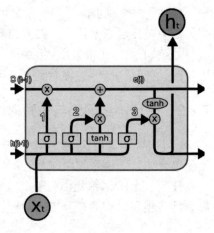

图7.7　处理单元

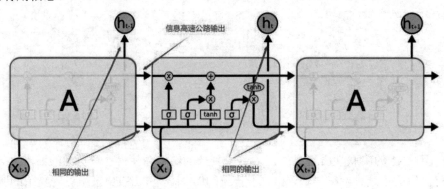

图7.8　LSTM 中的多个输出

实际上，可以说LSTM的整体设计就是围绕保留和更新c_t中向量信息这一主要思想完成的。

7.2.3　LSTM 的处理单元详解

LSTM是继承并发扬了RNN架构的一种神经网络结构，与RNN一样是由一系列串联在一起的处理单元完成的。

1. 向量通过的"信息高速公路"

相对于传统的RNN的处理单元，LSTM做出的第一个重大改进就是加入了向量通过的"信息高速公路"，也可以称为cell state部分，如图7.9所示。

信息高速公路使得向量能够像传送带一样贯穿整个处理单元，这样既能保证向量信息无损伤地通过整个处理单元，又能够在进行误差反馈修正时不产生梯度消失或者发散。

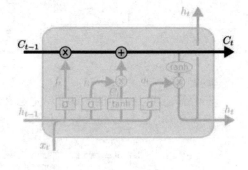

图7.9　cell state

"信息高速公路"这个理念并不只是在LSTM中使用,在卷积神经网络和图像识别中也有强大的作用,当然这就是另一个故事了。

2. 控制信息通与截的"门"

除了能够让向量无损迅捷通过的"信息高速公路",LSTM的"处理单元"还有专门对信息进行"筛查"的"门"。"门"能够有选择性地决定让哪些信息通过。其实门的结构很简单,就是一个sigmoid层和一个向量点乘操作的组合,如图7.10所示。

sigmoid层的输出是0~1的值(见图7.11),这代表有多少信息能够流过sigmoid层。0表示都不能通过,1表示都能通过。

图7.10 实门　　　　　　　图7.11 sigmoid函数

从LSTM的处理单元可以看到,任何一个相同架构的处理单元都是由三个"门"构成的,这三个门分别被称为"遗忘门""输入门"和"输出门"。下面依次对其进行介绍。

(1) 遗忘门

LSTM处理单元的第一步就是决定哪部分向量信息需要被丢弃,哪部分信息需要被保留,这一步通过一个"遗忘门"完成,如图7.12所示。

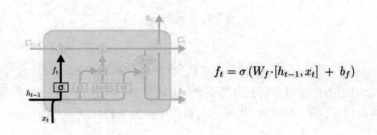

$$f_t = \sigma(W_f \cdot [h_{t-1}, x_t] + b_f)$$

图7.12 遗忘门

这里详细讲一下,假设 $c_{t-1}=[0.1, 0.17, 0.5]$,$h_{t-1}=[0.2, 0.217, 0.4]$,$x_t=[0.3, 0.5217, 0.7]$,那么遗忘门的输入信号就是 h_{t-1} 和 x_t 的组合,即 $[0.2, 0.217, 0.4, 0.3, 0.5217, 0.7]$,然后通过sigmoid神经网络层输出每一个元素都处于0~1的向量 $[0.3, 0.12, 0.45]$。注意,此时 $[0.3, 0.12, 0.45]$ 是一个与 $[0.1, 0.17, 0.5]$ 维数相同的向量,均为3维。

看到这里还没有看懂的读者,可能会有这样的疑问:输入信号明明是6维的向量,为什么经过"遗忘门"计算后就变成了3维呢?这是因为"遗忘门"的运算实际上也是一个矩阵内积公式,对维度进行了改变。

（2）输入门

下一步是对"信息高速公路"中的信息进行更新，这一步实际上分成两个独立的部分完成。首先利用输入的h_{t-1}和x_t通过另一个sigmoid处理函数（输入门）来决定更新哪些信息，之后h_{t-1}和x_t会通过一个tanh层得到另一个和输入门处理计算后相同维度的向量信息，这些结果"有可能"会被信息高速公路中的C_t获取，如图7.13所示。

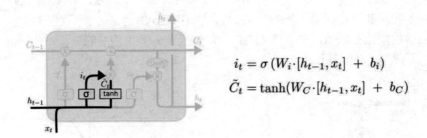

$$i_t = \sigma(W_i \cdot [h_{t-1}, x_t] + b_i)$$
$$\tilde{C}_t = \tanh(W_C \cdot [h_{t-1}, x_t] + b_C)$$

图 7.13　输入门

下面将更新旧的C_{t-1}向量信息成为新的C_t，更新规则就是通过"遗忘门"选择忘记旧的C_{t-1}中的部分信息，而添加经过"输入门"计算后的C_t，如图7.14所示。

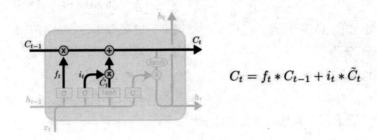

$$C_t = f_t * C_{t-1} + i_t * \tilde{C}_t$$

图 7.14　更新规则

（3）输出门

更新完信息高速公路后，根据输入h_{t-1}和C_t来判断输出细胞的哪些特征，这里需要将输入经过一个称为输出门的sigmoid层得到判断条件，然后将细胞状态经过tanh层得到一个–1~1的向量。该向量与输出门得到的判断条件相乘，就得到了最终该LSTM单元的输出，如图7.15所示。

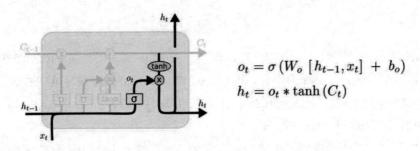

$$o_t = \sigma(W_o [h_{t-1}, x_t] + b_o)$$
$$h_t = o_t * \tanh(C_t)$$

图 7.15　输出门

7.2.4 LSTM 的研究发展

LSTM是Schmidhuber与其弟子Hochreiter在1997年提出的，距今已经有差不多24年。在这24年中，LSTM伴随着时间的发展，受到了越来越广泛的研究与改进。

1. 增加了"窥视孔"的LSTM

这是2000年Gers和Schemidhuber在原始的LSTM基础上提出的一种新的LSTM变体。如图7.16所示，在传统的LSTM结构基础上，每个门（遗忘门、输入门和输出门）增加了一个"窥视孔"（Peephole）。

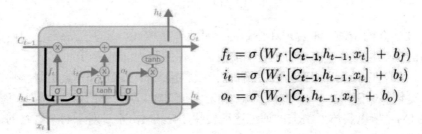

图 7.16　新的 LSTM-1

这样做的目的是增加向量信息的通路，使得各个门在计算时能够获取更多的C_t信息，在此基础上，有的研究者选择在不同的门上选择性地加装窥视孔。

2. 整合遗忘门和输入门

与传统的遗忘门和输入门分离的架构不同，整合了遗忘门与输入门的一种新的LSTM架构被提出，如图7.17所示。

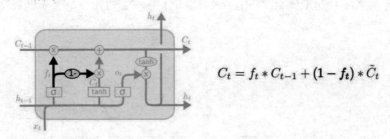

图 7.17　新的 LSTM-2

这种新的LSTM不需要分开来确定哪些是需要被遗忘的信息，哪些是需要被记住的信息，而采用同一个结构对其进行处理。遗忘门的计算函数依旧使用sigmoid来计算，这与LSTM相同，遗忘门的输出信号值依旧保持在0和1之间，用1减去该数值来作为记忆门的状态选择，表示只更新需要被遗忘的那些信息的状态。

3. 目前最常用的一种变体 Gated Recurrent Unit（GRU）

LSTM可以用于对长短期记忆进行存储和选择，但是其一个先天的劣势是计算复杂度高，需要耗费大量的计算资源。这和LSTM的先天构建有关。

2014年提出来的GRU（Gated Recurrent Unit）是一个改进比较大的LSTM变体，如图7.18所示。

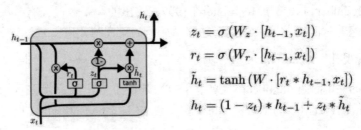

$$z_t = \sigma(W_z \cdot [h_{t-1}, x_t])$$
$$r_t = \sigma(W_r \cdot [h_{t-1}, x_t])$$
$$\tilde{h}_t = \tanh(W \cdot [r_t * h_{t-1}, x_t])$$
$$h_t = (1 - z_t) * h_{t-1} + z_t * \tilde{h}_t$$

图 7.18　GRU

GRU主要包含两个门：重置门和更新门。从直观上来说，重置门决定了如何将新的输入信息与前面的记忆相结合，更新门定义了前面记忆保存到当前时间步的量。

概括来说，LSTM和GRU都是通过各种门函数将重要特征保留下来，这样就保证了信息向量在传播的时候不会有所丢失。此外，GRU相对于LSTM少了一个门函数，因此在参数的数量上也少于LSTM，所以整体上GRU的训练速度要快于LSTM。不过对于两个网络的好坏，还是需看具体的应用场景。

7.2.5　LSTM 的应用前景

LSTM是时间序列分析的一种深度学习模型，它的特点是具有时间循环结构，可以很好地刻画具有时空关联的序列数据，包括时间序列数据（气温、车流量、销量等）、文本、事件（购物清单、个人行为）等。可以这样简单地理解LSTM：它是一种基于神经网络的自回归模型。

在自然语言处理领域，大家经常用LSTM对语言建模，即用LSTM提取文本的语义语法信息，然后和下游模型配合起来做具体的任务，比如分类、序列标注、文本匹配等，如图7.19所示。

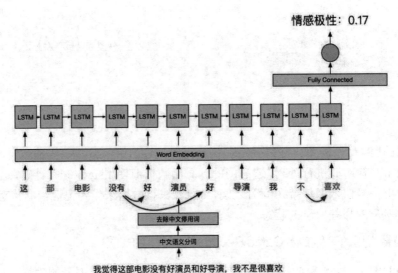

图 7.19　使用 LSTM 进行情感分类

在一些场景中，我们需要基于时间序列预测接下来会发生的事情，比如买了若干商品，需要预测接下来可能买的商品，进而进行推荐，这时可以使用LSTM，如图7.20所示。

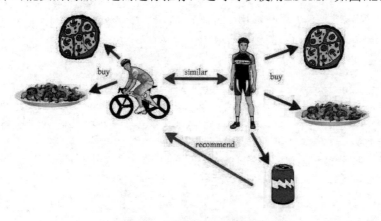

图7.20　预测接下来会发生的事情

而在另一些场景中，LSTM根据其对时间序列的分析可以对交通情况进行预测，如图7.21所示。例如在航空领域，一架飞机每天要完成多个航班的飞行任务，这就形成了一个航班序列，如果飞机在一个航班任务中发生了延误，那该延误可能会沿着航班序列进行传递。

图7.21　预测交通情况

而使用LSTM架构的深度学习模型，可以很好地模拟出飞机的延误和航班序列传递情况。

7.3　GRU层详解

讲完LSTM层，本节将介绍一下GRU层。前面已经讲过，GRU是LSTM的简化形式，在基本上不影响性能的基础上，对LSTM做了一些处理，使之能够简化部分操作。

7.3.1 TensorFlow 中的 GRU 层详解

下面介绍GRU在TensorFlow中的使用。通过前面的情感分类实现示例，读者已经了解了如何使用GRU在深度学习模型中进行计算，下面详细介绍GRU函数的参数及说明。

```
keras.layers.recurrent.GRU(units, activation='tanh',
recurrent_activation='hard_sigmoid', use_bias=True,
kernel_initializer='glorot_uniform', recurrent_initializer='orthogonal',
bias_initializer='zeros', kernel_regularizer=None, recurrent_regularizer=None,
bias_regularizer=None, activity_regularizer=None, kernel_constraint=None,
recurrent_constraint=None, bias_constraint=None, dropout=0.0,
recurrent_dropout=0.0)
```

参数说明如下：

- units：输出维度。
- activation：激活函数，为预定义的激活函数名（参考激活函数）。
- use_bias：布尔值，是否使用偏置项。
- kernel_initializer：权值初始化方法，为预定义初始化方法名的字符串，或用于初始化权重的初始化器。
- recurrent_initializer：循环核的初始化方法，为预定义初始化方法名的字符串，或用于初始化权重的初始化器。
- bias_initializer：权值初始化方法，为预定义初始化方法名的字符串，或用于初始化权重的初始化器。
- kernel_regularizer：施加在权重上的正则项。
- bias_regularizer：施加在偏置向量上的正则项。
- recurrent_regularizer：施加在循环核上的正则项。
- activity_regularizer：施加在输出上的正则项。
- kernel_constraints：施加在权重上的约束项。
- recurrent_constraints：施加在循环核上的约束项。
- bias_constraints：施加在偏置上的约束项。
- dropout：0~1 的浮点数，控制输入线性变换的神经元断开的比例。
- recurrent_dropout：0~1 的浮点数，控制循环状态的线性变换的神经元断开的比例。

7.3.2 单向不行，那就双向

有读者可能注意到，在本章开始处创建的使用循环神经网络语音识别特征识别的主模型中，无论是在GRU还是LSTM层的外面，还套有一个从没有出现过的函数：

```
tf.keras.layers.Bidirectional
```

Bidirectional函数是双向传输函数，其目的是将相同的信息以不同的方式呈现给循环网络，可以提高精度并缓解遗忘问题。双向GRU是一种常见的GRU变体，常用于自然语言处理任务。

GRU特别依赖于顺序或时间，它按顺序处理输入序列的时间步，而打乱时间步或反转时间步会完全改变 GRU从序列中提取的表示。正是由于这个原因，如果顺序对问题很重要（比如室温预测等问题），GRU的表现会很好。双向GRU利用了这种顺序敏感性，每个GRU分别沿一个方向对输入序列进行处理（时间正序和时间逆序），然后将它们的表示合并在一起，如图7.22所示。通过沿这两个方向处理序列，双向GRU有可能捕捉到被单项GRU所忽视的一些状态信息。

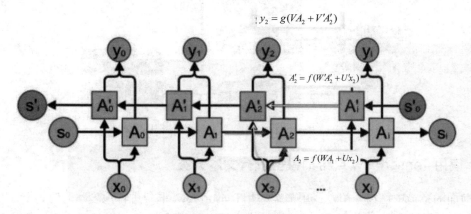

图 7.22　双向 GRU

一般来说，按时间正序的模型会优于按时间逆序的模型。但是对于文本分类这类问题来讲，一个单词对理解句子的重要性通常并不取决于它在句子中的位置。即用正序序列和逆序序列，或者随机打乱"词语（不是字）"出现的位置，性能几乎相同，这证实了一个假设：虽然单词顺序对理解语言很重要，但使用哪种顺序并不重要。

$$\vec{h}_{it} = \overrightarrow{\text{GRU}}(x_{it}, t \in [1, T])$$
$$\overleftarrow{h}_{it} = \overleftarrow{\text{GRU}}(x_{it}, t \in [T, 1])$$

双向循环层还有一个好处是，在机器学习中，如果一种数据表示不同但有用，那么总是值得加以利用，这种表示与其他表示的差异越大越好，它们提供了查看数据的全新角度，抓住了数据中被其他方法忽略的内容，因此可以提高模型在某个任务上的性能。

至于tf.keras.layers.Bidirectional函数的使用，请读者记住笔者的使用方法，直接套在GRU层的外部即可。

7.4　站在巨人肩膀上的语音识别

现在回顾一下第1章向读者介绍的第一个语音识别——基于特征词唤醒的例子，笔者所用到的主模型是一个1D卷积神经网络，而在第6章向读者介绍了ResNet，虽然ResNet是作为图像分类的模型使用的，但其同样可以作为语音识别的特征抽取模型，如图7.23所示。

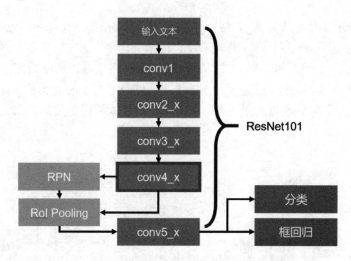

图 7.23　ResNet 作为自然语言处理的特征提取器

7.4.1　使用 TensorFlow 自带的模型进行文本分类

在前面的章节中已经介绍过，用户在调用TensorFlow 框架进行深度学习时，除了自定义各种模型外，还可以直接使用TensorFlow自带的预定义模型进行数据处理。更为贴心的是，TensorFlow在提供各种预定义模型时，还提供了各种预定义模型参数供下载（本章只使用预定义参数进行文本分类的特征提取，而不使用预训练参数）。

第一步：预训练模型的载入

TensorFlow中有哪些预训练模型在前面的章节中已经做了介绍，这里不再赘述。下面使用ResNet这个最常用和经典的模型作为特征提取的模型，其使用也很方便，代码如下：

```
resnet_layer = tf.keras.applications.ResNet50(include_top=False, weights=None)
```

这是直接调用定义在Keras中的预训练模型，对于不同的ResNet模型层数，这里只使用ResNet50作为目标模型。

ResNet50中还需要对参数进行设置，其中重要的是include_top和weights两个参数，include_top用于提示ResNet是否以模型本身的分类层结果进行输出，而weights确定了是否使用预训练参数。在本例中只使用ResNet作为特征提取的模型，因此不使用预训练的参数。

当然，也可以使用预训练模型直接打印其summary描述，代码如下：

```
import tensorflow as tf
#调用预训练模型
resnet_layer = tf.keras.applications.ResNet50(include_top=False, weights=None)
print(resnet_layer.summary())
```

结果展示如图7.24所示。

这里只展示了一小部分层名称和参数打印结果，有兴趣的读者可以自行打印查验。

```
activation_47 (Activation)      (None, None, None, 5 0          bn5c_branch2b[0][0]
_____
res5c_branch2c (Conv2D)         (None, None, None, 2 1050624    activation_47[0][0]
_____
bn5c_branch2c (BatchNormalizati (None, None, None, 2 8192       res5c_branch2c[0][0]
_____
add_15 (Add)                    (None, None, None, 2 0          bn5c_branch2c[0][0]
                                                                activation_45[0][0]
_____
activation_48 (Activation)      (None, None, None, 2 0          add_15[0][0]
================================================================================
Total params: 23,587,712
Trainable params: 23,534,592
Non-trainable params: 53,120
```

图 7.24　打印结果

第二步：使用预训练模型进行文本分类

使用预训练模型进行文本分类实际上只需要使用预训练模型代替GRU层进行特征提取即可，使用TensorFlow自带的模型进行特征提取的代码如下：

```
class WaveClassic(tf.keras.layers.Layer):
    def __init__(self):
        super(WaveClassic, self).__init__()

    def build(self, input_shape):
        #创建了使用自带函数作为特征提取层
        self.resnet_layer = tf.keras.applications.ResNet50(include_top=False, weights=None)

        self.last_dense = tf.keras.layers.Dense(40,activation=tf.nn.softmax)
        super(WaveClassic, self).build(input_shape)   # 一定要在最后调用它

    def call(self, inputs):
        embedding = inputs
        embedding = tf.tile(tf.expand_dims(embedding,axis=3),[1,1,1,3])

        embedding = self.resnet_layer(embedding)

        embedding = tf.keras.layers.Flatten()(embedding)
        logits = self.last_dense(embedding)
        return logits
```

可能有读者会注意到，在call函数中使用自定义的ResNet进行特征提取前，先对输入的数据进行了一次expand_dims和tile函数操作。这两个函数的作用是对输入的embedding进行扩展，使得原本的维度[batch_size,feature_size,embedding_size]转化成[batch_size, feature_size, embedding_size,3]。

对于使用TensorFlow自带的ResNet来说,输入维度必须是一个大小为4的矩阵,因此通过人为地对其进行扩展,使得输入的数据在结构上满足ResNet的要求。具体内容请参考第1章的模型框架进行训练,只需要替换掉waveClassic这个文件的主函数中即可。

最终结果如图7.25所示。

```
325/325 [==============================] - 270s 830ms/step - loss: 0.6078 - accuracy: 0.7827
Epoch 6/10
325/325 [==============================] - 276s 850ms/step - loss: 0.3463 - accuracy: 0.8515
Epoch 7/10
325/325 [==============================] - 260s 800ms/step - loss: 0.2568 - accuracy: 0.8965
Epoch 8/10
325/325 [==============================] - 256s 788ms/step - loss: 0.2161 - accuracy: 0.9119
Epoch 9/10
325/325 [==============================] - 259s 798ms/step - loss: 0.1834 - accuracy: 0.9262
Epoch 10/10
325/325 [==============================] - 258s 793ms/step - loss: 0.1859 - accuracy: 0.9269
```

图 7.25 使用 ResNet 进行语音识别训练结果

经过10轮的训练,可以看到准确率已经达到0.92。有兴趣的读者可以增加循环训练的次数,从而获得更高的成绩。

7.4.2 用 VGGNET 替换 ResNet 是否可行

除了使用ResNet进行特征提取外,还可以使用其他的预训练模型进行特征提取,例如VGGNET。对于VGGNET的构造,笔者不再描述。读者只需要知道的是,VGGNET的诞生标志着深度学习作为一种合理有效的解决问题的工具,真正被实现和利用起来了。

TensorFlow的预训练模型同样带有VGG的模型模块,调用方式和ResNet相同,并且同样需要屏蔽顶部分类层和预训练参数,代码如下:

```
vgg = tf.keras.applications.VGG16(include_top=False, weights=None)
```

训练结果如图7.26所示。

```
325/325 [==============================] - 288s 887ms/step - loss: 0.5963 - accuracy: 0.7688
Epoch 7/10
325/325 [==============================] - 276s 848ms/step - loss: 0.5332 - accuracy: 0.7888
Epoch 8/10
325/325 [==============================] - 288s 885ms/step - loss: 0.5200 - accuracy: 0.7900
Epoch 9/10
325/325 [==============================] - 295s 908ms/step - loss: 0.5280 - accuracy: 0.7846
Epoch 10/10
325/325 [==============================] - 288s 885ms/step - loss: 0.5268 - accuracy: 0.7869
```

图 7.26 使用 VGG16 进行语音识别训练结果

有兴趣的读者可以测试更多的自带模型的特征提取能力。

7.5 本章小结

本章着重介绍了语音识别中具有里程碑意义的、基于循环神经网络的语音识别模型，同时教会读者使用TensorFlow自带的模型用作特征提取器，以及编写自定义的模型用作特征提取器。相比较而言，使用专用的自定义模型较TensorFlow自带的模型效果更好，训练时间更少。

实际上，无论是开始的循环神经网络模型，还是TensorFlow自带的模型，对于最终的分类器来说，都起到特征提取和转换的作用。因此，可以将其名称统一定义为"转换器"。

转换器是自然语言处理中常用的概念，其目的是对文本中的字符或词组进行编码，从而将字符和文本信息传送到深度学习模型中进行必要的处理和训练。

接下来的两章内容将介绍自然语言处理中的一些基础知识，即字符的表示方法——Word Embedding以及使用注意力机制的拼音-文字转换模型，这些都是后续的语音识别中需要了解的知识。

第 8 章

梅西-阿根廷+意大利=？：
有趣的词嵌入实战

使用深度学习进行语音识别这一项工作并不是单独存在的，而是自然语言处理这一较大主题下的一个小分支，因此在进行后续的学习之前，需要了解和掌握自然语言处理的一些基本内容和方法，即词嵌入（Word Embedding）的创建和使用方法，以及拼音到文字的转换过程，这分别是本章和下一章的内容。

Word Embedding是什么？为什么要进行Word Embedding？在深入了解之前，先看几个例子：

- 在购买商品或者入住酒店后，会邀请顾客填写相关的评价表明对服务的满意程度。
- 使用几个词在搜索引擎上搜索一下。
- 有些博客网站会在博客下面标记一些相关的标签。

那么问题来了，这些是怎么做到的呢？

实际上这是文本处理后的应用，目的是用这些文本进行情绪分析、同义词聚类、文章分类和打标签。

读者在读文章或者评论的时候，可以准确地说出这个文章大致讲了什么、评论的倾向如何，但是计算机怎么做到的呢？计算机可以匹配字符串，然后告诉用户是否与所输入的字符串相同，但是我们怎么能让计算机在搜索梅西的时候告诉用户有关足球或者皮耶罗的事情？

Word Embedding由此诞生，它就是对文本的数字表示。通过其表示和计算可以使得计算机很容易地得到如下公式：

梅西 - 阿根廷 + 意大利 = 皮耶罗

本章将着重介绍Word Embedding的相关内容，首先通过多种计算Word Embedding的方式，循序渐进地讲解如何获取对应的Word Embedding，之后使用Word Embedding进行文本分类。

8.1　文本数据处理

无论是使用深度学习还是传统的自然语言处理方式，一个非常重要的内容就是将自然语言转换成计算机可以识别的特征向量。文本的预处理就是如此，通过文本分词、词向量训练、特征词抽取这几个主要步骤，组建能够代表文本内容的矩阵向量。

8.1.1　数据集介绍和数据清洗

新闻分类数据集AG是由学术社区ComeToMyHead提供的，是从2000多不同的新闻来源搜集的超过一百万的新闻文章，用于研究分类、聚类、信息获取（排序、搜索）等非商业活动。在此基础上，Xiang Zhang为了研究需要，从中提取了127 600样本，其中抽出120 000作为训练集，7 600作为测试集，按以下4类进行分类：

- World
- Sports
- Business
- Sci/Tec

数据集一般使用CSV文件存储，打开后格式如图8.1所示。

3	Wall St. Bears Claw Back Into the Black (Reuters)	Reuters - Short-sellers, Wall Street's dwindling\band of ultra-cynics, are seeing green again.
3	Carlyle Looks Toward Commercial Aerospace (Reuters)	Reuters - Private investment firm Carlyle Group,\which has a reputation for making well-timed and occasionally\controversial play
3	Oil and Economy Cloud Stocks' Outlook (Reuters)	Reuters - Soaring crude prices plus worries\about the economy and the outlook for earnings are expected to\hang over the stock ma
3	Iraq Halts Oil Exports from Main Southern Pipeline (	Reuters - Authorities have halted oil export\flows from the main pipeline in southern Iraq after\intelligence showed a rebel mili
3	Oil prices soar to all-time record, posing new menac	AFP - Tearaway world oil prices, toppling records and straining wallets, present a new economic menace barely three months before
3	Stocks End Up, But Near Year Lows (Reuters)	Reuters - Stocks ended slightly higher on Friday\but stayed near lows for the year as oil prices surged past #36;46\a barrel, of
3	Money Funds Fell in Latest Week (AP)	AP - Assets of the nation's retail money market mutual funds fell by #36;1.17 billion in the latest week to #36;849.98 trillion
3	Fed minutes show dissent over inflation (USATODAY.co	USATODAY.com - Retail sales bounced back a bit in July, and new claims for jobless benefits fell last week, the government said T
3	Safety Net (Forbes.com)	Forbes.com - After earning a PH.D. in Sociology, Danny Bazil Riley started to work as the general manager at a commercial real es
3	Wall St. Bears Claw Back Into the Black	NEW YORK (Reuters) - Short-sellers, Wall Street's dwindling band of ultra-cynics, are seeing green again.
3	Oil and Economy Cloud Stocks' Outlook	NEW YORK (Reuters) - Soaring crude prices plus worries about the economy and the outlook for earnings are expected to hang ove
3	No Need for OPEC to Pump More-Iran Gov	TEHRAN (Reuters) - OPEC can do nothing to douse scorching oil prices when markets are already oversupplied by 2.8 million barr
3	Non-OPEC Nations Should Up Output-Purnomo	JAKARTA (Reuters) - Non-OPEC oil exporters should consider increasing output to cool record crude prices, OPEC President Purno
3	Google IPO Auction Off to Rocky Start	WASHINGTON/NEW YORK (Reuters) - The auction for Google Inc.'s highly anticipated initial public offering got off to a rocky st
3	Dollar Falls Broadly on Record Trade Gap	NEW YORK (Reuters) - The dollar tumbled broadly on Friday after data showing a record U.S. trade deficit in June cast fresh do
3	Rescuing an Old Saver	If you think you may need to help your elderly relatives with their finances, don't be shy about having the money talk -- soon.
3	Kids Rule for Back-to-School	The purchasing power of kids is a big part of why the back-to-school season has become such a huge marketing phenomenon.
3	In a Down Market, Head Toward Value Funds	There is little cause for celebration in the stock market these days, but investors in value-focused mutual funds have reason to
3	US trade deficit swells in June	The US trade deficit has exploded 19 to a record \$55.8bn as oil costs drove imports higher, according to a latest figures.
3	Shell 'could be target for Total'	Oil giant Shell could be bracing itself for a takeover attempt, possibly from French rival Total, a press report claims.
3	Google IPO faces Playboy slip-up	The bidding gets underway for Google's public offering, despite last-minute worries over an interview with its bosses in Playboy
3	Eurozone economy keeps growing	Official figures show the 12-nation eurozone economy continues to grow, but there are warnings it may slow down later in the year
3	Expansion slows in Japan	Economic growth in Japan slows down as the country experiences a drop in domestic and corporate spending.
3	Rand falls on shock SA rate cut	Interest rates are trimmed to 7.5 by the South African central bank, but the lack of warning hits the rand and surprises markets
3	Car prices down across the board	The cost of buying both new and second hand cars fell sharply over the past five years, a new survey has found.
3	South Korea lowers interest rates	South Korea's central bank cuts interest rates by a quarter percentage point to 3.5 in a bid to drive growth in the economy.
3	Google auction begins on Friday	An auction of shares in Google, the web search engine which could be floated for as much as \$36bn, takes place on Friday.

图 8.1　Ag_news 数据集

第1列是新闻分类，第2列是新闻标题，第3列是新闻的正文部分，使用“,”和“.”作为断句的符号。

由于拿到的数据集是由社区自动化存储和收集的，因此无可避免地存有大量的数据杂质：

```
Reuters - Was absenteeism a little high\on Tuesday among the guys at the office? EA Sports would like\to think it was because "Madden NFL 2005" came out that day,\and some fans of the football simulation are rabid enough to\take a sick day to play it.

Reuters - A group of technology companies\including Texas Instruments Inc. (TXN.N), STMicroelectronics\(STM.PA) and Broadcom Corp. (BRCM.O), on Thursday said they\will propose a new wireless networking standard up to 10 times\the speed of the current generation.
```

第一步：数据的读取与存储

数据集的存储格式为CSV，需要按列对数据进行读取，代码如下：

【程序 8-1】

```python
import csv
agnews_train = csv.reader(open("./dataset/train.csv","r"))
for line in agnews_train:
    print(line)
```

结果如图8.2所示。

```
['2', 'Sharapova wins in fine style', 'Maria Sharapova and Amelie Mauresmo opened their challenges at the WTA Champ:
['2', 'Leeds deny Sainsbury deal extension', 'Leeds chairman Gerald Krasner has laughed off suggestions that he has
['2', 'Rangers ride wave of optimism', 'IT IS doubtful whether Alex McLeish had much time eight weeks ago to dwell
['2', 'Washington-Bound Expos Hire Ticket Agency', 'WASHINGTON Nov 12, 2004 - The Expos cleared another logistical
['2', 'NHL #39;s losses not as bad as they say: Forbes mag', 'NEW YORK - Forbes magazine says the NHL #39;s financi.
['1', 'Resistance Rages to Lift Pressure Off Fallujah', 'BAGHDAD, November 12 (IslamOnline.net amp; News Agencies)
```

图 8.2　Ag_news 中的数据形式

读取的train中的每行数据内容默认以逗号分隔，按列依次存储在序列的不同位置中。为了分类方便，可以使用不同的数组将数据按类别进行存储。当然，也可以根据需要使用Pandas，但是为了后续操作和运算速度，这里主要使用Python原生函数和NumPy进行计算。

【程序 8-2】

```python
import csv
agnews_label = []
agnews_title = []
agnews_text = []
agnews_train = csv.reader(open("./dataset/train.csv","r"))
for line in agnews_train:
    agnews_label.append(line[0])
    agnews_title.append(line[1].lower())
    agnews_text.append(line[2].lower())
```

可以看到，不同的内容被存储在不同的数组之中，并且统一将所有的字符转换成小写，便于后续的计算。

第二步：文本的清洗

文本中除了常用的标点符号外，还包含着大量的特殊字符，因此需要对文本进行清洗。

文本清洗的方法一般使用正则表达式，可以匹配'a'～'z'、'A'～'Z'或者'0'～'9'的范围之外的所有字符，并用空格代替，这个方法无须指定所有标点符号，代码如下：

```python
import re
text = re.sub(r"[^a-z0-9]"," ",text)
```

这里re是Python中对应正则表达式的Python包，字符串"^"的意义是求反，即只保留要求的字符，而替换非要求保留的字符。通过更细的分析可以知道，文本清洗中除了将不需要的符号使用空格替换外,还产生了一个问题,即空格数目过多和在文本的首尾有空格残留,这样同样影响文本的读取,因此还需要对替换符号后的文本进行二次处理。

【程序 8-3】
```python
import re
def text_clear(text):
    text = text.lower()                         #将文本转化成小写
    text = re.sub(r"[^a-z0-9]"," ",text)        #替换非标准字符,^是求反操作
    text = re.sub(r" +", " ", text)             #替换多重空格
    text = text.strip()                         #取出首尾空格
    text = text.split(" ")                      #对句子按空格分隔
    return text
```

由于加载了新的数据清洗工具,因此在读取数据时可以使用自定义的函数将文本信息处理后存储,代码如下:

【程序 8-4】
```python
import csv
import tools
import numpy as np
agnews_label = []
agnews_title = []
agnews_text = []
agnews_train = csv.reader(open("./dataset/train.csv","r"))
for line in agnews_train:
    agnews_label.append(np.float32(line[0]))
    agnews_title.append(tools.text_clear(line[1]))
    agnews_text.append(tools.text_clear(line[2]))
```

这里使用了额外的包和NumPy函数对数据进行处理,因此可以获得处理后比较干净的数据,如图8.3所示。

```
pilots union at united makes pension deal
quot us economy growth to slow down next year quot
microsoft moves against spyware with giant acquisition
aussies pile on runs
manning ready to face ravens 39 aggressive defense
gambhir dravid hit tons as india score 334 for two night lead
croatians vote in presidential elections mesic expected to win second term afp
nba wrap heat tame bobcats to extend winning streak
historic turkey eu deal welcomed
```

图 8.3　处理后的 Ag_news 数据

8.1.2　停用词的使用

观察分好词的文本集,每组文本中除了能够表达含义的名词和动词外,还有大量没有意义的副词,例如'is'、'are'、'the'等。这些词的存在并不会给句子增加太多含义,反而由于出现

频率过多会影响其他词的分析。因此，为了减少我们要处理的词汇量，降低后续程序的复杂度，需要清除停用词。清除停用词一般用的是NLTK工具包。安装代码如下：

```
conda install nltk
```

除了安装NLTK外，还有一个非常重要的内容是，仅仅依靠安装NLTK并不能够使用停用词，需要额外地下载NLTK停用词包，建议读者通过控制端进入NLTK，之后运行如图8.4所示的命令，打开NLTK的下载控制端：

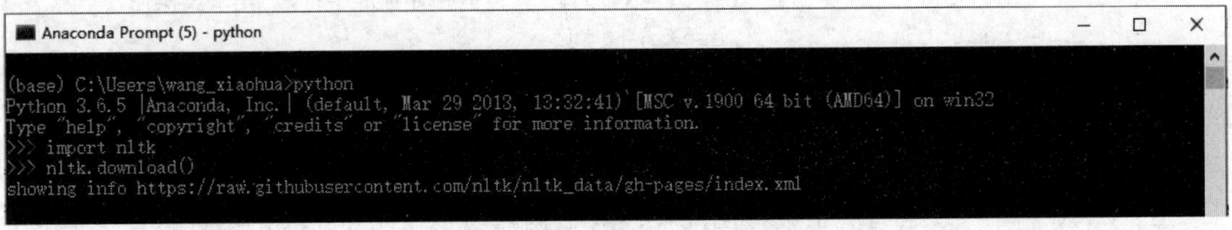

图 8.4　安装 NLTK 并打开控制台

打开控制端，如图8.5所示。

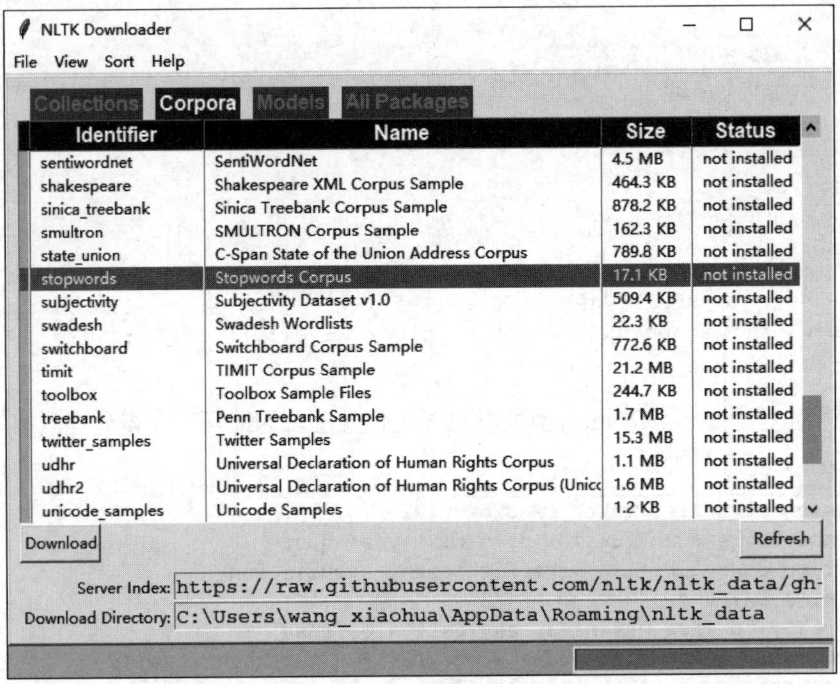

图 8.5　NLTK 控制台

在Corpora标签下选择stopwords，单击Download按钮下载数据。下载后验证方法如下：

```
stoplist = stopwords.words('english')
print(stoplist)
```

stoplist将停用词获取到一个数组列表中，打印结果如图8.6所示。

第 8 章 梅西-阿根廷+意大利=？：有趣的词嵌入实战

```
['i', 'me', 'my', 'myself', 'we', 'our', 'ours', 'ourselves', 'you', "you're", "you've", "you'll", "you'd", 'your', 'yours',
'yourself', 'yourselves', 'he', 'him', 'his', 'himself', 'she', "she's", 'her', 'hers', 'herself', 'it', "it's", 'its', 'itself', 'they',
'them', 'their', 'theirs', 'themselves', 'what', 'which', 'who', 'whom', 'this', 'that', "that'll", 'these', 'those', 'am',
'is', 'are', 'was', 'were', 'be', 'been', 'being', 'have', 'has', 'had', 'having', 'do', 'does', 'did', 'doing', 'a', 'an', 'the',
'and', 'but', 'if', 'or', 'because', 'as', 'until', 'while', 'of', 'at', 'by', 'for', 'with', 'about', 'against', 'between', 'into',
'through', 'during', 'before', 'after', 'above', 'below', 'to', 'from', 'up', 'down', 'in', 'out', 'on', 'off', 'over', 'under',
'again', 'further', 'then', 'once', 'here', 'there', 'when', 'where', 'why', 'how', 'all', 'any', 'both', 'each', 'few',
'more', 'most', 'other', 'some', 'such', 'no', 'nor', 'not', 'only', 'own', 'same', 'so', 'than', 'too', 'very', 's', 't', 'can',
'will', 'just', 'don', "don't", 'should', "should've", 'now', 'd', 'll', 'm', 'o', 're', 've', 'y', 'ain', 'aren', "aren't", 'couldn',
"couldn't", 'didn', "didn't", 'doesn', "doesn't", 'hadn', "hadn't", 'hasn', "hasn't", 'haven', "haven't", 'isn', "isn't",
'ma', 'mightn', "mightn't", 'mustn', "mustn't", 'needn', "needn't", 'shan', "shan't", 'shouldn', "shouldn't",
'wasn', "wasn't", 'weren', "weren't", 'won', "won't", 'wouldn', "wouldn't"]
```

图 8.6　停用词数据

接下来将停用词数据加载到文本清洁器中，此外，由于英文文本的特殊性，单词会具有不同的变化和变形，例如后缀'ing'和'ed'可以丢弃，'ies'可以用'y'替换，等等。这样可能会变成不是完整词的词干，但是只要将这个词的所有形式都还原成同一个词干即可。NLTK中对这部分词干还原的处理使用的函数为：

```
PorterStemmer().stem(word)
```

整体代码如下：

```
def text_clear(text):
    text = text.lower()                                    #将文本转化成小写
    text = re.sub(r"[^a-z0-9]"," ",text)                   #替换非标准字符，^是求反操作
    text = re.sub(r" +", " ", text)                        #替换多重空格
    text = text.strip()                                    #取出首尾空格
    text = text.split(" ")
    text = [word for word in text if word not in stoplist] #去除停用词
    text = [PorterStemmer().stem(word) for word in text]   #还原词干部分
    text.append("eos")                                     #添加结束符
    text = ["bos"] + text                                  #添加开始符
    return text
```

这样生成的最终结果如图8.7所示。

```
['baghdad', 'reuters', 'daily', 'struggle', 'dodge', 'bullets', 'bombings', 'enough', 'many', 'iraqis', 'face', 'freezing'
['abuja', 'reuters', 'african', 'union', 'said', 'saturday', 'sudan', 'started', 'withdrawing', 'troops', 'darfur', 'ahead
['beirut', 'reuters', 'syria', 'intense', 'pressure', 'quit', 'lebanon', 'pulled', 'security', 'forces', 'three', 'key', '
['karachi', 'reuters', 'pakistani', 'president', 'pervez', 'musharraf', 'said', 'stay', 'army', 'chief', 'reneging', 'pled
['red', 'sox', 'general', 'manager', 'theo', 'epstein', 'acknowledged', 'edgar', 'renteria', 'luxury', '2005', 'red', 'sox
['miami', 'dolphins', 'put', 'courtship', 'lsu', 'coach', 'nick', 'saban', 'hold', 'comply', 'nfl', 'hiring', 'policy', 'i
```

图 8.7　生成的数据

可以看到，相对于未处理过的文本，获取的是相对干净的文本数据。下面对文本的清洁处理步骤做一个总结。

- Tokenization：将句子进行拆分，以单个词或者字符的形式予以存储，文本清洁函数中 text.split 函数执行的就是这个操作。
- Normalization：将词语正则化，lower 函数和 PorterStemmer 函数做了此方面的工作，将数据转为小写和还原词干。

- Rare word replacement：对于出现频率较低的词语予以替换，一个词频小于 5 的词语被替换成一个特殊的 Token <UNK>。本文由于训练集和测试词语比较集中的缘故，没有使用这个步骤。
- Add <BOS> <EOS>：添加每个句子的开始和结束标识符。
- Long Sentence Cut-Off or short Sentence Padding：对于过长的句子进行截取，对于过短的句子进行补全。

笔者在处理的时候由于模型的需要，并没有完整地使用以上多个方面。在不同的项目中，读者可以自行斟酌使用。

8.1.3 词向量训练模型 Word2Vec 使用介绍

Word2Vec（见图8.8）是Google在2013年推出的一个NLP工具，它的特点是将所有的词向量化，这样词与词之间就可以定量地去度量它们之间的关系，挖掘词之间的联系。

用词向量来表示词并不是Word2Vec的首创，在很久之前就出现了。最早的词向量非常冗长，使用词向量维度的大小为整个词汇表的大小，对于每个具体的词汇表中的词，将对应的位置置为1。

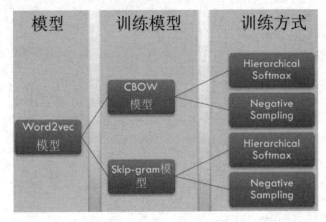

图 8.8　Word2Vec 模型

例如5个词组成的词汇表，词"Queen"的序号为2，那么它的词向量就是(0,1,0,0,0)(0,1,0,0,0)。同样的道理，词"Woman"的词向量就是(0,0,0,1,0)(0,0,0,1,0)。这种词向量的编码方式一般叫作1-of-N Representation或者One-Hot。

One-Hot用来表示词向量非常简单，但是有很多问题。最大的问题是词汇表一般都非常大，比如达到百万级别，这样每个词都用百万维的向量来表示基本是不可能的。而且这样的向量除了一个位置是1，其余的位置全部都是0，表达的效率不高。将其使用在卷积神经网络中，网络将难以收敛。

Word2Vec是一种可以解决One-Hot的方法，它的思路是通过训练将每个词都映射到一个较短的词向量上来。所有的这些词向量就构成了向量空间，进而可以用普通的统计学方法来研究词与词之间的关系。

Word2Vec具体的训练方法主要有两部分：CBOW模型和Skip-Gram模型。

（1）CBOW模型：CBOW模型又称连续词袋模型，是一个三层神经网络。如图8.9所示，该模型的特点是输入已知上下文，输出对当前单词的预测。

（2）Skip-Gram模型：Skip-Gram模型与CBOW模型正好相反，由当前词预测上下文，如图8.10所示。

Word2Vec更为细节的训练模型和训练方式这里不做讨论。接下来将主要介绍训练一个可以获得和使用的Word2Vec向量。

对于词向量的模型训练提出了很多方法，最简单的是使用Python工具包中的gensim包对数据进行训练。

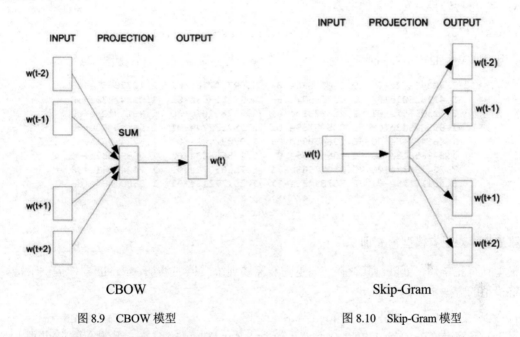

图 8.9　CBOW 模型　　　　　　　图 8.10　Skip-Gram 模型

第一步：训练 Word2Vec 模型

对词模型进行训练，代码非常简单：

```
from gensim.models import word2vec        #导入gensim包
model = word2vec.Word2Vec(agnews_text,size=64, min_count = 0,window = 5)  #设置训练参数
model_name = "corpusWord2Vec.bin"                    #模型存储名
model.save(model_name)                               #存储训练好的模型
```

首先在代码中导入gensim包，之后Word2Vec函数根据设定的参数对Word2Vce模型进行训练。这里略微解释一下主要参数。Word2Vec的主要参数如下：

```
Word2Vec(sentences, workers=num_workers, size=num_features, min_count = min_word_count, window = context, sample = downsampling, iter = 5)
```

其中，sentences是输入数据，workers是并行运行的线程数，size是词向量的维数，min_count是最小的词频，window是上下文窗口大小，sample是对频繁词汇下采样设置，iter是循环的次数。如果没有特殊要求，按默认值设置即可。

save函数用于将生成的模型进行存储供后续使用。

第二步：word2vec 模型的使用

模型的使用非常简单，代码如下：

```
text = "Prediction Unit Helps Forecast Wildfires"
text = tools.text_clear(text)
print(model[text].shape)
```

其中text是需要转换的文本，同样调用text_clear函数对文本进行清理。之后使用训练好的模型对文本进行转换。转换后的文本内容如下：

```
['bos', 'predict', 'unit', 'help', 'forecast', 'wildfir', 'eos']
```

计算后的Word2Vec文本向量实际上是一个[7,64]大小的矩阵，部分如图8.11所示。

```
[[-2.30043262e-01   9.95051086e-01  -5.99774718e-01  -2.18779755e+00
  -2.42732501e+00   1.42853677e+00   4.19419765e-01   1.01147270e+00
   3.12305957e-01   9.40802813e-01  -1.26786101e+00   1.90110123e+00
  -1.00584543e+00   5.89528739e-01   6.55723274e-01  -1.54996490e+00
  -1.46146846e+00  -6.19645091e-03   1.97032082e+00   1.67241061e+00
   1.04563618e+00   3.28550845e-01   6.12566888e-01   1.49095607e+00
   7.72413433e-01  -8.21017563e-01  -1.71305871e+00   1.74249041e+00
   6.58117175e-01  -2.38789499e-01  -1.29177213e-01   1.35001493e+00
```

图 8.11 Word2Vec 文本向量

第三步：对已有模型补充训练

模型训练完毕后，可以对其存储，但是随着需要训练文档的增加，gensim同样提供了持续性训练模型的方法，代码如下：

```
from gensim.models import word2vec                              #导入gensim包
model = word2vec.Word2Vec.load('./corpusWord2Vec.bin')          #载入存储的模型
model.train(agnews_title, epochs=model.epochs, total_examples=
model.corpus_count)                                             #继续模型训练
```

可以看到，Word2Vec提供了加载存储模型的函数。之后train函数继续对模型进行训练，可以看到在最初的训练集中，agnews_text作为初始的训练文档，而agnews_title是后续训练部分，这样可以合在一起，作为更多的训练文件进行训练。完整代码如下：

【程序 8-5】

```
import csv
import tools
import numpy as np
agnews_label = []
agnews_title = []
agnews_text = []
agnews_train = csv.reader(open("./dataset/train.csv","r"))
for line in agnews_train:
    agnews_label.append(np.float32(line[0]))
```

```
        agnews_title.append(tools.text_clear(line[1]))
        agnews_text.append(tools.text_clear(line[2]))

print("开始训练模型")
from gensim.models import word2vec
model = word2vec.Word2Vec(agnews_text,size=64, min_count = 0,window = 5, iter=128)
model_name = "corpusWord2Vec.bin"
model.save(model_name)
from gensim.models import word2vec
model = word2vec.Word2Vec.load('./corpusWord2Vec.bin')
model.train(agnews_title, epochs=model.epochs, total_examples=model.corpus_count)
```

模型的使用在第二步已经做了介绍,请读者自行完成。

对于需要训练的数据集和需要测试的数据集,一般而言建议读者在使用的时候一起予以训练,这样才能够获得最好的语义标注。在现实工程中,对数据的训练往往都有着极大的训练样本,文本容量能够达到几十吉字节甚至上百吉字节的数据,因而不会产生词语缺失的问题,所以在实际工程中,只需要在训练集上对文本进行训练即可。

8.1.4 文本主题的提取:基于 TF-IDF(选学)

一般来说,文本的提取主要涉及以下几种:

- 基于 TF-IDF(Term Frenquency-Inverse Document Frequency)的文本关键字提取。
- 基于 TextRank 的文本关键词提取。

此外,还有很多模型和方法能够帮助进行文本抽取,特别是对于大文本内容。本书由于篇幅关系,对这方面的内容并不展开描述,有兴趣的读者可以参考相关教程。下面先介绍基于 TF-IDF 的文本关键字提取。

TF-IDF 简介

目标文本经过文本清洗和停用词的去除后,一般可以认为剩下的均为有着目标含义的词。如果需要对其特征进行进一步的提取,那么提取的应该是那些能代表文章的元素,包括词、短语、句子、标点以及其他信息的词。从词的角度考虑,需要提取对文章表达贡献度大的词。TF-IDF 的公式定义如图8.12所示。

TF-IDF

For a term i in document j:

$$w_{i,j} = tf_{i,j} \times \log\left(\frac{N}{df_i}\right)$$

$tf_{i,j}$ = number of occurrences of i in j
df_i = number of documents containing i
N = total number of documents

图 8.12 TF-IDF 的公式定义

TF-IDF 是一种用于资讯检索与信息勘测的常用加权技术。TF-IDF 是一种统计方法,用来衡量一个词对一个文件集的重要程度。字词的重要性与其在文件中出现的次数成正比,而与其在文件集中出现的次数成反比。该算法在数据挖掘、文本处理和信息检索等领域得到了广泛的应用,最常见的应用是从一篇文章中提取文章的关键词。

TF-IDF的主要思想是：如果某个词或短语在一篇文章中的TF高，并且在其他文章中很少出现，则认为此词或者短语具有很好的类别区分能力，适合用来分类。其中TF表示词条在文章中出现的频率。

$$词频（TF）= \frac{某个词在单个文本中出现的次数}{某个词在整个语料库中出现的次数}$$

IDF的主要思想是，包含某个词的文档越少，则这个词的区分度就越大，也就是IDF越大。

$$逆文档频率（IDF）= \log\left(\frac{语料库的文本总数}{语料库中包含该词的文本数+1}\right)$$

而TF-IDF的计算实际上就是TF×IDF。

$$TF\text{-}IDF=词频×逆文档频率=TF×IDF$$

第一步：TF-IDF 的实现。

首先是IDF的计算，代码如下：

```
import math
def idf(corpus):                        # corpus为输入的全部语料文本库文件
    idfs = {}
    d = 0.0
    # 统计词出现次数
    for doc in corpus:
        d += 1
        counted = []
        for word in doc:
            if not word in counted:
                counted.append(word)
                if word in idfs:
                    idfs[word] += 1
                else:
                    idfs[word] = 1
    # 计算每个词的逆文档值
    for word in idfs:
        idfs[word] = math.log(d/float(idfs[word]))
    return idfs
```

下一步是使用计算好的IDF计算每个文档的TF-IDF值：

```
idfs = idf(agnews_text)                 #获取计算好的文本中每个词的IDF词频
for text in agnews_text:                #获取文档集中的每个文档
    word_tfidf = {}
    for word in text:                   #依次获取每个文档中的每个词
        if word in word_tfidf:          #计算每个词的词频
            word_tfidf[word] += 1
        else:
```

```
            word_tfidf[word] = 1
    for word in word_tfidf:
        word_tfidf[word] *= idfs[word]          #计算每个词的TF-IDF值
```

计算TF-IDF的完整代码如下：

【程序 8-6】

```
import math
def idf(corpus):
    idfs = {}
    d = 0.0
    # 统计词出现的次数
    for doc in corpus:
        d += 1
        counted = []
        for word in doc:
            if not word in counted:
                counted.append(word)
                if word in idfs:
                    idfs[word] += 1
                else:
                    idfs[word] = 1
    # 计算每个词的逆文档值
    for word in idfs:
        idfs[word] = math.log(d/float(idfs[word]))
    return idfs
idfs = idf(agnews_text)     #获取计算好的文本中每个词的IDF词频，agnews_text是经过处理
的语料库文档，在8.1.1小节有详细介绍
for text in agnews_text:                    #获取文档集中的每个文档
    word_tfidf = {}
    for word in text:                       #依次获取每个文档中的每个词
        if word in word_idf:                #计算每个词的词频
            word_tfidf[word] += 1
        else:
            word_tfidf[word] = 1
    for word in word_tfidf:
        word_tfidf[word] *= idfs[word]    # word_tfidf为计算后的每个词的TF-IDF值

    values_list = sorted(word_tfidf.items(), key=lambda item: item[1],
reverse=True) #按value排序
    values_list = [value[0] for value in values_list]   #生成排序后的单个文档
```

第二步：将重排的文档根据训练好的Word2Vec向量建立一个有限量的词矩阵，请读者自行完成。

第三步：将 TF-IDF 单独定义为一个类。

将TF-IDF的计算函数单独整合到一个类中，这样方便后续使用，代码如下：

【程序 8-7】

```python
class TFIDF_score:
    def __init__(self,corpus,model = None):
        self.corpus = corpus
        self.model = model
        self.idfs = self.__idf()

    def __idf(self):
        idfs = {}
        d = 0.0
        # 统计词出现次数
        for doc in self.corpus:
            d += 1
            counted = []
            for word in doc:
                if not word in counted:
                    counted.append(word)
                    if word in idfs:
                        idfs[word] += 1
                    else:
                        idfs[word] = 1
        # 计算每个词逆文档值
        for word in idfs:
            idfs[word] = math.log(d / float(idfs[word]))
        return idfs

    def __get_TFIDF_score(self, text):
        word_tfidf = {}
        for word in text:                              # 依次获取每个文档中的每个词
            if word in word_tfidf:                     # 计算每个词的词频
                word_tfidf[word] += 1
            else:
                word_tfidf[word] = 1
        for word in word_tfidf:
            word_tfidf[word] *= self.idfs[word]   # 计算每个词的TFIDF值
        values_list = sorted(word_tfidf.items(), key=lambda word_tfidf: word_tfidf[1], reverse=True)  #将TF-IDF数据按重要程度从大到小排序
        return values_list

    def get_TFIDF_result(self,text):
        values_list = self.__get_TFIDF_score(text)
        value_list = []
        for value in values_list:
            value_list.append(value[0])
        return (value_list)
```

使用方法如下：

```
tfidf = TFIDF_score(agnews_text)          #agnews_text为获取的数据集
for line in agnews_text:
value_list = tfidf.get_TFIDF_result(line)
print(value_list)
print(model[value_list])
```

其中agnews_text为从文档中获取的正文数据集。

8.1.5 文本主题的提取：基于 TextRank（选学）

TextRank算法的核心思想来源于著名的网页排名算法PageRank。PageRank是Sergey Brin与Larry Page于1998年在WWW7会议上提出来的，用来解决链接分析中网页排名的问题。PageRank算法如图8.13所示。在衡量一个网页的排名时，可以根据感觉认为：

- 当一个网页被更多网页所链接时，其排名会越靠前。
- 排名高的网页应具有更大的表决权，即当一个网页被排名高的网页所链接时，其重要性也对应提高。

TextRank算法与PageRank算法类似，其将文本拆分成最小组成单元，即词汇，作为网络节点，组成词汇网络图模型，如图8.14所示。TextRank算法在迭代计算词汇权重时与PageRank算法一样，理论上是需要计算边权的，但是为了简化计算，通常会默认相同的初始权重，以及在分配相邻词汇权重时进行均分。

图 8.13　PageRank 算法

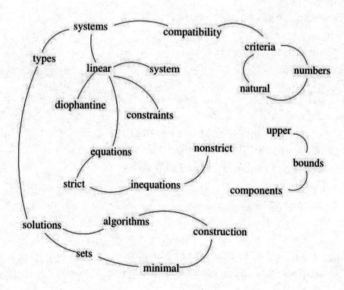

图 8.14　TextRank 算法

1. TextRank 前置介绍

TextRank用于对文本关键词进行提取，步骤如下：

- 把给定的文本 T 按照完整句子进行分割。
- 对于每个句子进行分词和词性标注处理，并过滤掉停用词，只保留指定词性的单词，如名词、动词、形容词等。
- 构建候选关键词图 G = (V,E)，其中 V 为节点集，由每个词之间的相似度作为连接的边值。
- 根据下面的公式，迭代传播各节点的权重，直至收敛。

$$WS(V_i) = (1-d) + d \times \sum_{V_j \in \text{In}(V_i)} \frac{w_{ji}}{\sum_{V_k \in \text{Out}(V_j)} w_{ji}} WS(V_j)$$

对节点权重进行倒序排序，作为按重要程度排列的关键词。

2. TextRank 类的实现

整体TextRank的实现代码如下：

【程序 8-8】

```python
class TextRank_score:
    def __init__(self,agnews_text):
        self.agnews_text = agnews_text
        self.filter_list = self.__get_agnews_text()
        self.win = self.__get_win()
        self.agnews_text_dict = self.__get_TextRank_score_dict()

    def __get_agnews_text(self):
        sentence = []
        for text in self.agnews_text:
            for word in text:
                sentence.append(word)
        return sentence

    def __get_win(self):
        win = {}
        for i in range(len(self.filter_list)):
            if self.filter_list[i] not in win.keys():
                win[self.filter_list[i]] = set()
            if i - 5 < 0:
                lindex = 0
            else:
                lindex = i - 5
            for j in self.filter_list[lindex:i + 5]:
                win[self.filter_list[i]].add(j)
        return win
    def __get_TextRank_score_dict(self):
```

```python
            time = 0
            score = {w: 1.0 for w in self.filter_list}
            while (time < 50):
                for k, v in self.win.items():
                    s = score[k] / len(v)
                    score[k] = 0
                    for i in v:
                        score[i] += s
                time += 1
            agnews_text_dict = {}
            for key in score:
                agnews_text_dict[key] = score[key]
            return agnews_text_dict

    def __get_TextRank_score(self, text):
        temp_dict = {}
        for word in text:
            if word in self.agnews_text_dict.keys():
                temp_dict[word] = (self.agnews_text_dict[word])
        values_list = sorted(temp_dict.items(), key=lambda word_tfidf:
                     word_tfidf[1],reverse=False)   # 将TextRank数据按重要程度从大到小排序
        return values_list
    def get_TextRank_result(self,text):
        temp_dict = {}
        for word in text:
            if word in self.agnews_text_dict.keys():
                temp_dict[word] = (self.agnews_text_dict[word])
        values_list = sorted(temp_dict.items(), key=lambda word_tfidf:
word_tfidf[1], reverse=False)
        value_list = []
        for value in values_list:
            value_list.append(value[0])
        return (value_list)
```

TextRank是另一种能够实现关键词抽取的方法。此外，还有基于相似度聚类以及其他一些方法。相对于本书对应的数据集来说，对于文本的提取并不是必需的。本节为选学内容，有兴趣的读者可以自行学习。

8.2　更多的 Word Embedding 方法
——fastText 和预训练词向量

在实际的模型计算过程中，Word2Vec是一个最常用、最重要的将"字"转换成"字嵌入（Word Embedding）"的方式。

对于普通的文本来说，人类所了解和掌握的信息传递方式并不能简易地被计算机所理解，因此Word Embedding是目前来说解决向计算机传递文字信息的最好的方式，如图8.15所示。

随着研究人员对Word Embedding的深入研究和计算机处理能力的提高，提出了更多、更好的方法，例如使用新的fastText和预训练的词嵌入模型对数据进行处理。

本节从方法上介绍fastText的训练和预训练词向量的使用。

单词	长度为 3 的词向量		
我	0.3	-0.2	0.1
爱	-0.6	0.4	0.7
我	0.3	-0.2	0.1
的	0.5	-0.8	0.9
祖	-0.4	0.7	0.2
国	-0.9	0.3	-0.4

图 8.15　Word Embedding

8.2.1　fastText 的原理与基础算法

相对于传统的Word2Vec计算方法，fastText是一种更为快速和新的计算Word Embedding的方法，其优点主要有以下几个方面：

- fastText在保持高精度的情况下加快了训练速度和测试速度。
- fastText对Word Embedding的训练更加精准。
- fastText采用两个重要的算法：N-Gram（第一次出现这个词，下文有说明）和Hierarchical Softmax。

算法一：

首先相对于Word2Vec中采用的CBOW架构，fastText采用的是N-Gram架构，如图8.16所示。

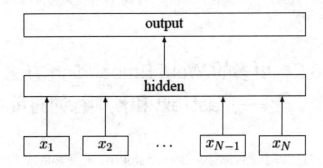

图 8.16　N-Gram 架构

其中，$x_1, x_2, \ldots, x_{N-1}, x_N$表示一个文本中的N-Gram向量，每个特征是词向量的平均值。这里顺便介绍一下N-Gram的意义。

N-Gram常用的有3种：1-Gram、2-Gram和3-Gram，分别对应一元、二元和三元。

以"我想去成都吃火锅"为例，对其进行分词处理，得到下面的数组：["我","想","去","成","都","吃","火","锅"]。这就是1-Gram，分词的时候对应一个滑动窗口，窗口大小为1，所以每次只取一个值。

同理，假设使用2-Gram就会得到["我想","想去","去成","成都","都吃","吃火","火锅"]。N-Gram模型认为词与词之间有关系的距离为N，如果超过N，则认为它们之间没有联系，所以就不会出现"我成","我去"这些词。

如果使用3-Gram，就是["我想去","想去成","去成都",...]。

N理论上可以设置为任意值，但是一般设置成上面3种类型就够了。

算法二：

当语料类别较多时，使用hierarchical Softmax(hs)减轻计算量。fastText中的hierarchical Softmax利用Huffman树实现，将词向量作为叶子节点，之后根据词向量构建Huffman树，如图8.17所示。

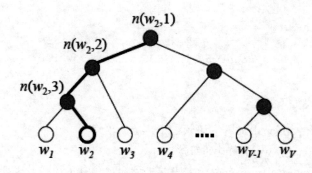

图8.17 hierarchical Softmax 架构

hierarchical Softmax的算法比较复杂，这里就不过多阐述了，有兴趣的读者可以自行研究。

8.2.2 fastText 训练以及与 TensorFlow 2.X 的协同使用

前面介绍完架构和理论，本小节开始使用fastText。这里主要介绍中文部分的fastText处理。

第一步：数据收集与分词

为了演示fastText的使用，构造如图8.18所示的数据集。

```
text = [
"卷积神经网络在图像处理领域获得了极大成功，其结合特征提取和目标训练为一体的模型能够最好地利用已有的信息对结果进行反馈训练。",
"对于文本识别的卷积神经网络来说，同样也是充分利用特征提取时提取的文本特征来计算文本特征权值大小的，归一化处理需要处理的数据。",
"这样使得原来的文本信息抽象成一个向量化的样本集，之后将样本集和训练好的模板输入卷积神经网络进行处理。",
"本节将在上一节的基础上使用卷积神经网络实现文本分类的问题，这里将采用两种主要基于字符的和基于word embedding形式的词卷积神经网络处理方法。",
"实际上无论是基于字符的还是基于word embedding形式的处理方式都是可以相互转换的，这里只介绍使用基本的使用模型和方法，更多的应用还需读者自行挖掘和设计。",
]
```

图8.18 演示数据集

text中是一系列的短句文本，以每个逗号为一句进行区分，一个简单的处理函数如下：

```
import jieba
jieba_cut_list = []
for line in text:
    jieba_cut = jieba.lcut(line)
    jieba_cut_list.append(jieba_cut)
print(jieba_cut)
```

打印结果如下：

```
['卷积', '神经网络', '在', '图像处理', '领域', '获得', '了', '极大', '成功', ',', '', '其', '结合', '特征提取', '和', '目标', '训练', '为', '一体', '的', '模型
['对于', '文本', '识别', '的', '卷积', '神经网络', '来说', ',', '同样', '也', '是', '充分利用', '特征提取', '时', '提取', '的', '文本', '特征', '来', '计算
['这样', '使得', '原来', '的', '文本', '信息', '抽象', '成', '一个', '向', '量化', '的', '样本', '集', ',', '', '之后', '将', '样本', '集', '和', '训练', '好
['本节', '将', '在', '上', '一节', '的', '基础', '上', '使用', '卷积', '神经网络', '实现', '文本', '分类', '的', '问题', ',', '', '这里', '将', '采用', '两种
['实际上', '无论是', '基于', '字符', '的', '还是', '基于', 'wordEmbedding', '形式', '的', '处理', '方式', '都', '是', '可以', '相互', '转换', '的', ',', ',
```

可以看到，其中每一行根据jieba的分词模型进行分词处理，之后存在每一行中的是已经被分过词的数据。

第二步：使用 gensim 中的 fastText 进行词嵌入计算

gensim.models中除了含有前文介绍过的Word2Vec函数外，还含有fastText的专用计算类，代码如下：

```
from gensim.models import fastText
model = fastText(min_count=5,size=300,window=7,workers=10,iter=50,seed=17,sg=1,hs=1)
```

fastText参数定义如下：

- min_count (int, optional)：忽略词频小于此值的单词。
- size (int, optional)：word 向量的维度。
- window (int, optional)：一个句子中当前单词和被预测单词的最大距离。
- workers (int, optional)：训练模型时使用的线程数。
- sg ({0, 1}, optional)：模型的训练算法：1 代表 skip-gram，0 代表 CBOW。
- hs ({0, 1}, optional)：1 采用 hierarchical Softmax 训练模型，0 采用负采样。
- iter：模型迭代的次数。
- seed (int, optional)：随机数发生器种子。

在定义的fastText类中，依次设定了最低词频度、单词训练的最大距离、迭代数以及训练模型等。完整训练例子如下：

【程序 8-9】

```
text = [
"卷积神经网络在图像处理领域获得了极大成功,其结合特征提取和目标训练为一体的模型能够最好地利用已有的信息对结果进行反馈训练。",
"对于文本识别的卷积神经网络来说,同样也是充分利用特征提取时提取的文本特征来计算文本特征权值大小的,归一化处理需要处理的数据。",
```

"这样使得原来的文本信息抽象成一个向量化的样本集,之后将样本集和训练好的模板输入卷积神经网络进行处理。",
"本节将在上一节的基础上使用卷积神经网络实现文本分类的问题,这里将采用两种主要基于字符的和基于word embedding形式的词卷积神经网络处理方法。",
"实际上无论是基于字符的还是基于word embedding形式的处理方式都是可以相互转换的,这里只介绍使用基本的使用模型和方法,更多的应用还需要读者自行挖掘和设计。"
]
import jieba
jieba_cut_list = []
for line in text:
    jieba_cut = jieba.lcut(line)
    jieba_cut_list.append(jieba_cut)

from gensim.models import fasttext

model = fasttext(min_count=5,size=300,window=7,workers=10,iter=50,seed=17,sg=1,hs=1)
model.build_vocab(jieba_cut_list)
model.train(jieba_cut_list, total_examples=model.corpus_count, epochs=model.iter) #这里使用笔者给出的固定格式即可
model.save("./models/xiaohua_fasttext_model_jieba.model")
```

model中的build_vocab函数是对数据进行词库建立,而train函数是对model模型训练模式的设定,这里使用笔者给出的格式即可。

最后是训练好的模型存储问题,这里模型被存储在models文件夹中。

**第三步:使用训练好的 fastText 进行参数读取**

使用训练好的fastText进行参数读取也很方便,直接载入训练好的模型,之后将待测试的文本输入即可,代码如下:

```
from gensim.models import fastText

model = fastText.load("./models/xiaohua_fasttext_model_jieba.model")
embedding = (model["卷积","神经网络"])    #卷积与神经网络,这两个词都是经过预训练的
print(embedding)
```

与训练过程不同的是,这里fastText使用自带的load函数将保存的模型载入,之后类似于传统的list方式将已训练过的值打印出来,结果如图8.19所示。

> **注　　意**
>
> fastText的模型只能打印已训练过的词向量,而不能打印未经过训练的词向量,在上例中,模型输出的值是已经过训练的"卷积"和"神经网络"这两个词。
```

```
[[ 1.23337319e-03 -9.69461864e-04 -4.65232151e-04  1.65295496e-05
    6.20143139e-04  3.27190675e-04 -5.20014262e-04 -4.33940208e-04
    8.33714148e-06 -1.41896703e-03  6.71732007e-04 -2.83392437e-04
   -8.72086384e-04 -4.66861471e-04  5.24930423e-04  1.78475538e-03
    3.34764016e-04  6.07557013e-05  2.41720420e-03  2.02693231e-03
   -5.14851243e-04  2.17236055e-04 -1.65287266e-03 -5.34027582e-04
    8.42795998e-04 -2.87764735e-04 -8.72804667e-05  1.26866275e-03
   -5.43480506e-04  2.25654570e-04 -7.17494229e-04  1.42720155e-03
```

图 8.19 打印结果

打印输出值维度如下：

```
print(embedding.shape)
```

结果如下：

(2, 300)

第四步：继续使用已有的 fastText 模型进行词嵌入训练

有时需要在训练好的模型上继续做词嵌入训练，可以利用已训练好的模型或者利用计算机碎片时间进行迭代训练，在理论上，数据集内容越多，训练时间越长，训练精确度越高。

```
model = fastText.load("./models/xiaohua_fasttext_model_jieba.model")
model.build_vocab(second_sentences, update=True)   # second_sentences是新的训练数据，处理方法和前面一样
model.train(second_sentences, total_examples=model.corpus_count, epochs=6)
model.min_count = 10
model.save("./models/xiaohua_fasttext_model_jieba.model")
```

在这里需要额外设置一些 model 的参数，读者可以仿照笔者编写的代码格式。

第五步：提取 fastText 模型训练结果，作为预训练词嵌入数据（读者一定要注意位置对应关系）

训练好的 fastText 模型可以在深度学习的预训练词嵌入输入模型中使用，相对于随机生成的向量，预训练的词嵌入数据带有部分位置以及语义信息。

获取预训练好的词嵌入数据代码如下：

```
def get_embedding_model(Word2VecModel):
    vocab_list = [word for word, Vocab in Word2VecModel.wv.vocab.items()]   # 存储所有的词语

    word_index = {" ": 0}   # 初始化 [word : token]，后期 tokenize 语料库就是用的该词典
    word_vector = {}   # 初始化[word : vector]字典

    # embeddings_matrix是定义的一个用以存储所有已训练词向量的矩阵，初始化值全为0
```

```python
    # 行数为所有单词数+1，比如10000+1；列数为词向量"维度"，比如100
    embeddings_matrix = np.zeros((len(vocab_list) + 1, Word2VecModel.vector_size))

    # 填充上述的字典和大矩阵
    for i in range(len(vocab_list)):
        word = vocab_list[i]  # 每个词语
        word_index[word] = i + 1  # 词语：序号
        word_vector[word] = Word2VecModel.wv[word]  # 词语：词向量
        embeddings_matrix[i + 1] = Word2VecModel.wv[word]  # 词向量矩阵

    #这里的word_vector数据量较大时不好打印
    return word_index, word_vector, embeddings_matrix  #word_index和embeddings_matrix的作用在下文中阐述
```

在上面示例代码中，首先通过迭代方法获取训练的词库列表，之后建立字典，使得词和序列号一一对应。

返回值分别是3个数值：word_index、word_vector和embeddings_matrix，这里word_index是词的序列，embeddings_matrix是生成的与词向量表所对应的Embedding矩阵。这里需要提示的是，实际上Embedding可以根据传入的数据不同而对其位置进行修正，但是此修正必须伴随word_index一起进行位置改变。

embeddings_matrix的构成由下列函数完成：

```python
import tensorflow as tf
embedding_table = tf.keras.layers.Embedding(input_dim=len(embeddings_matrix),
output_dim=300,weights=[embeddings_matrix],trainable=False)
```

这里训练好的embeddings_matrix被作为参数传递给TensorFlow 2中的Embedding列表进行设置。需要注意的是，对于其部分参数，需要根据传入的embeddings_matrix进行设置，这里读者只需要遵循这种写法即可。

在TensorFlow的Embedding中进行look_up的查询时，传入的是每个字符的序号，因此需要一个"编码器"将字符编码为对应的序号。

```python
    # #对每个句子进行编码并以序列的形式返回
    # 这个只能对单个字，对词语切词的时候无法处理
    def tokenizer(texts, word_index):
        token_indexs = []
        for sentence in texts:
            new_txt = []
            for word in sentence:
                try:
                    new_txt.append(word_index[word])  # 把句子中的词语转化为index
                except:
                    new_txt.append(0)
            token_indexs.append(new_txt)
        return token_indexs
```

tokenizer函数用作对单词的序列化,这里根据上文生成的word_index对每个词语进行编号。

下面的代码段使用训练好的预训练参数进行测试,打印相同字符在fastText中的词嵌入值以及读取到TensorFlow中的Embedding矩阵中的对应值,代码如下:

【程序8-10】

```
import numpy as np
import gensim

def get_embedding_model(Word2VecModel):
    vocab_list = [word for word, Vocab in Word2VecModel.wv.vocab.items()]  # 存储所有的词语

    word_index = {" ": 0}  # 初始化 [word : token],后期 tokenize 语料库就是用的该词典
    word_vector = {}  # 初始化[word : vector]字典

    # 初始化存储所有向量的大矩阵,并使用 padding进行补0
    # 行数为所有单词数+1,比如 10000+1;列数为词向量"维度",比如100
    embeddings_matrix = np.zeros((len(vocab_list) + 1, Word2VecModel.vector_size))

    ## 填充上述的字典和大矩阵
    for i in range(len(vocab_list)):
        word = vocab_list[i]                                    # 每个词语
        word_index[word] = i + 1                                # 词语:序号
        word_vector[word] = Word2VecModel.wv[word]              # 词语:词向量
        embeddings_matrix[i + 1] = Word2VecModel.wv[word]       # 词向量矩阵

    #这里的 word_vector 不好打印
    return word_index, word_vector, embeddings_matrix

# #对每个句子进行编码并以序列的形式返回
# 这个只能对单个字,对词语切词的时候无法处理
def tokenizer(texts, word_index):
    token_indexs = []
    for sentence in texts:
        new_txt = []
        for word in sentence:
            try:
                new_txt.append(word_index[word])  # 把句子中的词语转化为index
            except:
                new_txt.append(0)
        token_indexs.append(new_txt)
    return token_indexs

if __name__ == "__main__":
```

```
## 1 获取gensim的模型
model = gensim.models.word2vec.Word2Vec.load("./models/
xiaohua_fasttext_model_jieba.model")
word_index, word_vector, embeddings_matrix = get_embedding_model(model)

token_indexes = tokenizer("卷积",word_index)
print(token_indexes)

#下面是对embedding_table的实现
import tensorflow as tf
embedding_table = tf.keras.layers.Embedding(input_dim=
len(embeddings_matrix),output_dim=300,weights=[embeddings_matrix],
trainable=False)

char = "卷积"
char_index = word_index[char]

#下面是一个小测试，分别打印对应词嵌入的前5个值
print(model[char][:5])
print((embedding_table(np.array([[char_index]])))[0][0][:5])
```

打印结果如图8.20所示。可以看到，无论使用读取的Embedding矩阵，还是使用TensorFlow 2.X构建的Embedding表格，对于相同的字符来说其值都是相同的，因此可以认为TensorFlow载入了fastText的预训练参数。

```
[ 1.2333732e-03 -9.6946186e-04 -4.6523215e-04  1.6529550e-05
  6.2014314e-04]
2020-02-29 09:14:51.577953: I tensorflow/stream_executor/platform/default/
2020-02-29 09:14:51.727246: I tensorflow/core/common_runtime/gpu/gpu_device
name: GeForce GTX 1660 Ti major: 7 minor: 5 memoryClockRate(GHz): 1.77
pciBusID: 0000:01:00.0
2020-02-29 09:14:51.727909: I tensorflow/stream_executor/platform/default/
2020-02-29 09:14:51.728589: I tensorflow/core/common_runtime/gpu/gpu_device
2020-02-29 09:14:51.731195: I tensorflow/core/platform/cpu_feature_guard.c
2020-02-29 09:14:51.734921: I tensorflow/core/common_runtime/gpu/gpu_device
name: GeForce GTX 1660 Ti major: 7 minor: 5 memoryClockRate(GHz): 1.77
pciBusID: 0000:01:00.0
2020-02-29 09:14:51.735061: I tensorflow/stream_executor/platform/default/
2020-02-29 09:14:51.735435: I tensorflow/core/common_runtime/gpu/gpu_device
2020-02-29 09:14:54.123569: I tensorflow/core/common_runtime/gpu/gpu_devic
2020-02-29 09:14:54.123682: I tensorflow/core/common_runtime/gpu/gpu_devic
2020-02-29 09:14:54.123746: I tensorflow/core/common_runtime/gpu/gpu_devic
2020-02-29 09:14:54.125479: I tensorflow/core/common_runtime/gpu/gpu_devic
tf.Tensor(
[ 1.2333732e-03 -9.6946186e-04 -4.6523215e-04  1.6529550e-05
  6.2014314e-04], shape=(5,), dtype=float32)
```

图8.20　打印结果

8.2.3　使用其他预训练参数做 TensorFlow 词嵌入矩阵（中文）

无论是使用Word2Vec还是fastText作为训练基础都是可以的。但是对于个人用户或者规模不大的公司来说，做一个庞大的预训练项目是一个费时费力的工程。

他山之石，可以攻玉。为什么不借助其他免费的训练好的词向量作为使用基础呢？如图8.21所示。

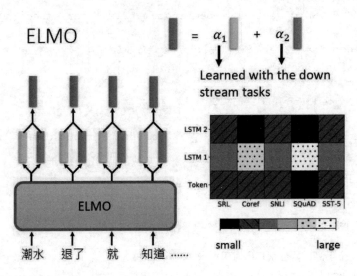

图 8.21　他山之石

在中文部分，比较常用且免费的词嵌入预训练数据为腾讯的词向量，地址如下：

https://ai.tencent.com/ailab/nlp/embedding.html

下载界面如图8.22所示。

Tencent AI Lab Embedding Corpus for Chinese Words and Phrases

A corpus on continuous distributed representations of Chinese words and phrases.

Introduction

This corpus provides 200-dimension vector representations, a.k.a. embeddings, for over 8 million Chinese words and phrases, which are pre-trained on large-scale high-quality data. These vectors, capturing semantic meanings for Chinese words and phrases, can be widely applied in many downstream Chinese processing tasks (e.g., named entity recognition and text classification) and in further research.

Data Description

Download the corpus from: Tencent_AILab_ChineseEmbedding.tar.gz.

The pre-trained embeddings are in ***Tencent_AILab_ChineseEmbedding.txt***. The first line shows the total number of embeddings and their dimension size, separated by a space. In each line below, the first column indicates a Chinese word or phrase, followed by a space and its embedding. For each embedding, its values in different dimensions are separated by spaces.

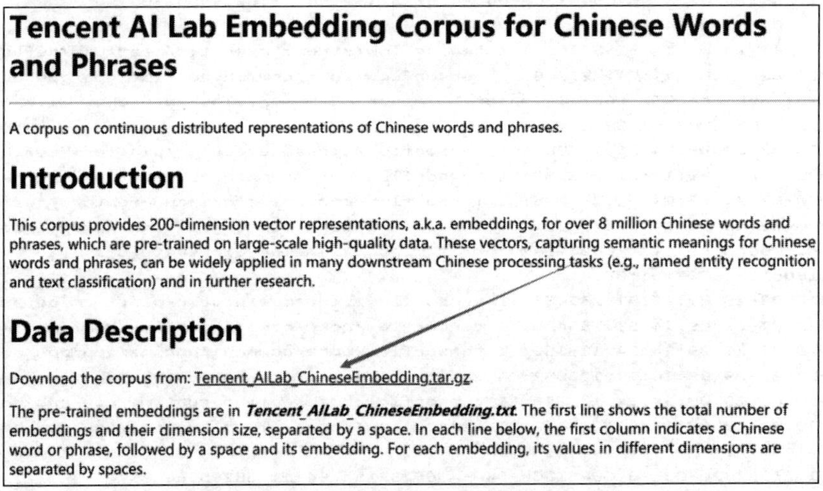

图 8.22　腾讯的词向量

下面使用TensorFlow 2.X载入预训练模型进行词矩阵的初始化。

```
from gensim.models.word2vec import KeyedVectors
wv_from_text = KeyedVectors.load_word2vec_format(file, binary=False)
```

接下来的步骤与8.2.2小节的程序相似，读者可以自行编写完成。

8.3 针对文本的卷积神经网络模型：字符卷积

卷积神经网络在图像处理领域获得了极大的成功，其结合特征提取和目标训练为一体的模型，能够很好地利用已有的信息对结果进行反馈训练。

对于文本识别的卷积神经网络来说，同样也是充分利用特征提取时提取的文本特征来计算文本特征权值大小，归一化需要处理的数据。这样使得原来的文本信息抽象成一个向量化的样本集，之后将样本集和训练好的模板输入卷积神经网络进行处理。

本节将在上一节的基础上使用卷积神经网络实现文本分类的问题，这里将采用两种主要的基于字符的和基于Word Embedding形式的词卷积神经网络处理方法。实际上，无论是基于字符的还是基于Word Embedding形式的处理方式都是可以相互转换的，这里只介绍基本的使用模型和方法，更多的应用还需要读者自行挖掘和设计。

8.3.1 字符（非单词）文本的处理

本小节将介绍基于字符的CNN处理方法。基于单词的卷积处理内容将在8.4节介绍。

任何一个英文单词都是由字母构成的，因此可以简单地将英文单词拆分成字母的表示形式：

```
hello -> ["h","e","l","l","o"]
```

这样可以看到一个单词 "hello" 被人为地拆分成 "h" "e" "l" "l" "o" 这5个字母。而对于Hello的处理有两种方法，即采用One-Hot的方式和采用Word Embedding的方式。这样的话，"hello" 这个单词就被转成一个[5,n]大小的矩阵，本例中采用One-Hot的方式处理。

使用卷积神经网络计算字符矩阵，对于每个单词拆分成的数据，根据不同的长度对其进行卷积处理，提取出高层抽象概念。这样做的好处是不需要使用预训练好的词向量和语法、句法结构等信息。此外，字符级还有一个好处就是可以很容易地推广到所有语言中。使用CNN处理字符文本分类的原理如图8.23所示。

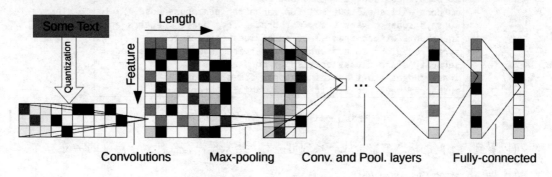

图 8.23　使用 CNN 处理字符文本分类

第一步：标题文本的读取与转化

对于Agnews数据集来说，每个分类的文本记录既有对应的分类，又有标题和文本内容，对于文本内容的抽取，这里直接使用标题文本的方法进行处理，如图8.24所示。

```
3 Money Funds Fell in Latest Week (AP)
3 Fed minutes show dissent over inflation (USATODAY.com)
3 Safety Net (Forbes.com)
3 Wall St. Bears Claw Back Into the Black
3 Oil and Economy Cloud Stocks' Outlook
3 No Need for OPEC to Pump More-Iran Gov
3 Non-OPEC Nations Should Up Output-Purnomo
3 Google IPO Auction Off to Rocky Start
3 Dollar Falls Broadly on Record Trade Gap
3 Rescuing an Old Saver
3 Kids Rule for Back-to-School
3 In a Down Market, Head Toward Value Funds
```

图 8.24　AG_news 标题文本

读取标题和label的程序，读者可参考8.1节的内容自行完成。由于只是对文本标题进行处理，因此在进行数据清洗的时候不用处理停用词和进行词干还原。对于空格，由于是字符计算，因此不需要保留空格，直接将其删除即可。完整代码如下：

```
def text_clearTitle(text):
    text = text.lower()                        #将文本转化成小写
    text = re.sub(r"[^a-z]"," ",text)          #替换非标准字符，^是求反操作
    text = re.sub(r" +", " ", text)            #替换多重空格
    text = text.strip()                        #取出首尾空格
    text = text + " eos"                       #添加结束符，注意eos前面有一个空格
    return text
```

这样获取的结果如图8.25所示。

```
wal mart dec sales still seen up pct eos
sabotage stops iraq s north oil exports eos
corporate cost cutters miss out eos
murdoch will shell out mil for manhattan penthouse eos
au says sudan begins troop withdrawal from darfur reuters eos
insurgents attack iraq election offices reuters eos
syria redeploys some security forces in lebanon reuters eos
security scare closes british airport ap eos
iraqi judges start quizzing saddam aides ap eos
musharraf says won t quit as army chief reuters eos
```

图 8.25　AG_news 标题文本抽取结果

可以看到，不同的标题被整合成一系列可能对人类来说没有任何表示意义的字符。

第二步：文本的 One-Hot 处理

下面对生成的字符串进行One-Hot处理，处理的方式非常简单，首先建立一个26个字母的字符表：

```
alphabet_title = "abcdefghijklmnopqrstuvwxyz"
```

根据不同字符在字母表中的位置进行编码，编码位置设置成1，其他为0，例如字符"c"在字符表中是第3个字符，那么获取的字符矩阵为：

[0,0,1,0,0,0,0,0,0,0,0,0,0,0,0,0,0,0,0,0,0,0,0,0,0,0]

其他的类似，代码如下：

```
def get_One-Hot(list):
    values = np.array(list)
    n_values = len(alphabet_title) + 1
    return np.eye(n_values)[values]
```

这段代码的作用是将生成的字符序列转换成矩阵，如图8.26所示。

```
[1,2,3,4,5,6,0]  ->   [[0. 1. 0. 0. 0. 0. 0. 0. 0. 0. 0. 0. 0. 0. 0. 0. 0. 0. 0. 0. 0. 0. 0. 0. 0. 0. 0.]
                       [0. 0. 1. 0. 0. 0. 0. 0. 0. 0. 0. 0. 0. 0. 0. 0. 0. 0. 0. 0. 0. 0. 0. 0. 0. 0. 0.]
                       [0. 0. 0. 1. 0. 0. 0. 0. 0. 0. 0. 0. 0. 0. 0. 0. 0. 0. 0. 0. 0. 0. 0. 0. 0. 0. 0.]
                       [0. 0. 0. 0. 1. 0. 0. 0. 0. 0. 0. 0. 0. 0. 0. 0. 0. 0. 0. 0. 0. 0. 0. 0. 0. 0. 0.]
                       [0. 0. 0. 0. 0. 1. 0. 0. 0. 0. 0. 0. 0. 0. 0. 0. 0. 0. 0. 0. 0. 0. 0. 0. 0. 0. 0.]
                       [0. 0. 0. 0. 0. 0. 1. 0. 0. 0. 0. 0. 0. 0. 0. 0. 0. 0. 0. 0. 0. 0. 0. 0. 0. 0. 0.]
                       [1. 0. 0. 0. 0. 0. 0. 0. 0. 0. 0. 0. 0. 0. 0. 0. 0. 0. 0. 0. 0. 0. 0. 0. 0. 0. 0.]]
```

图8.26 字符转化成矩阵示意图

接下来将字符串按字符表中的顺序转换成数字序列，代码如下：

```
def get_char_list(string):
    alphabet_title = "abcdefghijklmnopqrstuvwxyz"
    char_list = []
    for char in string:
        num = alphabet_title.index(char)
        char_list.append(num)
    return char_list
```

这样生成的结果如下：

```
hello -> [7, 4, 11, 11, 14]
```

将代码段整合在一起，最终结果如下：

```
def get_One-Hot(list,alphabet_title = None):
    if alphabet_title == None:                          #设置字符集
        alphabet_title = "abcdefghijklmnopqrstuvwxyz"
    else:alphabet_title = alphabet_title
    values = np.array(list)         #获取字符数列
    n_values = len(alphabet_title) + 1              #获取字符表长度
    return np.eye(n_values)[values]
```

```python
def get_char_list(string,alphabet_title = None):
    if alphabet_title == None:
        alphabet_title = "abcdefghijklmnopqrstuvwxyz"
    else:alphabet_title = alphabet_title
    char_list = []
    for char in string:                          #获取字符串中的字符
        num = alphabet_title.index(char)         #获取对应位置
        char_list.append(num)                    #组合位置编码
    return char_list
#主代码
def get_string_matrix(string):
    char_list = get_char_list(string)
    string_matrix = get_One-Hot(char_list)
    return string_matrix
```

这样生成的结果如图8.27所示。

```
[[0. 0. 0. 0. 0. 0. 0. 1. 0. 0. 0. 0. 0. 0. 0. 0. 0. 0. 0. 0. 0. 0. 0.
  0. 0. 0.]
 [0. 0. 0. 0. 1. 0. 0. 0. 0. 0. 0. 0. 0. 0. 0. 0. 0. 0. 0. 0. 0. 0. 0.
  0. 0. 0.]
 [0. 0. 0. 0. 0. 0. 0. 0. 0. 0. 0. 1. 0. 0. 0. 0. 0. 0. 0. 0. 0. 0. 0.
  0. 0. 0.]
 [0. 0. 0. 0. 0. 0. 0. 0. 0. 0. 0. 1. 0. 0. 0. 0. 0. 0. 0. 0. 0. 0. 0.
  0. 0. 0.]
 [0. 0. 0. 0. 0. 0. 0. 0. 0. 0. 0. 0. 0. 0. 1. 0. 0. 0. 0. 0. 0. 0. 0.
  0. 0. 0.]]
```

图 8.27 转换字符串并进行 One-Hot 处理

可以看到，单词"hello"被转换成一个[5,26]大小的矩阵，供下一步处理。但是这里产生一个新的问题，对于不同长度的字符串，组成的矩阵行长度不同。虽然卷积神经网络可以处理具有不同长度的字符串，但是在本例中还是以相同大小的矩阵作为数据输入进行计算。

第三步：生成文本的矩阵的细节处理：矩阵补全

根据文本标题生成One-Hot矩阵，而上一步中的矩阵生成One-Hot矩阵函数，读者可以自行将其变更成类来使用，这样在使用时更加简易和便捷。此处，笔者将使用单独的函数，也就是将上一步写的函数引入使用。

```python
import csv
import numpy as np
import tools
agnews_title = []
agnews_train = csv.reader(open("./dataset/train.csv","r"))
for line in agnews_train:
    agnews_title.append(tools.text_clearTitle(line[1]))
for title in agnews_title:
    string_matrix = tools.get_string_matrix(title)
    print(string_matrix.shape)
```

打印结果如图8.28所示。

```
(51, 28)
(59, 28)
(44, 28)
(47, 28)
(51, 28)
(91, 28)
(54, 28)
(42, 28)
```

图 8.28 补全后的矩阵维度

可以看到，生成的文本矩阵被整形成一个有一定大小规则的矩阵输出。这里出现了一个新的问题，对于不同长度的文本，单词和字母的多少并不是固定的，虽然对于全卷积神经网络来说，输入的数据维度可以不统一和固定，但是本部分还是对其进行处理。

对于不同长度的矩阵，一个简单的思路就是对其进行规范化处理，即长的截短，短的补长。本文的思路也是如此，代码如下：

```python
def get_handle_string_matrix(string,n = 64):    #n为设定的长度，可以根据需要修正
    string_length= len(string)                  #获取字符串长度
    if string_length > 64:                      #判断是否大于64
        string = string[:64]                    #长度大于64的字符串予以截短
        string_matrix = get_string_matrix(string)  #获取文本矩阵
        return string_matrix
    else:    #对于长度不够的字符串
        string_matrix = get_string_matrix(string)  #获取字符串矩阵
        handle_length = n - string_length          #获取需要补全的长度
        pad_matrix = np.zeros([handle_length,28])  #使用全0矩阵进行补全
        string_matrix = np.concatenate([string_matrix,pad_matrix],axis=0)
        #将字符矩阵和全0矩阵进行叠加，将全0矩阵叠加到字符矩阵后面
        return string_matrix
```

代码分成两部分，首先对不同长度的字符进行处理，对于长度大于64的字符，截取前面部分进行矩阵获取，64是人为设定的大小，也可以根据需要对其进行自由修改。

而对于长度不到64的字符串，则需要对其进行补全，生成由余数构成的全0矩阵，对生成的矩阵进行处理。

这样经过修饰后的代码如下：

```python
import csv
import numpy as np
import tools
agnews_title = []
agnews_train = csv.reader(open("./dataset/train.csv","r"))
for line in agnews_train:
    agnews_title.append(tools.text_clearTitle(line[1]))
for title in agnews_title:
    string_matrix = tools.get_handle_string_matrix(title)
    print(string_matrix.shape)
```

打印结果如图8.29所示。

```
(64, 28)
(64, 28)
(64, 28)
(64, 28)
(64, 28)
(64, 28)
(64, 28)
```

图 8.29　标准化补全后的矩阵维度

第四步：标签的 One-Hot 矩阵构建

对于分类的表示，同样可以使用矩阵的One-Hot方法对其做出分类重构，代码如下：

```
def get_label_One-Hot(list):
    values = np.array(list)
    n_values = np.max(values) + 1
    return np.eye(n_values)[values]
```

仿照One-Hot函数，根据传进来的序列化参数对列表进行重构，形成一个新的One-Hot矩阵，从而能够反映出不同的类别。

第五步：数据集的构建

通过准备文本数据集对文本进行清洗，去除不相干的词提取主干，并根据需要设定矩阵维度和大小，全部代码如下：

```
import csv
import numpy as np
import tools
agnews_label = []                                          #空标签列表
agnews_title = []                                          #空文本标题文档
agnews_train = csv.reader(open("./dataset/train.csv","r"))  #读取数据集
for line in agnews_train:                                  #分行迭代文本数据
    agnews_label.append(np.int(line[0]))                   #将标签读入标签列表
    agnews_title.append(tools.text_clearTitle(line[1]))    #将文本读入
train_dataset = []
for title in agnews_title:
    string_matrix = tools.get_handle_string_matrix(title)   #构建文本矩阵
    train_dataset.append(string_matrix)                     #以文本矩阵读取训练列表
train_dataset = np.array(train_dataset)                     #将原生的训练列表转换成NumPy格式
label_dataset = tools.get_label_One-Hot(agnews_label)       #将label列表转换成One-Hot格式
```

这里首先通过csv库获取全部文本数据，之后逐行将文本和标签读入，分别将其转化成One-Hot矩阵后，利用NumPy库将对应的列表转换成NumPy格式。结果如图8.30所示。

```
(120000, 64, 28)
(120000, 5)
```

图 8.30　标准化转换后的 AG_news

这里分别生成了训练集数量数据和标签数据的One-Hot矩阵列表,训练集的维度为[12000,64,28],第一个数字是总的样本数,第二个和第三个数字分别为生成的矩阵维度。

标签数据为一个二维矩阵,12000是样本的总数,5是类别。这里读者可能会提出疑问:明明只有4个类别,为什么会出现5个,因为One-Hot是从0开始的,而标签的分类是从1开始的,所以会自动生成一个0的标签,这点请读者自行处理。全部tools函数如下,读者可以将其改成类的形式进行处理。

【程序 8-11】

```python
import re
from nltk.corpus import stopwords
from nltk.stem.porter import PorterStemmer
import numpy as np

#对英文文本进行数据清洗
stoplist = stopwords.words('english')
def text_clear(text):
    text = text.lower()                                         #将文本转化成小写
    text = re.sub(r"[^a-z]"," ",text)                           #替换非标准字符,^是求反操作
    text = re.sub(r" +", " ", text)                             #替换多重空格
    text = text.strip()                                         #取出首尾空格
    text = text.split(" ")
    text = [word for word in text if word not in stoplist]      #去除停用词
    text = [PorterStemmer().stem(word) for word in text]        #还原词干部分
    text.append("eos")                                          #添加结束符
    text = ["bos"] + text                                       #添加开始符
    return text
#对标题进行处理
def text_clearTitle(text):
    text = text.lower()                                         #将文本转化成小写
    text = re.sub(r"[^a-z]"," ",text)                           #替换非标准字符,^是求反操作
    text = re.sub(r" +", " ", text)                             #替换多重空格
    #text = re.sub(" ", "", text)                               #替换隔断空格
    text = text.strip()                                         #取出首尾空格
    text = text + " eos"                                        #添加结束符
    return text
#生成标题的One-Hot标签
def get_label_One-Hot(list):
    values = np.array(list)
    n_values = np.max(values) + 1
    return np.eye(n_values)[values]
#生成文本的One-Hot矩阵
def get_One-Hot(list,alphabet_title = None):
    if alphabet_title == None:                                  #设置字符集
        alphabet_title = "abcdefghijklmnopqrstuvwxyz "
    else:alphabet_title = alphabet_title
```

```python
        values = np.array(list)                              #获取字符数列
        n_values = len(alphabet_title) + 1                   #获取字符表长度
        return np.eye(n_values)[values]
#获取文本在词典中的位置列表
def get_char_list(string,alphabet_title = None):
    if alphabet_title == None:
        alphabet_title = "abcdefghijklmnopqrstuvwxyz "
    else:alphabet_title = alphabet_title
    char_list = []
    for char in string:                                      #获取字符串中的字符
        num = alphabet_title.index(char)                     #获取对应位置
        char_list.append(num)                                #组合位置编码
    return char_list
#生成文本矩阵
def get_string_matrix(string):
    char_list = get_char_list(string)
    string_matrix = get_One-Hot(char_list)
    return string_matrix
#获取补全后的文本矩阵
def get_handle_string_matrix(string,n = 64):
    string_length= len(string)
    if string_length > 64:
        string = string[:64]
        string_matrix = get_string_matrix(string)
        return string_matrix
    else:
        string_matrix = get_string_matrix(string)
        handle_length = n - string_length
        pad_matrix = np.zeros([handle_length,28])
        string_matrix = np.concatenate([string_matrix,pad_matrix],axis=0)
        return string_matrix]
#获取数据集
def get_dataset():
    agnews_label = []
    agnews_title = []
    agnews_train = csv.reader(open("./dataset/train.csv","r"))
    for line in agnews_train:
        agnews_label.append(np.int(line[0]))
        agnews_title.append(text_clearTitle(line[1]))
    train_dataset = []
    for title in agnews_title:
        string_matrix = get_handle_string_matrix(title)
        train_dataset.append(string_matrix)
    train_dataset = np.array(train_dataset)
    label_dataset = get_label_One-Hot(agnews_label)
    return train_dataset,label_dataset
```

8.3.2 卷积神经网络文本分类模型的实现：conv1d（一维卷积）

对文本的数据集处理完毕后，下面进入基于卷积神经网络的分辨模型设计。模型的设计多种多样。

如图8.31所示的结构，笔者根据类似的模型设计了一个由5层神经网络构成的文本分类模型，如表8.1所示。

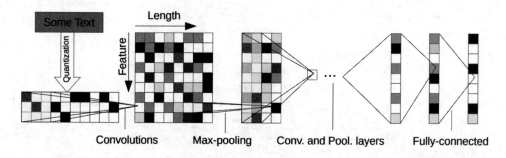

图8.31 使用 CNN 处理字符文本分类

由与层神经网络构成的文本分类模型。

表8.1 由5层神经网络构成的文本分类模型

层 级	神经网络
1	Conv 3×3　1×1
2	Conv 5×5　1×1
3	Conv 3×3　1×1
4	full_connect 512
5	full_connect 5

这里使用的是5层神经网络，前3层基于一维的卷积神经网络，后两层全连接层用于分类任务，代码如下：

```
def char_CNN():
    xs = tf.keras.Input([])
    conv_1 = tf.keras.layers.Conv1D( 1, 3,activation=tf.nn.relu)(xs)   # 第一层卷积
    conv_1 = tf.keras.layers.BatchNormalization(conv_1)

    conv_2 = tf.keras.layers.Conv1D( 1, 5,activation=tf.nn.relu)(conv_1)   # 第二层卷积
    conv_2 = tf.keras.layers.BatchNormalization(conv_2)
    conv_3 = tf.keras.layers.Conv1D( 1, 5,activation=tf.nn.relu)(conv_2)   # 第三层卷积
    conv_3 = tf.keras.layers.BatchNormalization(conv_3)
    flatten = tf.keras.layers.Flatten()(conv_3)
```

```
        fc_1 = tf.keras.layers.Dense( 512,activation=tf.nn.relu)(flatten)    # 全连
接网络
        logits = tf.keras.layers.Dense(5,activation=tf.nn.softmax)(fc_1)
        model = tf.keras.Model(inputs=xs, outputs=logits)
        return model
```

完整的训练模型代码如下:

```
import csv
import numpy as np
import tools
import tensorflow as tf
from sklearn.model_selection import train_test_split
train_dataset,label_dataset = tools.get_dataset()
X_train,X_test, y_train, y_test = train_test_split(train_dataset,
label_dataset,test_size=0.1, random_state=217)   #将数据集划分为训练集和测试集
batch_size  = 12
train_data = 
tf.data.Dataset.from_tensor_slices((X_train,y_train)).batch(batch_size)

model = tools.char_CNN() # 使用模型进行计算
model.compile(optimizer=tf.optimizers.Adam(1e-3),
loss=tf.losses.categorical_crossentropy,metrics = ['accuracy'])
model.fit(train_data, epochs=1)
score = model.evaluate(X_test, y_test)
print("last score:",score)
```

首先获取完整的数据集,之后通过train_test_split函数对数据集进行划分,将数据分为训练集和测试集;而模型的计算和损失函数的优化和传统的TensorFlow方法类似,这里就不再阐述了。

最终结果请读者自行完成。需要说明的是,这里的模型是一个比较简易的基于短文本分类的文本分类模型,效果并不太好,仅仅起到抛砖引玉的作用。

8.4 针对文本的卷积神经网络模型:词卷积

使用字符卷积对文本分类是可以的,但是相对于词来说,字符包含的信息没有"词"多,即使卷积神经网络能够较好地对数据信息进行学习,但是由于其包含的内容关系,最终效果也只能差强人意。

在字符卷积的基础上,研究人员尝试使用词为基础数据对文本进行处理,图8.32所示是使用CNN生成词卷积模型。

一般在实际读写中,短文本用于表达比较集中的思想,文本长度有限,结构紧凑,能够独立表达意思,因此可以使用基于词卷积的神经网络对数据进行处理。

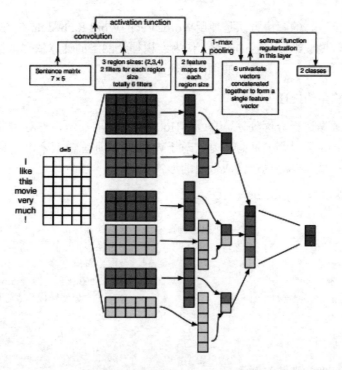

图 8.32　使用 CNN 生成词卷积模型

8.4.1　单词的文本处理

首先是对文本的处理，使用卷积神经网络对单词进行处理一个基本的要求就是将文本转换成计算机可以识别的数据。前面使用卷积神经网络对字符的 One-Hot 矩阵进行了分析处理，一个简单的想法是能否将文本中的单词转换成 One-Hot 矩阵进行处理，如图 8.33 所示。

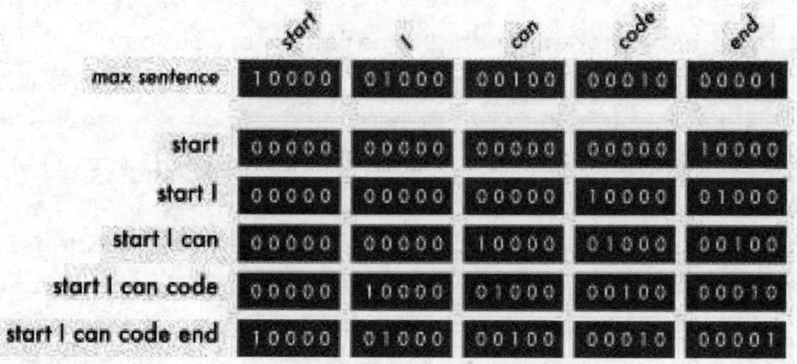

图 8.33　词的 One-Hot 处理

使用 One-Hot 对单词进行表示从理论上是可行的，但是事实上并不是一种可行方案，对于基于字符的 One-Hot 方案来说，所有的字符会在一个相对合适的字库中选取，例如从 26 个字母或者一些常用的字符中选取，总量并不会很多（通常少于 128 个），因此组成的矩阵也不会很大。

但是对于单词来说，常用的英文单词或者中文词语一般在 5000 个左右，因此建立一个稀疏的、庞大的 One-Hot 矩阵是不切实际的想法。

目前来说，一个较好的解决方法是使用Word2Vec的Word Embedding方法，这样可以通过学习将字库中的词转换成维度一定的向量，作为卷积神经网络的计算依据。本小节的处理和计算依旧使用文本标题作为目标。单词的词向量建立步骤如下。

第一步：分词模型的处理

首先对读取的数据进行分词处理，与One-Hot的数据读取类似，先对文本进行清理，去除停用词和标准化文本，但是需要注意的是，对于Word2Vec训练模型来说，需要输入若干个词列表，因此对获取的文本要分词转换成数组的形式存储。

```
def text_clearTitle_word2vec(text):
    text = text.lower()                            #将文本转化成小写
    text = re.sub(r"[^a-z]"," ",text)              #替换非标准字符，^是求反操作
    text = re.sub(r" +", " ", text)                #替换多重空格
    text = text.strip()                            #取出首尾空格
    text = text + " eos"                           #添加结束符，注意eos前有空格
    text = text.split(" ")                         #对文本分词转成列表存储
    return text
```

请读者自行验证。

第二步：分词模型的训练与载入

接下来对分词模型训练与载入，基于已有的分词数组对不同维度的矩阵分别处理，这里需要注意的是，对于Word2Vec词向量来说，简单地将待补全的矩阵用全0矩阵补全是不合适的，最好的方法就是将0矩阵修改为一个非常小的常数矩阵，代码如下：

```
def get_word2vec_dataset(n = 12):
    agnews_label = []                              #创建标签列表
    agnews_title = []                              #创建标题列表
    agnews_train = csv.reader(open("./dataset/train.csv", "r"))
    for line in agnews_train:                      #将数据读取到对应列表中
        agnews_label.append(np.int(line[0]))
        agnews_title.append(text_clearTitle_word2vec(line[1]))    #先将数据进行
清洗之后再读取
    from gensim.models import word2vec             # 导入gensim包
    model = word2vec.Word2Vec(agnews_title, size=64, min_count=0, window=5)
                                                   # 设置训练参数
    train_dataset = []                             #创建训练集列表
    for line in agnews_title:                      #对长度进行判定
        length = len(line)                         #获取列表长度
        if length > n:                             #对列表长度进行判断
            line = line[:n]                        #截取需要的长度列表
            word2vec_matrix = (model[line])        #获取Word2Vec矩阵
            train_dataset.append(word2vec_matrix)  #将Word2Vec矩阵添加到训练集中
        else:                                      #补全长度不够的操作
            word2vec_matrix = (model[line])        #获取Word2Vec矩阵
            pad_length = n - length                #获取需要补全的长度
```

```
            pad_matrix = np.zeros([pad_length, 64]) + 1e-10    #创建补全矩阵并增
加一个小数值
            word2vec_matrix = np.concatenate([word2vec_matrix, pad_matrix],
axis=0)                                                        #矩阵补全
            train_dataset.append(word2vec_matrix)    #将Word2Vec矩阵添加到训练集中
    train_dataset = np.expand_dims(train_dataset,3)    #对三维矩阵进行扩展
    label_dataset = get_label_One-Hot(agnews_label)    #转换成One-Hot矩阵
    return train_dataset, label_dataset
```

最终的结果如图8.34所示。

```
(120000, 12, 64, 1)
(120000, 5)
```

图 8.34　处理后的 AG_news 数据集

> **注　意**
>
> 上面的代码段中，倒数第 3 行 np.expand_dims 函数的作用是对生成的数据列表中的数据进行扩展，将原始的三维矩阵扩展成四维，在不改变具体数值大小的前提下扩展矩阵的维度，这样是为接下来使用二维卷积对文本进行分类做数据准备。

8.4.2　卷积神经网络文本分类模型的实现：conv2d（二维卷积）

对卷积神经网络进行设计，如图8.35所示。

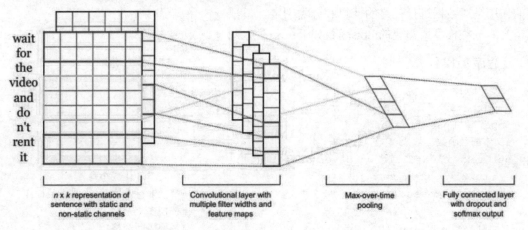

图 8.35　使用二维卷积进行文本分类任务

模型的思想很简单，根据输入的已转化成Word Embedding形式的词矩阵，通过不同的卷积提取不同的长度进行二维卷积计算，将最终的计算值进行连接，之后经过池化层获取不同矩阵的均值，最后通过一个全连接层对其进行分类。

```
def word2vec_CNN():
    xs = tf.keras.Input([None,None])
    # 设置卷积核大小为[3,64]、通道为12的卷积计算
    conv_3 = tf.keras.layers.Conv2D(12, [3, 64],activation=tf.nn.relu)(xs)
```

```python
    # 设置卷积核大小为[5,64]、通道为12的卷积计算
    conv_5 = tf.keras.layers.Conv2D(12, [5, 64],activation=tf.nn.relu)(conv_3)
    # 设置卷积核大小为[7,64]、通道为12的卷积计算
    conv_7 = tf.keras.layers.Conv2D(12, [7, 64],activation=tf.nn.relu)(conv_5)
    # 下面分别对卷积计算的结果进行池化处理，将池化处理的结果转成二维结构
    conv_3_mean = tf.keras.layers.Flatten(tf.reduce_max(conv_3, axis=1, keep_dims=True))
    conv_5_mean = tf.keras.layers.Flatten(tf.reduce_max(conv_5, axis=1, keep_dims=True))
    conv_7_mean = tf.keras.layers.Flatten(tf.reduce_max(conv_7, axis=1, keep_dims=True))
    flatten = tf.concat([[conv_3_mean, conv_5_mean, conv_7_mean], axis=1)  # 连接多个卷积值
    fc_1 = tf.keras.layers.Dense(128,activation=tf.nn.relu)(flatten)  # 采用全连接层进行分类
    logits = tf.keras.layers.Dense(5,activation=tf.nn.softmax)(fc_1)  # 获取分类数据
    model = tf.keras.Model(inputs=xs, outputs=logits)
    return model
```

模型使用不同的卷积核生成了12个通道的卷积层，依次对输入数据进行处理，池化层接在对应的卷积层之后，作用是将对应的卷积层输出数据做全局拉伸和平整，而最终的两个连接层的作用是对数据进行最终的计算和分类判定。

文本分类模型所需要的tools函数如下：

【程序8-12】

```python
import re
import csv
import tensorflow as tf
#文本清理函数
def text_clearTitle_word2vec(text,n=12):
    text = text.lower()                                 #将文本转化成小写
    text = re.sub(r"[^a-z]"," ",text)                   #替换非标准字符，^是求反操作
    text = re.sub(r" +", " ", text)                     #替换多重空格
    #text = re.sub(" ", "", text)                       #替换隔断空格
    text = text.strip()                                 #取出首尾空格
    text = text + " eos"                                #添加结束符
    text = text.split(" ")
    return text
#将标签转为One-Hot格式的函数
def get_label_One-Hot(list):
    values = np.array(list)
    n_values = np.max(values) + 1
    return np.eye(n_values)[values]
```

```python
#获取训练集和标签函数
def get_word2vec_dataset(n = 12):
    agnews_label = []
    agnews_title = []
    agnews_train = csv.reader(open("./dataset/train.csv", "r"))
    for line in agnews_train:
        agnews_label.append(np.int(line[0]))
        agnews_title.append(text_clearTitle_word2vec(line[1]))
    from gensim.models import word2vec    # 导入gensim包
    model = word2vec.Word2Vec(agnews_title, size=64, min_count=0, window=5)
# 设置训练参数
    train_dataset = []
    for line in agnews_title:
        length = len(line)
        if length > n:
            line = line[:n]
            word2vec_matrix = (model[line])
            train_dataset.append(word2vec_matrix)
        else:
            word2vec_matrix = (model[line])
            pad_length = n - length
            pad_matrix = np.zeros([pad_length, 64]) + 1e-10
            word2vec_matrix = np.concatenate([word2vec_matrix, pad_matrix], axis=0)
            train_dataset.append(word2vec_matrix)
    train_dataset = np.expand_dims(train_dataset,3)
    label_dataset = get_label_One-Hot(agnews_label)
    return train_dataset, label_dataset
#word2vec_CNN的模型
def word2vec_CNN():
    xs = tf.keras.Input([None,None])
    # 设置卷积核大小为[3,64]、通道为12的卷积计算
    conv_3 = tf.keras.layers.Conv2D(12, [3, 64],activation=tf.nn.relu)(xs)
    # 设置卷积核大小为[5,64]、通道为12的卷积计算
    conv_5 = tf.keras.layers.Conv2D(12, [5, 64],activation=tf.nn.relu)(conv_3)
    # 设置卷积核大小为[7,64]、通道为12的卷积计算
    conv_7 = tf.keras.layers.Conv2D(12, [7, 64],activation=tf.nn.relu)(conv_5)
    # 下面分别对卷积计算的结果进行池化处理,将池化处理的结果转成二维结构
    conv_3_mean = tf.keras.layers.Flatten(tf.reduce_max(conv_3, axis=1, keep_dims=True))
    conv_5_mean = tf.keras.layers.Flatten(tf.reduce_max(conv_5, axis=1, keep_dims=True))
```

```
        conv_7_mean = tf.keras.layers.Flatten(tf.reduce_max(conv_7, axis=1, 
keep_dims=True))
        flatten = tf.concat([conv_3_mean, conv_5_mean, conv_7_mean], axis=1)  # 连
接多个卷积值
        fc_1 = tf.keras.layers.Dense(128,activation=tf.nn.relu)(flatten)  # 采用
全连接层进行分类
        logits = tf.keras.layers.Dense(5,activation=tf.nn.softmax)(fc_1)  # 获取
分类数据
        model = tf.keras.Model(inputs=xs, outputs=logits)
    return model
```

模型的训练则比较简单,由以下代码实现:

```
import tools
import tensorflow as tf
from sklearn.model_selection import train_test_split
train_dataset,label_dataset = tools.get_word2vec_dataset()        #获取数据集
X_train,X_test, y_train, y_test = train_test_split(train_dataset,
label_dataset,test_size=0.1, random_state=217)          #切分数据集为训练集和测试集
batch_size  = 12
train_data = tf.data.Dataset.from_tensor_slices((X_train,y_train)).batch(batch_size)
model = tools.word2vec_CNN() # 使用模型进行计算
model.compile(optimizer=tf.optimizers.Adam(1e-3), loss=tf.losses.categorical_crossentropy,metrics = ['accuracy'])
model.fit(train_data, epochs=1)
score = model.evaluate(X_test, y_test)
print("last score:",score)
```

通过对模型的训练可以看到,最终的测试集的准确率应该在80%左右,请读者根据配置自行完成。

8.5 使用卷积对文本分类的补充内容

在前面的章节中,我们通过不同的卷积(一维卷积和二维卷积)实现了文本的分类,并且通过使用Gensim介绍了对文本进行词向量转化的方法。Word Embedding是目前最常用的将文本转成向量的方法,比较适合较为复杂的词袋中词组较多的情况。

使用One-Hot方法对字符进行表示是一种非常简单的方法,但是由于其使用受限较大,产生的矩阵较为稀疏,因此实用性并不是很强,这里推荐使用Word Embedding方式对词进行处理。

可能有读者会产生疑问,使用Word2Vec的形式来计算字符的"字向量"是否可行?笔者的答案是完全可以,并且相对于单纯采用One-Hot形式的矩阵表示有更好的表现和准确度。

8.5.1 汉字的文本处理

对于汉字的文本处理，一个非常简单的办法是将汉字转化成拼音的形式，使用Python提供的拼音库包：

```
pip install pypinyin
```

使用方法如下：

```
from pypinyin import pinyin, lazy_pinyin, Style
value = lazy_pinyin('你好')   # 不考虑多音字的情况
print(value)
```

打印结果如下：

```
['ni', 'hao']
```

这是不考虑多音字的普通模式，此外，还有带拼音符号的多音字字母，有兴趣的读者可以自行学习。

比较常用的汉字文本处理方法是使用分词器对文本进行分词，将分词后的词数列去除停用词和副词之后制作Word Embedding，如图8.36所示。

```
text = "在上面的章节中，笔者通过不同的卷积（一维卷积和二维卷积）实现了文本的分类，" \
       "并且通过使用Gensim掌握了对文本进行词向量转化的方法。词向量word embedding是" \
       "目前最常用的将文本转成向量的方法，比较适合较为复杂词袋中词组较多的情况。" \
       "使用one-hot方法对字符进行表示是一种非常简单的方法，但是由于其使用受限较大，" \
       "产生的矩阵较为稀疏，因此在实用性上并不是很强，笔者在这里统一推荐使用word embedding" \
       "的方式对词进行处理。可能有读者会产生疑问，如果使用word2vec的形式来计算字符的"字向量"是否可行。" \
       "那么笔者的答案是完全可以，并且准确度相对于单纯采用one-hot形式的矩阵表示，都能有更好的表现和准确度。"
```

图 8.36 使用分词器对文本进行分词

接下来对文本进行分词并将其转化成词向量的形式进行处理。

第一步：读取数据

首先读取数据，为了演示直接使用字符串作为数据的存储格式，而对于多行文本的读取，可以使用Python类库中的文本读取工具，这里不再多做阐述。

```
text = "在上面的章节中，笔者通过不同的卷积（一维卷积和二维卷积）实现了文本的分类，并且通过使用Gensim掌握了对文本进行词向量转化的方法。词向量word embedding是目前最常用的将文本转成向量的方法，比较适合较为复杂词袋中词组较多的情况。使用One-Hot方法对字符进行表示是一种非常简单的方法，但是由于其使用受限较大，产生的矩阵较为稀疏，因此在实用性上并不是很强，笔者在这里统一推荐使用word embedding的方式对词进行处理。可能有读者会产生疑问，如果使用word2vec的形式来计算字符的"字向量"是否可行？那么笔者的答案是完全可以，并且准确度相对于单纯采用One-Hot形式的矩阵表示，都能有更好的表现和准确度。"
```

第二步：中文文本的清理与分词

下面使用分词工具对中文文本进行分词计算。对于文本分词工具，Python类库中最常用的是jieba分词，导入如下：

```python
import jieba                    #分词器
import re                       #正则表达式库包
```

对于正文文本,首先需要对其进行清洗和提出非标准字符,这里采用re正则表达式对文本进行处理,部分处理代码如下:

```python
text = re.sub(r"[a-zA-Z0-9-,。""()]"," ",text)    #替换非标准字符,^是求反操作
text = re.sub(r" +", " ", text)                    #替换多重空格
text = re.sub(" ", "", text)                       #替换隔断空格
```

处理好的文本如图8.37所示。

```
"在上面的章节中笔者通过不同的卷积一维卷积和二维卷积实现了文本的分类" \
"并且通过使用掌握了对文本进行词向量转化的方法词向量是目前最常用的将" \
"文本转成向量的方法比较适合较为复杂词袋中词组较多的情况使用方法对字" \
"符进行表示是一种非常简单的方法但是由于其使用受限较大产生的矩阵较为" \
"稀疏因此在实用性上并不是很强笔者在这里统一推荐使用的方式对词进行处" \
"理可能有读者会产生疑问如果使用的形式来计算字符的字向量是否可行那么" \
"笔者的答案是完全可以并且准确度相对于单纯采用形式的矩阵表示都能有更" \
"好的表现和准确度"
```

图8.37 处理好的文本

可以看到文本中的数字、非汉字字符以及标点符号已经被删除,并且由于删除不标准字符所遗留的空格也一一删除,留下的是完整的待切分文本内容。

jieba库包是用于对中文文本进行分词的工具,分词函数如下:

```python
text_list = jieba.lcut_for_search(text)
```

这里使用jieba分词对文本进行分词,之后将分词后的结果以数组的形式存储,打印结果如图8.38所示。

```
['在', '上面', '的', '章节', '中', '笔者', '通过', '不同', '的', '卷积',
'一维', '卷积', '和', '二维', '卷积', '实现', '了', '文本', '的', '分类',
'并且', '通过', '使用', '掌握', '了', '对', '文本', '进行', '词', '向量',
'转化', '的', '方法', '词', '向量', '是', '目前', '最', '常用', '的',
'将', '文本', '转', '成', '向量', '的', '方法', '比较', '适合', '较为',
'复杂', '词', '袋中', '词组', '较', '多', '的', '情况', '使用', '方法',
'对', '字符', '进行', '表示', '是', '一种', '非常', '简单', '非常简单',
'的', '方法', '但是', '由于', '其', '使用', '受限', '较大', '产生', '的',
'矩阵', '较为', '稀疏', '因此', '在', '实用', '实用性', '上', '并', '不是',
'很强', '笔者', '在', '这里', '统一', '推荐', '使用', '的', '方式', '对词',
'进行', '处理', '可能', '有', '读者', '会', '产生', '疑问', '如果', '使用',
'的', '形式', '来', '计算', '字符', '的', '字', '向量', '是否', '可行', '那么',
'笔者', '的', '答案', '是', '完全', '可以', '并且', '准确', '准确度', '相对',
'于', '单纯', '采用', '形式', '的', '矩阵', '表示', '都', '能', '有', '更好',
'的', '表现', '和', '准确', '准确度']
```

图8.38 分词后的中文文本

第三步:使用 Gensim 构建词向量

使用Gensim构建词向量的方法相信读者已经比较熟悉,这里直接使用即可,代码如下:

```python
from gensim.models import word2vec                    # 导入gensim包
# 设置训练参数，注意方括号中的内容
model = word2vec.Word2Vec([text_list], size=50, min_count=1, window=3)
print(model["章节"])
```

有一个细节需要注意，因为word2vec.Word2Vec函数接收的是一个二维数组，而本文通过jieba分词的结果是一个一维数组，因此需要在其上加上一个数组符号，人为构建一个新的数据结构，否则在打印词向量时会报错。

代码正确执行，等待Gensim训练完成后，打印一个字符的向量，如图8.39所示。

```
[ 0.00700214 -0.00771189 -0.00651557  0.00805341  0.00060104 -0.00614405
  0.00336286 -0.00911157  0.0008981   0.00469631 -0.00536773 -0.00359946
  0.0051344  -0.00519805 -0.00942803 -0.00215036 -0.00504649 -0.00531102
  0.00060753 -0.00373814 -0.00554779 -0.00814913  0.00525336 -0.00070392
  0.00515197  0.00504736 -0.00126333 -0.00581168  0.00431437  0.00871824
  0.00618446  0.00265644 -0.00094638 -0.0051491   0.00861935  0.0091601
 -0.00820806 -0.00257573 -0.00670012  0.01000227  0.00413029  0.00592533
 -0.00560609 -0.00134225  0.00945567 -0.00521776  0.00641463  0.00850249
 -0.00726161  0.0013621 ]
```

图 8.39 单个中文词的向量

完整代码如下：

【程序 8-13】

```python
import jieba
import re
text = re.sub(r"[a-zA-Z0-9-,。""（）]"," ",text)   #替换非标准字符，^是求反操作
text = re.sub(r" +", " ", text)                    #替换多重空格
text = re.sub(" ", "", text)                       #替换隔断空格
print(text)
text_list = jieba.lcut_for_search(text)
from gensim.models import word2vec                  #导入gensim包
model = word2vec.Word2Vec([text_list], size=50, min_count=1, window=3)   #设置训练参数
print(model["章节"])
```

而后续工程，读者可以自行参考二维卷积对文本处理的模型进行下一步的计算。

8.5.2 其他的一些细节

通过前面的演示读者可以看到，对于普通的文本完全可以通过一系列的清洗和向量化处理将其转换成矩阵的形式，之后通过卷积神经网络对其进行处理。在上一节中，虽然只是做了中文向量的词处理，缺乏主题提取、去除停用词等操作，但是相信读者可以自行根据需要补全。

一个非常重要的想法是，对于Word Embedding构成的矩阵，能否使用已有的模型进行处理？例如在前面的章节中，笔者带领读者实现的ResNet网络，以及加上Attention机制的记忆力模型，如图8.40所示。

答案是可以，笔者在文本识别的过程中使用了ResNet50作为文本模型识别器，同样可以获得不低于现有模型的准确率，有兴趣的读者可以自行验证。

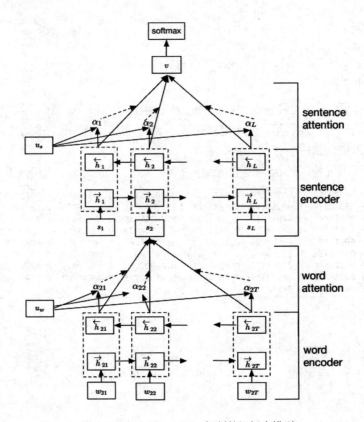

图 8.40 加上了 attention 机制的记忆力模型

8.6 本章小结

卷积神经网络并不是只能用于对图像进行处理，本章演示了使用卷积神经网络对文本进行分类的方法。对于文本处理来说，传统的基于贝叶斯分类和循环神经网络实现的文本分类方法，卷积神经网络一样可以实现，而且效果并不差。

卷积神经网络的应用非常广泛，通过正确的数据处理和建模可以达到程序设计人员所要求的目标。更为重要的是，相对于循环神经网络来说，卷积神经网络在训练过程中训练速度更快（并发计算），处理范围更大（图矩阵），能够获取更多的相互关联性（感受野）。因此，卷积神经网络在机器学习方面会有越来越重要的作用。

预训练词向量是本章新加入的内容，可能有读者会问，使用Word Embedding等价于什么？等价于把Embedding层的网络用预训练好的参数矩阵初始化。但是只能初始化第一层网络参数，再高层的参数就无能为力了。

而下游NLP任务在使用Word Embedding的时候一般有两种做法：一种是Frozen，就是Word Embedding这层的网络参数固定不动；另一种是Fine-Tuning，就是Word Embedding这层的参数随着训练过程不断被更新。具体采用哪种方法，需要使用者在实践中不断尝试和根据结果做出选择。

第 9 章

从拼音到汉字——语音识别中的转换器

在第8章中，笔者介绍了使用多种方式对字符进行表示的方法，例如最原始的One-Hot方法，现在比较常用的Word2Vec和fastText计算出的Embedding（词嵌入、字嵌入）等，这些都是将字符进行向量化处理的方法。

问题来了，无论是老方法还是现在常用的方法，或者将来出现的新算法，有没有一个统一的称谓？答案是有的，所有这些处理方法都可以被简称为Encoder（编码器），如图9.1所示。

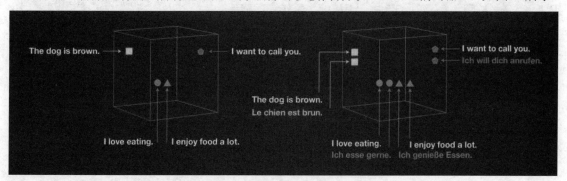

图 9.1　编码器将文本进行投影

编码器的作用是构造一种能够存储字符（词）的若干个特征的表达方式（虽然这个特征具体是什么我们不知道，但这样做就行了），这就是前文所说的Embedding形式。

本章将从一个"简单"的编码器开始，首先介绍其核心的架构，以及整体框架的实现，并以此为基础引入实战，即一个对汉字和拼音转换的翻译。

编码器并不是简单地使用，更重要的是在此基础上引入transformer架构的基础概念，这是目前来说最流行和通用的编码器架构，并在此基础上衍生出了更多的内容，这在下一章会详细介绍。本章着重讲解通用解码器，读者可将其当成独立的内容来学习。

9.1 编码器的核心：注意力模型

编码器的作用是对输入的字符序列进行编码处理，从而获得特定的词向量结果。为了简便起见，笔者直接使用transformer的编码器方案，这也是目前最常用的编码器架构方案。编码器的结构如图9.2所示。

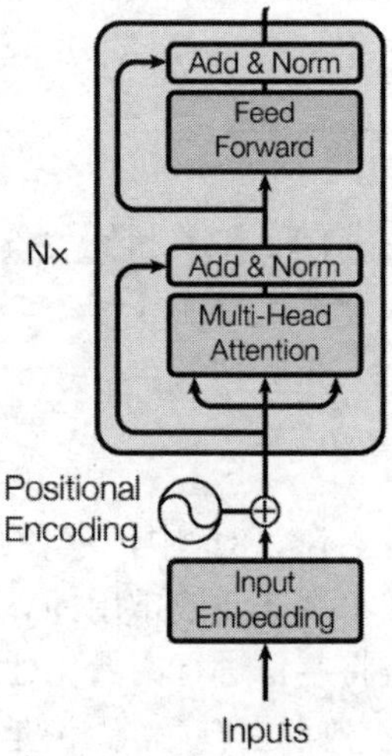

从图9.2可见，编码器的结构由以下模块构成：

- 初始词向量（Input Embedding）层。
- 位置编码器（Positional Encoding）层。
- 多头自注意力（Multi-Head Attention）层。
- 前馈（Feed Forward）层。

实际上，编码器的构成模块并不是固定的和有特定形式的，transformer的编码器架构是目前最常用的，因此接下来以此为例进行介绍。

9.1.1 输入层——初始词向量层和位置编码器层

初始词向量层和位置编码器层是数据输入的最初层，作用是将输入的序列通过计算组合成向量矩阵，如图9.3所示。

图9.2 编码器结构示意图

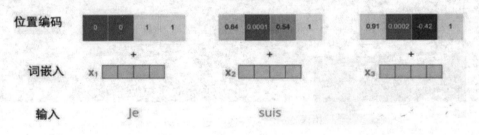

图9.3 输入层

下面对每一部分依次进行讲解。

第一层：初始词向量层

如同大多数的向量构建方法一样，首先将每个输入单词通过词嵌入算法转换为词向量。

其中每个词向量被设定为固定的维度，后面将所有词向量的维度设置为312，具体代码如下：

```
word_embedding_table = tf.keras.layers.Embedding(encoder_vocab_size, embedding_size)
encoder_embedding = word_embedding_table(inputs)
```

首先使用 tf.keras.layers.Embedding 函数创建了一个随机初始化的向量矩阵，encoder_vocab_size是字库的个数。一般而言，在编码器中，字库是包含所有可能出现的"字"的集合。embedding_size用于定义词向量的维度，这里使用通用的312即可。

词向量初始化在TensorFlow 2.X中只发生在最底层的编码器中。额外说一句，所有的编码器都有一个相同的特点，即它们接收一个向量列表，列表中的每个向量大小为312维。在底层（最开始）编码器中，它就是词向量，但是在其他编码器中，它就是下一层编码器的输出（也是一个向量列表）。

第二层：位置编码器层

位置编码是非常重要而又有创新性的结构输入。一般自然语言处理使用的是一个连续的长度序列，因此为了使用输入的顺序信息，需要将序列对应的相对以及绝对位置信息注入模型中。

位置编码和词向量可以设置成同样的维度，都是312，因此两者在计算时可以直接相加。目前来说，位置编码的具体形式有两种，即可训练的参数形式和直接公式计算后的固定值：

- 通过模型训练所得。
- 根据特定公式计算所得（用不同频率的 sin 和 cos 函数直接计算）。

因此，在实际操作中，模型插入位置编码的方式可以设计一个可以随模型训练的层，也可以使用一个计算好的矩阵直接插入序列的位置函数，公式如下：

$$PE_{(pos,2i)} = \sin(pos / 10000^{2i/d_{\text{model}}})$$

$$PE_{(pos,2i+1)} = \cos(pos / 10000^{2i/d_{\text{model}}})$$

序列中任意一个位置都可以用三角函数表示，pos是输入序列的最大长度，i是序列中依次的各个位置，d_{model}是设定的与词向量相同的位置312，代码如下：

```
def positional_encoding(position=512, d_model=embedding_size):
    def get_angles(pos, i, d_model):
        angle_rates = 1 / np.power(10000, (2 * (i // 2)) / np.float32(d_model))
        return pos * angle_rates

    angle_rads = get_angles(np.arange(position)[:, np.newaxis],
np.arange(d_model)[np.newaxis, :], d_model)

    angle_rads[:, 0::2] = np.sin(angle_rads[:, 0::2])
    angle_rads[:, 1::2] = np.cos(angle_rads[:, 1::2])

    pos_encoding = angle_rads[np.newaxis, ...]

    return tf.cast(pos_encoding, dtype=tf.float32)
```

这种位置编码函数的写法过于复杂，读者直接使用即可。最终将词向量矩阵和位置编码组合，如图9.4所示。

图9.4 初始词向量

9.1.2 自注意力层（重点）

自注意力层不仅是本节的重点，而且是本书的重要内容（然而实际上非常简单）。

注意力层是使用注意力机制构建的、能够脱离距离的限制建立相互关系的一种计算机制。注意力机制最早是在视觉图像领域提出来的，来自于2014年"谷歌大脑"团队的论文 *Recurrent Models of Visual Attention*，其在RNN模型上使用了注意力机制进行图像分类。

随后，Bahdanau等人在论文 *Neural Machine Translation by Jointly Learning to Align and Translate* 中，使用类似注意力的机制在机器翻译任务上将翻译和对齐同时进行，实际上是第一个将注意力机制应用到NLP领域中。

接下来，注意力机制被广泛应用在基于RNN/CNN等神经网络模型的各种NLP任务中。2017年，Google机器翻译团队发表的 *Attention is all you need* 中大量使用了自注意力（Self-Attention）机制来学习文本表示。自注意力机制也成为大家近期研究的热点，并在各种自然语言处理任务上进行探索。

自然语言中的自注意力机制通常指的是不使用其他额外的信息，仅仅使用自我注意力的形式关注本身，进而从句子中抽取相关信息。自注意力又称作内部注意力，它在很多任务上都有十分出色的表现，比如阅读理解、文本继承、自动文本摘要。

下面将简单介绍自注意力机制。

> **建议**
>
> 读者先通读一遍，等完整阅读本章后，结合实战代码再重新阅读两遍以上。

第一步：自注意力中的 Query、Key 和 Value

自注意力机制是进行自我关注从而抽取相关信息的机制。从具体实现上来看，注意力函数的本质可以被描述为一个查询（Query）到一系列键-值对的映射，它们被作为一种抽象的向量，主要目的是用来进行计算和辅助自注意力，如图9.5所示。

一个单词Thinking经过向量初始化后，经过3个不同全连接层重新计算后获取特定维度的值，即看到的q_1，而q_2的来历也是如此。对单词Machines经过Embedding向量初始化后，经过与上一个单词相同的全连接层计算，之后依次将q_1和q_2连接起来，组成一个新的连接后的二维矩阵W^Q，被定义成Query。

```
W^Q = concat([q_1, q_2], axis = 0)
```

由于是"自注意力机制"，Key和Value的值与Query相同（仅在自注意力架构中，Query、Key、Value的值相同，如图9.6所示）。

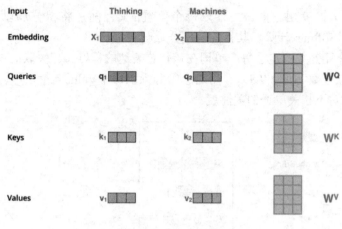

图 9.5 自注意力机制

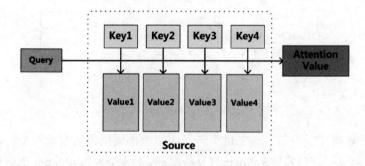

图 9.6 自注意力机制

第二步：使用 Query、Key 和 Value 计算自注意力的值

使用Query、Key和Value计算自注意力的值的过程如下：

（1）将Query和每个Key进行相似度计算得到权重，常用的相似度函数有点积、拼接、感知机等，这里笔者使用的是点积计算，如图9.7所示。

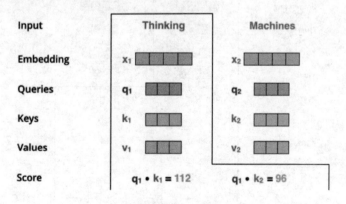

图 9.7 点积计算

（2）使用一个Softmax函数对这些权重进行归一化。

Softmax函数的作用是计算不同输入之间的权重"分数"，又称为权重系数。例如，正在考虑Thinking这个词，就用它的q_1去乘以每个位置的k_i，随后将得分加以处理，再传递给Softmax，然后通过Softmax计算，其目的是使分数归一化。

这个Softmax计算分数决定了每个单词在该位置表达的程度。相关联的单词将具有相应位置上最高的Softmax分数（见图9.8）。用这个得分乘以每个Value向量，可以增强需要关注单词的值，或者降低对不相关单词的关注度。

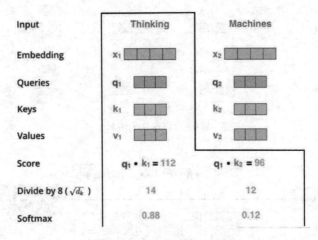

图9.8 使用Softmax函数

Softmax的分数决定了当前单词在每个句子中每个单词位置的表示程度。很明显，当前单词对应句子中此单词所在位置的Softmax的分数最高，但是，有时attention机制也能关注到此单词外的其他单词。

（3）每个Value向量乘以Softmax后的得分（见图9.9）。

最后一步为累加计算相关向量。这会在此位置产生Self-Attention层的输出（对于第一个单词），即最后将权重和相应的键值Value进行加权求和，得到最后的注意力值。

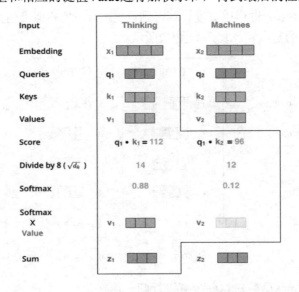

图9.9 乘以Softmax

总结自注意力的计算过程,(单词级别)就是得到一个可以放到前馈神经网络的向量。然而在实际的实现过程中,该计算会以矩阵的形式完成,以便更快地处理。自注意力公式如下:

$$\text{Attention}(\text{Query}, \text{Source}) = \sum_{i=1}^{L_x} \text{Similarity}(\text{Query}, \text{Key}_i) * \text{Value}_i$$

换成更为通用的矩阵点积的形式将其实现,其结构和形式如图9.10所示。

第三步:自注意力计算的代码实现

实际上通过前面两步的讲解,自注意力模型的基本架构其实并不复杂,基本代码如下(仅供演示):

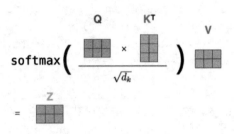

图9.10 矩阵点积

【程序9-1】

```python
import tensorflow as tf

#创建一个输入Embedding值
input_embedding = tf.keras.Input(shape=[32,312])

#对输入的input_embedding进行修正,这里进行了简写
query = tf.keras.layers.Dense(312)(input_embedding)
key = tf.keras.layers.Dense(312)(input_embedding)
value = tf.keras.layers.Dense(312)(input_embedding)

#计算query与key之间的权重系数
attention_prob = tf.matmul(query,key,transpose_b=True)

#使用softmax对权重系数进行归一化计算
attention_prob = tf.nn.softmax(attention_prob)

#计算权重系数与value的值,从而获取注意力值
attention_score = tf.matmul(attention_prob,value)

print(attention_score)
```

核心代码实现起来很简单,这里读者只需掌握这些核心代码即可。

换个角度,从概念上对注意力机制进行解释,注意力机制可以理解为从大量信息中有选择地筛选出少量重要信息,并聚焦到这些重要信息上,忽略大多不重要的信息,这种思路仍然成立。聚焦的过程体现在权重系数的计算上,权重越大,越聚焦于其对应的Value值上,即权重代表了信息的重要性,而权重与Value的点积是其对应的最终信息。

完整的代码如下:

【程序9-2】

```python
class Attention(tf.keras.layers.Layer):
    def __init__(self,embedding_size = 312):
        self.embedding_size = embedding_size
```

```
            super(Attention, self).__init__()
    def build(self, input_shape):
        self.dense_query = tf.keras.layers.Dense(units=self.embedding_size,
activation=tf.nn.relu)
        self.dense_key = tf.keras.layers.Dense(units=self.embedding_size,
activation=tf.nn.relu)
        self.dense_value = tf.keras.layers.Dense(units=self.embedding_size,
activation=tf.nn.relu)

        self.layer_norm = tf.keras.layers.LayerNormalization()  #
LayerNormalization层在下一节中会介绍
        super(Attention, self).build(input_shape)   # 一定要在最后调用它

    def call(self, inputs):
        query,key,value,mask = inputs      #输入query、key、value值,mask是掩码层"
        shape = tf.shape(query)

        query_dense = self.dense_query(query)
        key_dense = self.dense_query(key)
        value_dense = self.dense_query(value)

        attention = tf.matmul(query_dense,key_dense,transpose_b=True)/
tf.math.sqrt(tf.cast(embedding_size,tf.float32))    #计算出的query与key的点积还需要
除以一个常数

        attention += mask*-1e9    #在自注意力权重基础上加上掩码值
        attention = tf.nn.softmax(attention)

        attention = tf.keras.layers.Dropout(0.1)(attention)
        attention = tf.matmul(attention,value_dense)

        attention = self.layer_norm((attention + query)) # LayerNormalization
层在下一节会介绍

        return attention
```

具体结果读者可自行打印查阅。

9.1.3　ticks 和 LayerNormalization

9.1.2小节的最后,笔者通过TensorFlow 2.X自定义层的形式编写了注意力模型的代码。与自定义编写的代码不同的是,在正式的自注意力层中还额外加入了mask值,即掩码层。掩码层的作用就是获取输入序列的"有意义的值",而忽视本身用作填充或补全序列的值。一般用0表示有意义的值,用1表示填充值(这点并不固定,0和1的意思可以互换)。

```
[2,3,4,5,5,4,0,0,0] -> [0,0,0,0,0,0,1,1,1]
```

掩码计算的代码如下:

```
def create_padding_mark(seq):
    # 获取为0的padding项
    seq = tf.cast(tf.math.equal(seq, 0), tf.float32)

    # 扩充维度以便用于Attention矩阵
    return seq[:, np.newaxis, np.newaxis, :] # (batch_size,1,1,seq_len)
```

此外,计算出的Query与Key的点积还需要除以一个常数,其作用是缩小点积的值,方便进行softmax计算。

这常常被称为ticks,即采用一点点小的技巧使得模型训练能够更加准确和便捷。LayerNormalization函数也是如此。下面对其详细介绍。

LayerNormalization函数是专门用作对序列进行整形的函数,其目的是为了防止字符序列在计算过程中发散,从而使得神经网络在拟合的过程中受到影响。TensorFlow 2中对LayerNormalization的使用准备了高级API,调用如下:

```
layer_norm = tf.keras.layers.LayerNormalization() #调用LayerNormalization
函数
embedding = layer_norm(embedding)          #使用layer_norm对输入数据进行处理
```

图9.11展示了LayerNormalization函数与BatchNormalization函数的不同,可以看到,BatchNormalization是对一个batch中不同序列中处于同一位置的数据进行归一化计算,而LayerNormalization是对同一序列中不同位置的数据进行归一化处理。

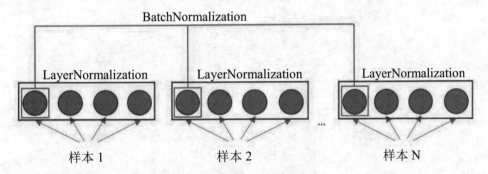

图9.11　LayerNormalization 函数与 BatchNormalization 函数的不同

有兴趣的读者可以展开学习,这里就不再过多阐述了。

9.1.4　多头自注意力

聪明的读者应该发现了,前面无论是"掩码"计算、"点积"计算还是使用LayerNormalization函数,都是在一些细枝末节上修补,那么有没有可能对注意力模型做一个比较大的结构调整,能够更加适应模型的训练?

本小节将在此基础上介绍一种比较大型的ticks,即多头自注意力架构,在原始的自注意力模型的基础上做出了较大的优化。

多头自注意力结构如图9.12所示,Query、Key、Value首先经过线性变换,之后计算相互之间的注意力值。相对于原始自注意力计算方法,注意这里的计算要做h次(h为"头"的数目),

其实也就是所谓的多头,每一次算一个头。而每次Query、Key、Value进行线性变换的参数W是不一样的。

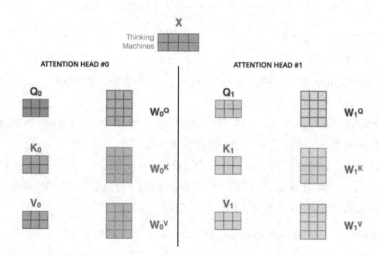

图9.12 多头自注意力结构

将h次放缩点积注意力值的结果进行拼接,再进行一次线性变换,得到的值作为多头注意力的结果,如图9.13所示。

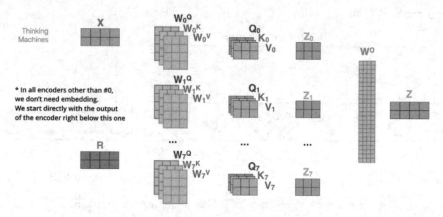

图9.13 多头注意力的结果

可以看到,这样计算得到的多头注意力值的不同之处在于进行了h次计算,而不仅仅计算一次,好处是可以允许模型在不同的表示子空间中学习到相关的信息,并且相对于单独的注意力模型的计算复杂度,多头模型的计算复杂度被大大降低了。拆分多头模型的代码如下:

```
def splite_tensor(tensor):
    shape = tf.shape(tensor)
    tensor = tf.reshape(tensor, shape=[shape[0], -1, n_head, embedding_size // n_head])
    tensor = tf.transpose(tensor, perm=[0, 2, 1, 3])
    return tensor
```

在此基础上,可以对注意力模型进行修正,新的多头注意力层代码如下:

【程序9-3】

```python
class MultiHeadAttention(tf.keras.layers.Layer):
    def __init__(self):
        super(MultiHeadAttention, self).__init__()

    def build(self, input_shape):
        self.dense_query = tf.keras.layers.Dense(units=embedding_size, activation=tf.nn.relu)
        self.dense_key = tf.keras.layers.Dense(units=embedding_size, activation=tf.nn.relu)
        self.dense_value = tf.keras.layers.Dense(units=embedding_size, activation=tf.nn.relu)
        self.layer_norm = tf.keras.layers.LayerNormalization()
        super(MultiHeadAttention, self).build(input_shape)   # 一定要在最后调用它

    def call(self, inputs):
        query,key,value,mask = inputs
        shape = tf.shape(query)

        query_dense = self.dense_query(query)
        key_dense = self.dense_query(key)
        value_dense = self.dense_query(value)

        query_dense = splite_tensor(query_dense)
        key_dense = splite_tensor(key_dense)
        value_dense = splite_tensor(value_dense)

        attention = tf.matmul(query_dense,key_dense,transpose_b=True)/tf.math.sqrt(tf.cast(embedding_size,tf.float32))

        attention += mask*-1e9
        attention = tf.nn.softmax(attention)

        attention = tf.keras.layers.Dropout(0.1)(attention)
        attention = tf.matmul(attention,value_dense)

        attention = tf.transpose(attention,[0,2,1,3])
        attention = tf.reshape(attention,[shape[0],shape[1],embedding_size])

        attention = self.layer_norm((attention + query))

        return attention
```

相比较单一的注意力模型，多头注意力模型能够简化计算，并且在更多维的空间对数据进行整合。最新的研究表明，实际上使用"多头"注意力模型，每个"头"所关注的内容并不一致，有的"头"关注相邻之间的序列，而有的"头"会关注更远处的单词。

图9.14展示了一个8头注意力模型的架构，具体请读者自行实现。

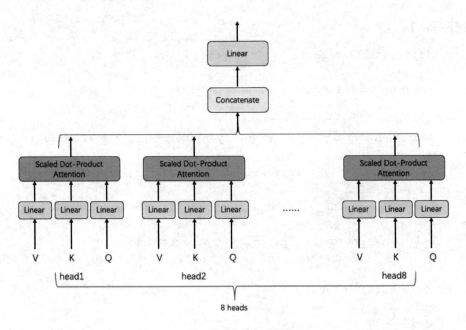

图 9.14　8 头注意力模型的架构

9.2　构建编码器架构

本节开始介绍编码器的写法。

在前面的章节中，笔者对编码器的核心部件——注意力模型做了介绍，并且对输入端的词嵌入初始化方法和位置编码做了介绍，正如前面所介绍的，本章将使用transformer的编码器方案去构建，这是目前最常用的架构方案。

从图9.15可以看到，一个编码器的构造分成三部分：初始向量层、注意力层和前馈层。

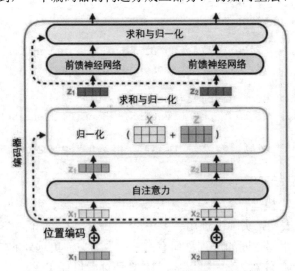

图 9.15　编码器的构造

初始向量层和注意力层前面已经介绍过了，本节将介绍最后一部分：前馈层。之后将使用这三部分构建出本书的编码器架构。

9.2.1 前馈层的实现

从编码器输入的序列经过一个自注意力层后，会传递到前馈（Feed Forward）神经网络中，这一层神经网络被称为"前馈层"。前馈层的作用是进一步整形通过注意力层获取的整体序列向量。

本书的解码器遵循的是transformer架构，因此参考transformer中解码器的构建，如图9.16所示。相信读者看到图一定会很诧异，会不会是放错了？并没有。

所谓"前馈神经网络"，实际上就是加载了激活函数的全连接层神经网络（或者使用一维卷积实现的神经网络，这一点不在这里介绍）。

既然了解了前馈神经网络，其实现也很简单，代码如下：

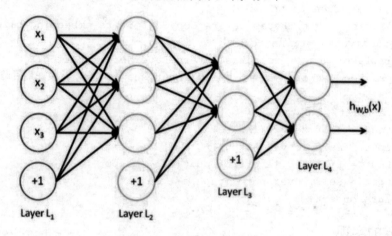

图9.16 transformer中解码器的构建

【程序9-4】

```
class FeedForWard(tf.keras.layers.Layer):
    def __init__(self):
        super(FeedForWard, self).__init__()

    def build(self, input_shape):
        #两个全连接层实现前馈神经网络
        self.dense_1 = tf.keras.layers.Dense(embedding_size*4, activation=tf.nn.relu)
        self.dense_2 = tf.keras.layers.Dense(embedding_size, activation=tf.nn.relu)
        self.layer_norm = tf.keras.layers.LayerNormalization()
        super(FeedForWard, self).build(input_shape)    # 一定要在最后调用它

    def call(self, inputs):
        output = self.dense_1(inputs)
```

```
        output = self.dense_2(output)
        output = tf.keras.layers.Dropout(0.1)(output)
        output = self.layer_norm((inputs + output))
        return output
```

代码很简单,需要提醒读者的是,在上文中使用了两个全连接神经实现"前馈神经网络",然而实际上为了减少参数,减轻运行负担,可以使用一维卷积或者"空洞卷积"替代全连接层来实现前馈神经网络。使用一维卷积实现的前馈神经网络如下:

```
class FeedForWard(tf.keras.layers.Layer):
    def __init__(self):
        super(FeedForWard, self).__init__()

    def build(self, input_shape):
        self.conv_1 = tf.keras.layers.Conv1D(filters=embedding_size*4, kernel_size=1,activation=tf.nn.relu)
        self.conv_2 = tf.keras.layers.Conv1D(filters=embedding_size, kernel_size=1,activation=tf.nn.relu)
        self.layer_norm = tf.keras.layers.LayerNormalization()
        super(FeedForWard, self).build(input_shape)   # 一定要在最后调用它

    def call(self, inputs):
        output = self.conv_1(inputs)
        output = self.conv_2(output)
        output = tf.keras.layers.Dropout(0.1)(output)
        output = self.layer_norm((inputs + output))
        return output
```

9.2.2 编码器的实现

经过前面的分析可以看到,实现一个transformer架构的编码器,理解起来并不困难,只需要按架构依次将其组合在一起即可。下面按步提供代码,读者可参考注释。

(1) 引入包,设定超参数,代码如下:

```
#引入Python包
import tensorflow as tf
import numpy as np
#设定超参数,设定Embedding的大小为312,头的个数为8
embedding_size = 312
n_head = 8
```

(2) 拆分头函数,代码如下:

```
#拆分头函数
def splite_tensor(tensor):
    shape = tf.shape(tensor)
    tensor = tf.reshape(tensor, shape=[shape[0], -1, n_head, embedding_size // n_head])
```

第9章 从拼音到汉字——语音识别中的转换器

```python
    tensor = tf.transpose(tensor, perm=[0, 2, 1, 3])
    return tensor
```

（3）位置编码，代码如下：

```python
#位置编码函数
def positional_encoding(position=512, d_model=embedding_size):
    def get_angles(pos, i, d_model):
        angle_rates = 1 / np.power(10000, (2 * (i // 2)) / np.float32(d_model))
        return pos * angle_rates

    angle_rads = get_angles(np.arange(position)[:, np.newaxis],
                            np.arange(d_model)[np.newaxis, :], d_model)

    # apply sin to even indices in the array; 2i
    angle_rads[:, 0::2] = np.sin(angle_rads[:, 0::2])

    # apply cos to odd indices in the array; 2i+1
    angle_rads[:, 1::2] = np.cos(angle_rads[:, 1::2])

    pos_encoding = angle_rads[np.newaxis, ...]

    return tf.cast(pos_encoding, dtype=tf.float32)
```

（4）掩码，代码如下：

```python
#创建掩码函数
def create_padding_mask(seq):
    seq = tf.cast(tf.math.equal(seq, 0), tf.float32)

    # add extra dimensions to add the padding
    # to the attention logits.
    return seq[:, tf.newaxis, tf.newaxis, :]  # (batch_size, 1, 1, seq_len)
```

（5）多头注意力层，代码如下：

```python
#多头注意力层
class MultiHeadAttention(tf.keras.layers.Layer):
    def __init__(self):
        super(MultiHeadAttention, self).__init__()

    def build(self, input_shape):
        self.dense_query = tf.keras.layers.Dense(units=embedding_size, activation=tf.nn.relu)
        self.dense_key = tf.keras.layers.Dense(units=embedding_size, activation=tf.nn.relu)
        self.dense_value = tf.keras.layers.Dense(units=embedding_size, activation=tf.nn.relu)
        self.layer_norm = tf.keras.layers.LayerNormalization()
        super(MultiHeadAttention, self).build(input_shape)  # 一定要在最后调用它
```

```python
    def call(self, inputs):
        query,key,value,mask = inputs
        shape = tf.shape(query)

        query_dense = self.dense_query(query)
        key_dense = self.dense_query(key)
        value_dense = self.dense_query(value)

        query_dense = splite_tensor(query_dense)
        key_dense = splite_tensor(key_dense)
        value_dense = splite_tensor(value_dense)

        attention = tf.matmul(query_dense,key_dense,transpose_b=True)/tf.math.sqrt(tf.cast(embedding_size,tf.float32))

        attention += mask*-1e9
        attention = tf.nn.softmax(attention)

        attention = tf.keras.layers.Dropout(0.1)(attention)
        attention = tf.matmul(attention,value_dense)

        attention = tf.transpose(attention,[0,2,1,3])
        attention = tf.reshape(attention,[shape[0],shape[1],embedding_size])

        attention = self.layer_norm((attention + query))

        return attention
```

（6）前馈层，代码如下：

```python
#编码器的实现
#创建前馈层
class FeedForWard(tf.keras.layers.Layer):
    def __init__(self):
        super(FeedForWard, self).__init__()

    def build(self, input_shape):
        self.conv_1 = tf.keras.layers.Conv1D(filters=embedding_size*4,kernel_size=1,activation=tf.nn.relu)
        self.conv_2 = tf.keras.layers.Conv1D(filters=embedding_size,kernel_size=1,activation=tf.nn.relu)
        self.layer_norm = tf.keras.layers.LayerNormalization()
        super(FeedForWard, self).build(input_shape)  # 一定要在最后调用它

    def call(self, inputs):
        output = self.conv_1(inputs)
        output = self.conv_2(output)
        output = tf.keras.layers.Dropout(0.1)(output)
        output = self.layer_norm((inputs + output))
        return output
```

(7) 编码器,代码如下:

```python
class Encoder(tf.keras.layers.Layer):
    #参数设定了输入字库的个数和输出字库的个数,这是为了实战演示使用,在进行测试时可将其设置成一个大小相同的常数,例如都设成1024
    def __init__(self,encoder_vocab_size,target_vocab_size):
        super(Encoder, self).__init__()
        self.encoder_vocab_size = encoder_vocab_size
        self.target_vocab_size = target_vocab_size
        self.word_embedding_table = tf.keras.layers.Embedding(encoder_vocab_size,embedding_size)
        self.position_embedding = positional_encoding()

    def build(self, input_shape):
        self.multiHeadAttention = MultiHeadAttention()
        self.feedForWard = FeedForWard()
        self.last_dense = tf.keras.layers.Dense(units=self.target_vocab_size, activation=tf.nn.softmax)    #分类器的作用在下一节介绍
        super(Encoder, self).build(input_shape)   # 一定要在最后调用它

    def call(self, inputs):
        encoder_embedding = self.word_embedding_table(inputs)
        position_embedding = tf.slice(self.position_embedding,[0,0,0],[1,tf.shape(inputs)[1],-1])
        encoder_embedding = encoder_embedding + position_embedding
        encoder_mask = create_padding_mask(inputs)
        encoder_embedding = self.multiHeadAttention([encoder_embedding,encoder_embedding,encoder_embedding,encoder_mask])
        encoder_embedding = self.feedForWard(encoder_embedding)

        output = self.last_dense(encoder_embedding)
        return output
```

对代码进行测试也很简单,只需要创建一个虚拟输入函数,即可打印出模型架构和参数,代码如下:

```python
encoder_input = tf.keras.Input(shape=(48,))
output = Encoder(1024,1024)(encoder_input)
model = tf.keras.Model(encoder_input,output)
print(model.summary())
```

这里设定了输入字库的个数和输出字库的个数,均为常数1024,打印结果如图9.17所示。可以看到,真正实现一个编码器,从理论和架构上来说并不困难,只需要读者细心即可。

```
Model: "model"
_____
Layer (type)                 Output Shape              Param #
=================================================================
input_1 (InputLayer)         [(None, 48)]              0
_____
encoder (Encoder)            (None, 48, 2048)          1839728
=================================================================
Total params: 1,839,728
Trainable params: 1,839,728
Non-trainable params: 0
_____
None
```

图 9.17　打印结果

9.3　实战编码器——汉字拼音转化模型

本节将结合前面两节的内容实战编码器，即使用编码器完成一个训练——汉字与拼音的转化，类似图9.18的效果。

图 9.18　拼音和汉字

9.3.1　汉字拼音数据集处理

首先是数据集的准备和处理，在本例中准备了15万条汉字和拼音对应的数据。

第一步：数据集展示

汉字拼音数据集如下：

A11_0   lv4 shi4 yang2 chun1 yan1 jing3 da4 kuai4 wen2 zhang1 de di3 se4 si4 yue4 de lin2 luan2 geng4 shi4 lv4 de2 xian1 huo2 xiu4 mei4 shi1 yi4 ang4 ran2
绿 是 阳 春 烟 景 大 块 文 章 的 底 色 四 月 的 林 峦 更 是 绿 得 鲜 活 秀 媚 诗 意 盎 然

A11_1   ta1 jin3 ping2 yao1 bu4 de li4 liang4 zai4 yong3 dao4 shang4 xia4 fan1 teng2 yong3 dong4 she2 xing2 zhuang4 ru2 hai3 tun2 yi1 zhi2 yi3 yi1 tou2 de you1 shi4 ling3 xian1
他 仅 凭 腰 部 的 力 量 在 泳 道 上 下 翻 腾 蛹 动 蛇 行 状 如 海 豚 一 直 以 一 头 的 优 势 领 先

A11_10 pao4 yan3 da3 hao3 le zha4 yao4 zen3 me zhuang1 yue4 zheng4 cai2 yao3 le yao3 ya2 shu1 de tuo1 qu4 yi1 fu2 guang1 bang3 zi chong1 jin4 le shui3 cuan4 dong4
炮 眼 打 好 了 炸 药 怎 么 装 岳 正 才 咬 了 咬 牙 倏 地 脱 去 衣 服 光 膀 子 冲 进 了 水 窜 洞

A11_100 ke3 shei2 zhi1 wen2 wan2 hou4 ta1 yi1 zhao4 jing4 zi zhi3 jian4 zuo3 xia4 yan3 jian3 de xian4 you4 cu1 you4 hei1 yu3 you4 ce4 ming2 xian3 bu4 dui4 cheng1
可 谁 知 纹 完 后 她 一 照 镜 子 只 见 左 下 眼 睑 的 线 又 粗 又 黑 与 右 侧 明 显 不 对 称

简单介绍一下。数据集中的数据分成3部分，每部分使用特定的空格键隔开：

A11_10 … … … ke3 shei2 … … …可 谁 … … …

- 第一部分 A11_i 为序号，表示序列的条数和行号。
- 第二部分是拼音编号，这里使用的是汉语拼音，与真实的拼音标注不同的是去除了拼音原始标注，而使用数字1、2、3、4替代，分别代表当前读音的第一声到第四声，这点请读者注意。
- 最后一部分是汉字的序列，这里与第二部分的拼音一一对应。

第二步：获取字库和训练数据

获取数据集中字库的个数是一个非常重要的问题，一个非常好的办法是：使用set格式的数据读取全部字库中的不同字符。

创建字库和训练数据的完整代码如下：

```
with open("zh.tsv", errors="ignore", encoding="UTF-8") as f:
    context = f.readlines()                                     #读取内容
    for line in context:
        line = line.strip().split(" ")                          #切分每行中的不同部分
        pinyin = ["GO"] + line[1].split(" ") + ["END"]          #处理拼音部分,在头尾加上起止符号
        hanzi = ["GO"] + line[2].split(" ") + ["END"]           #处理汉字部分,在头尾加上起止符号
        for _pinyin, _hanzi in zip(pinyin, hanzi):              #创建字库
```

```
            pinyin_vocab.add(_pinyin)
hanzi_vocab.add(_hanzi)

pinyin_list.append(pinyin)                    #创建拼音列表
hanzi_list.append(hanzi)                      #创建汉字列表
```

这里做一个说明，首先context读取了全部数据集中的内容，之后根据空格将其分成3部分。对拼音和汉字部分，将其转化成一个序列，并在前后分别加上起止符GO和END。这实际上是可以不用加的，为了明确地描述起止关系，从而加上起止标注。

然而实际上还需要加上一个特定符号PAD，这是为了对单行序列进行补全，最终的数据如下：

```
['GO', 'liu2', 'yong3', … … …, 'gan1', ' END', 'PAD', 'PAD', … … …]
['GO', '柳', '永', … … …, '感', ' END', 'PAD', 'PAD', … … …]
```

pinyin_list和hanzi_list分别是两个列表，用来存放对应的拼音和汉字训练数据。最后不要忘记在字库中加上PAD符号。

```
pinyin_vocab = ["PAD"] + list(sorted(pinyin_vocab))
hanzi_vocab = ["PAD"] + list(sorted(hanzi_vocab))
```

第三步：根据字库生成 token 数据

获取的拼音标注和汉字标注的训练数据并不能直接用于模型训练，模型需要转化成token的一系列数字列表，代码如下：

```
def get_dataset():
    pinyin_tokens_ids = []            #新的拼音token列表
    hanzi_tokens_ids = []             #新的汉字token列表

    for pinyin,hanzi in zip(tqdm(pinyin_list),hanzi_list):
        #获取新的拼音token
        pinyin_tokens_ids.append([pinyin_vocab.index(char) for char in pinyin])
        #获取新的汉字token
        hanzi_tokens_ids.append([hanzi_vocab.index(char) for char in hanzi])

    return pinyin_vocab,hanzi_vocab,pinyin_tokens_ids,hanzi_tokens_ids
```

代码中创建了两个新的列表，分别对拼音和汉字的token进行存储，而获取根据字库序号编号后新的序列token。

9.3.2 汉字拼音转化模型的确定

下面进行模型的编写。

实际上，单纯使用9.2节提供的模型也是可以的，但是一般需要对其进行修正。单纯使用一层编码器对数据进行编码，在效果上可能没有多层的准确率高，因此一个简单的方法是：增加更多层的编码器对数据进行编码。

使用自注意力机制的编码器架构如图9.19所示。

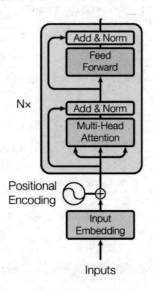

图9.19 使用自注意力机制的编码器

其代码如下：

【程序9-5】

```python
import tensorflow as tf
import numpy as np

embedding_size = 312
n_head = 8

def splite_tensor(tensor):
    shape = tf.shape(tensor)
    tensor = tf.reshape(tensor, shape=[shape[0], -1, n_head, embedding_size // n_head])
    tensor = tf.transpose(tensor, perm=[0, 2, 1, 3])
    return tensor

def positional_encoding(position=512, d_model=embedding_size):
    def get_angles(pos, i, d_model):
        angle_rates = 1 / np.power(10000, (2 * (i // 2)) / np.float32(d_model))
        return pos * angle_rates

    angle_rads = get_angles(np.arange(position)[:, np.newaxis],
                            np.arange(d_model)[np.newaxis, :], d_model)

    # apply sin to even indices in the array; 2i
    angle_rads[:, 0::2] = np.sin(angle_rads[:, 0::2])
```

```python
        # apply cos to odd indices in the array; 2i+1
        angle_rads[:, 1::2] = np.cos(angle_rads[:, 1::2])

        pos_encoding = angle_rads[np.newaxis, ...]

        return tf.cast(pos_encoding, dtype=tf.float32)


    def create_padding_mask(seq):
        seq = tf.cast(tf.math.equal(seq, 0), tf.float32)

        # add extra dimensions to add the padding
        # to the attention logits.
        return seq[:, tf.newaxis, tf.newaxis, :]  # (batch_size, 1, 1, seq_len)


    class MultiHeadAttention(tf.keras.layers.Layer):
        def __init__(self):
            super(MultiHeadAttention, self).__init__()

        def build(self, input_shape):
            self.dense_query = tf.keras.layers.Dense(units=embedding_size,
activation=tf.nn.relu)
            self.dense_key = tf.keras.layers.Dense(units=embedding_size,
activation=tf.nn.relu)
            self.dense_value = tf.keras.layers.Dense(units=embedding_size,
activation=tf.nn.relu)
            self.layer_norm = tf.keras.layers.LayerNormalization()
            super(MultiHeadAttention, self).build(input_shape)    # 一定要在最后调用它

        def call(self, inputs):
            query,key,value,mask = inputs
            shape = tf.shape(query)

            query_dense = self.dense_query(query)
            key_dense = self.dense_query(key)
            value_dense = self.dense_query(value)

            query_dense = splite_tensor(query_dense)
            key_dense = splite_tensor(key_dense)
            value_dense = splite_tensor(value_dense)

            attention = tf.matmul(query_dense,key_dense,transpose_b=True)/
tf.math.sqrt(tf.cast(embedding_size,tf.float32))

            attention += mask*-1e9
            attention = tf.nn.softmax(attention)
```

```python
        attention = tf.keras.layers.Dropout(0.1)(attention)
        attention = tf.matmul(attention,value_dense)

        attention = tf.transpose(attention,[0,2,1,3])
        attention = tf.reshape(attention,[shape[0],shape[1],embedding_size])

        attention = self.layer_norm((attention + query))

        return attention

class FeedForWard(tf.keras.layers.Layer):
    def __init__(self):
        super(FeedForWard, self).__init__()

    def build(self, input_shape):
        self.conv_1 = tf.keras.layers.Conv1D(filters=embedding_size*4,kernel_size=1,activation=tf.nn.relu)
        self.conv_2 = tf.keras.layers.Conv1D(filters=embedding_size,kernel_size=1,activation=tf.nn.relu)
        self.layer_norm = tf.keras.layers.LayerNormalization()
        super(FeedForWard, self).build(input_shape)     # 一定要在最后调用它

    def call(self, inputs):
        output = self.conv_1(inputs)
        output = self.conv_2(output)
        output = tf.keras.layers.Dropout(0.1)(output)
        output = self.layer_norm((inputs + output))
        return output

class Encoder(tf.keras.layers.Layer):
    def __init__(self,encoder_vocab_size,target_vocab_size):
        super(Encoder, self).__init__()
        self.encoder_vocab_size = encoder_vocab_size
        self.target_vocab_size = target_vocab_size
        self.word_embedding_table = tf.keras.layers.Embedding(encoder_vocab_size,embedding_size)
        self.position_embedding = positional_encoding()

    def build(self, input_shape):
        #额外增加了多头注意力的个数
        self.multiHeadAttentions = [MultiHeadAttention() for _ in range(8)]
        #额外增加了前馈层的个数
        self.feedForWards = [FeedForWard() for _ in range(8)]
        self.last_dense = tf.keras.layers.Dense(units=self.target_vocab_size,activation=tf.nn.softmax)
        super(Encoder, self).build(input_shape)    # 一定要在最后调用它
```

```python
def call(self, inputs):
    encoder_embedding = self.word_embedding_table(inputs)
    position_embedding = tf.slice(self.position_embedding,[0,0,0],
[1,tf.shape(inputs)[1],-1])
    encoder_embedding = encoder_embedding + position_embedding
    encoder_mask = create_padding_mask(inputs)

    #使用多层自注意力层和前馈层做编码器的编码设置
    for i in range(8):
        encoder_embedding = self.multiHeadAttentions[i]
([encoder_embedding,encoder_embedding,encoder_embedding,encoder_mask])
        encoder_embedding = self.feedForWards[i](encoder_embedding)

    output = self.last_dense(encoder_embedding)
    return output
```

这里相对于9.2.2小节中的编码器构建示例，使用了多层的自注意力层和前馈层。需要注意的是，这里仅仅是在编码器层中加入了更多层的"多头注意力层"和"前馈层"，而不是直接加载了更多的"编码器"。

9.3.3 模型训练部分的编写

剩下的就是模型训练部分的编写。在这里，我们采用简单的模型训练的程序编写方式完成代码的编写。

导入数据集和创建数据的生成函数

首先进行数据的获取，由于模型在训练过程中不可能一次性将所有的数据导入，因此需要创建一个"生成器"，将获取的数据按批次发送给训练模型，这部分代码如下：

【程序9-6】

```python
pinyin_vocab,hanzi_vocab,pinyin_tokens_ids,hanzi_tokens_ids = get_data.get_dataset()

def generator(batch_size=32):
    #计算batch_num的值
    batch_num = len(pinyin_tokens_ids)//batch_size

    #while 1 表示循环不需要终止，起止时刻由TensorFlow 2.0框架决定
    while 1:
        for i in range(batch_num):
            start_num = batch_size*i
            end_num = batch_size*(i+1)

            pinyin_batch = pinyin_tokens_ids[start_num:end_num]
            hanzi_batch = hanzi_tokens_ids[start_num:end_num]
```

```
            #进行PAD操作，使数据补全到固定的长度64
            pinyin_batch = tf.keras.preprocessing.sequence.pad_sequences
(pinyin_batch,maxlen=64,padding='post', truncating='post')
            hanzi_batch = tf.keras.preprocessing.sequence.pad_sequences
(hanzi_batch,maxlen=64,padding='post', truncating='post')

            yield pinyin_batch,hanzi_batch
```

这一段代码是数据的生成工作，按既定的batch_size大小生成数据batch，而while 1:表示数据的生成由模型框架确定，而非手动确定。

训练模型的代码如下：

【程序9-7】

```
encoder_input = tf.keras.Input(shape=(64,))
output = untils.Encoder(1154, 4462)(encoder_input)
model = tf.keras.Model(encoder_input, output)

#设定优化器，设定损失函数和比较函数
model.compile(tf.optimizers.Adam(1e-4),tf.losses.categorical_crossentropy,
metrics=["accuracy"])
batch_size = 32
#设定模型训练参数的载入模型
model.fit_generator(generator(batch_size),steps_per_epoch=(154988//batch_s
ize + 1),epochs=10,verbose=2,shuffle=True)
#创建存储函数
model.save_weights("./saver/model")
```

通过将训练代码部分和模型组合在一起，即可完成模型的训练。

9.3.4 推断函数的编写

推断或预测函数可以使用同样的编码器模型进行设计，代码如下：

【程序9-8】

```
import tensorflow as tf
import get_data
import untils


pinyin_vocab,hanzi_vocab,pinyin_tokens_ids,hanzi_tokens_ids = 
get_data.get_dataset()

def label_smoothing(inputs, epsilon=0.1):
    K = inputs.get_shape().as_list()[-1] # number of channels
    return ((1-epsilon) * inputs) + (epsilon / K)
```

```python
#创建数据的"生成器"
def generator(batch_size=32):
    batch_num = len(pinyin_tokens_ids)//batch_size

    while 1:
        for i in range(batch_num):
            start_num = batch_size*i
            end_num = batch_size*(i+1)

            pinyin_batch = pinyin_tokens_ids[start_num:end_num]
            hanzi_batch = hanzi_tokens_ids[start_num:end_num]

            pinyin_batch = tf.keras.preprocessing.sequence.pad_sequences(pinyin_batch,maxlen=64,padding='post', truncating='post')
            hanzi_batch = tf.keras.preprocessing.sequence.pad_sequences(hanzi_batch,maxlen=64,padding='post', truncating='post')

            hanzi_batch = label_smoothing(tf.One-Hot(hanzi_batch,4462))

            yield pinyin_batch

print("pinyin_vocab大小为:",len(pinyin_vocab))  #pinyin_vocab大小为: 1154
print("hanzi_vocab大小为:",len(hanzi_vocab))    #hanzi_vocab大小为: 4462

#创建预测模型
input = tf.keras.Input(shape=(None,))
output = untils.Encoder(encoder_vocab_size=1154,target_vocab_size=4462)(input)
model = tf.keras.Model(input,output)
#载入预训练模型的训练存档
model.load_weights("./saver/model")

#进行预测
output = model.predict_generator(generator(),steps=128//32)
output = tf.argmax(output,axis=-1)

#逐行打印预测结果
for line in output:
    index_list = [hanzi_vocab[index] for index in line]
    text = "".join(index_list)
    #删除起止符和占位符
    text = text.replace("GO","").replace("END","").replace("PAD","")
    print(text)
```

使用与训练过程类似的代码即可完成模型的预测工作。需要注意的是，模型预测过程的数据输入既可以按照**batch**的方式一次性输入，又可以按照"生成器"的模式填入数据。

9.4　本章小结

　　首先，需要向读者说明的是，本章的模型设计并没有完全遵守transformer中编码器的设计，而是仅仅建立了多层注意力层和前馈层，这是与真实的transformer中的解码器不一致的地方。

　　其次，对于数据的设计，这里设计了直接将不同字符或者拼音作为独立的字符进行存储，这样做的好处在于可以使数据的最终生成更加简单，但是增加了字符个数，增大了搜索空间，因此对训练要求更高。还有一种划分方法，即将拼音拆开，使用字母和音标分离的方式进行处理，有兴趣的读者可以尝试一下。

　　笔者在写作本章时发现，对于输入的数据来说，这里输入的值是Embedding和位置编码的和，如果读者尝试了只使用单一的Embedding可以发现，相对于使用叠加的Embedding值，单一的Embedding对于同义字的分辨会产生问题，即：

　　qu4 na3去哪　去拿

　　qu4 na3的相同发音无法分辨出到底是"去哪"还是"去拿"。有兴趣的读者可以做一个测试，或者深入此方面进行研究。

　　本章就是这些内容，但是相对于transformer架构来说，仅有编码器是不完整的，在编码器的基础上，还存在一个对应的"解码器"，这在下一章会介绍，并且会解决一个非常重要的问题——"文本对齐"。

第 10 章

实战——基于 MFCC 和 CTC 的语音汉字转换

学习完前面的基本概念，本章开始进入语音识别的一个非常重要的内容——语音文本的转换。本章将介绍本书一直使用的MFCC的来龙去脉，相信读者在应用了如此多的次数的基础上，一定急不可待地想了解这个音频抽取的基本方法；同时还会介绍一种新的损失函数——CTC_loss，这是专门为了转换"不定长"序列的一种新的损失函数。本章将使用这两种新的方法实战语音汉字的转换模型。

10.1 语音识别的理论基础 1——MFCC

在语音识别研究领域，音频特征的选择至关重要。本书大部分内容中都在使用一种非常成功的音频特征——梅尔频率倒谱系数（Mel-Frequency Cepstrum Coefficient，MFCC）。

MFCC特征的成功很大程度上得益于心理声学的研究成果，它对人的听觉机理进行了建模。研究发现，对于音频信号从时域信号转化为频域信号之后，可以得到各种频率分量的能量分布。心理声学的研究结果表明，人耳对于低频信号更加敏感，对于高频信号比较不敏感，具体是一种什么关系？

心理声学研究结果表明，在低频部分是一种线性的关系，但是随着频率的升高，人耳对于频率的敏感程度呈现对数增长的态势。这意味着仅仅从各个频率能量的分布来设计符合人的听觉习惯的音频特征，这是不太合理的。

MFCC是基于人耳听觉特性提出来的，它与Hz频率成非线性对应关系。MFCC利用这种关系，计算得到Hz频谱特征，已经广泛地应用在语音识别领域。

MFCC特征提取包含两个关键步骤：

- 转化到梅尔频率。
- 进行倒谱分析。

下面依次进行讲解。

1. 梅尔频率

梅尔刻度是一种基于人耳对等距的音高（pitch）变化的感官判断而定的非线性频率刻度。作为一种频率域的音频特征，离散傅里叶变换是这些特征计算的基础。一般我们会选择快速傅里叶变换（Fast Fourier Transform，FFT）算法。一个粗略的流程如图10.1所示。

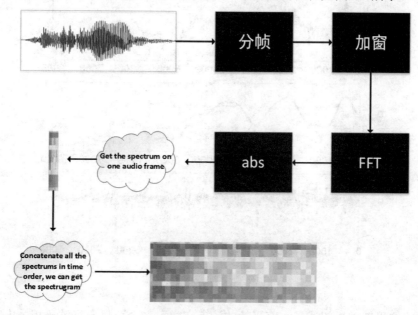

图 10.1 快速傅里叶变换

而梅尔刻度和频率的赫兹关系如下：

$$m = 2595\log\left(1 + \frac{f}{700}\right)$$

所以，当在梅尔刻度上是均匀分度的话，赫兹之间的距离将会越来越大。梅尔刻度的滤波器组的尺度变化如图10.2所示。

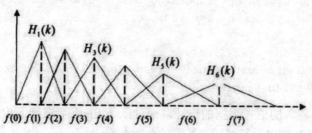

图 10.2 梅尔刻度的滤波器组的尺度变化

梅尔刻度的滤波器组在低频部分的分辨率高，跟人耳的听觉特性是相符的，这也是梅尔刻度的物理意义所在。这一步的含义是：首先对时域信号进行傅里叶变换，转换到频域，然后利用梅尔频率刻度的滤波器组对对应频域信号进行切分，最后每个频率段对应一个数值。

2. 倒谱分析

倒谱的含义是：对时域信号做傅里叶变换，然后取log，再进行反傅里叶变换，如图10.3所示。可以分为复倒谱、实倒谱和功率倒谱，本书使用的是功率倒谱。倒谱分析可用于将信号分解，两个信号的卷积转化为两个信号的相加，从而简化计算。

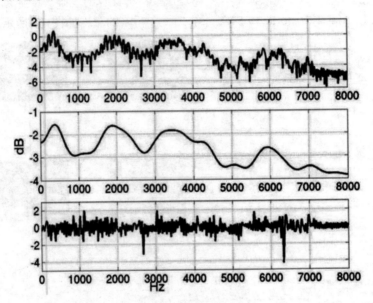

图 10.3　倒谱分析演示

具体公式这里就不再阐述了，有兴趣的读者在学习之余可以自行钻研相关内容。接下来以具体的处理代码为例，向读者演示使用TensorFlow计算MFCC的过程。

1. 使用 TensorFlow 获取语音的解析

使用TensorFlow进行语音解析，第一步就是获取语音的解析结果，在TensorFlow中提供了专门用于语音的解码函数，代码如下：

```
#导入数据包
from tensorflow.python.ops import gen_audio_ops as audio_ops
from tensorflow.python.ops import io_ops

wav_loader = io_ops.read_file(wav_filename)
wav_decoder = audio_ops.decode_wav(wav_loader, desired_channels=1,
desired_samples=desired_samples)
```

wav_filename是输入的语音数据的地址，通过read_file将数据读入内存中。decode_wav函数用于对内存中的语音数据进行解码，其中的参数desired_channels代表"音轨"的个数，本例中将其设置成1即可。而desired_samples是音频的采样率，这个非常重要。

对于普通的WAV音频数据，每秒标准采样率为16000，而根据不同设置的decode_wav的desired_samples，可以人为显式地设置每个输入的语音样本采样的时长，设置成16000的倍数即可。desired_samples的计算方式如下：

```
sample_rate
每个音频的时长 = 10
clip_duration_ms = 1000    #clip_duration_ms是每帧多少毫秒
desired_samples = int(sample_rate * 每个音频的时长 * clip_duration_ms / 1000)
```

这里一个额外的参数是clip_duration_ms，其具体含义是对每秒中有多少毫秒进行设置，在这里根据真实值设置成1000即可。

wav_decoder的打印结果如图10.4所示。

```
DecodeWav(audio=<tf.Tensor: shape=(160000, 1), dtype=float32, numpy=
array([[-0.00064087],
       [-0.00061035],
       [-0.00097656],
       ...,
       [ 0.        ],
       [ 0.        ],
       [ 0.        ]], dtype=float32)>, sample_rate=<tf.Tensor: shape=(), dtype=int32, numpy=16000>)
```

图10.4　wav_decoder 的打印结果

可以看到音频被解码成一个[160000,1]大小的矩阵，后面部分使用0补全。

2. 使用 TensorFlow 获取中间语谱图变量

下面是获取中间语谱图（spectrogram）的步骤，同样TensorFlow提供了相应的函数进行处理，代码如下：

```
spectrogram = audio_ops.audio_spectrogram(wav_decoder.audio,
    window_size=window_size_samples,stride=window_stride_samples,
    magnitude_squared=True)
```

audio_spectrogram是TensorFlow提供的对解码后的音频进行提取的函数，其作用是将解码后的音频转换成计算MFCC所需要的语谱图，输入的数据wav_decoder.audio是音频解码后的具体值，window_size是音频采样窗口，stride是每个窗口的步长，magnitude_squared是计算语谱图的公式参数，直接设置成True即可。

语谱图打印结果如图10.5所示。

```
tf.Tensor(
[[[3.9128022e-04 1.4893879e-03 4.8006498e-03 ... 1.1333217e-06
   2.4398337e-06 5.9064273e-06]
  [6.3421461e-04 7.9007368e-05 4.3434254e-03 ... 2.9320023e-07
   9.9070826e-07 6.0061752e-06]
  [4.4736331e-03 2.7109799e-03 2.2535126e-03 ... 1.0423714e-04
   1.0316280e-04 9.6303229e-05]
  ...
  [0.0000000e+00 0.0000000e+00 0.0000000e+00 ... 0.0000000e+00
   0.0000000e+00 0.0000000e+00]
  [0.0000000e+00 0.0000000e+00 0.0000000e+00 ... 0.0000000e+00
   0.0000000e+00 0.0000000e+00]
  [0.0000000e+00 0.0000000e+00 0.0000000e+00 ... 0.0000000e+00
   0.0000000e+00 0.0000000e+00]]], shape=(1, 332, 513), dtype=float32)
```

图10.5　语谱图打印结果

可以看到，此时打印的语谱图结果是一个大小为[1,332,513]的矩阵，同样后面部分以0补全。

3. 使用 TensorFlow 计算 MFCC

下面使用TensorFlow自带的MFCC函数进行数据计算，此时需要注意的是，MFCC函数中需要设置MFCC的维度，即使用参数dct_coefficient_count进行设定，在本例中使用的参数为dct_coefficient_count = 40。

```
mfcc_ = audio_ops.mfcc(
    spectrogram,wav_decoder.sample_rate,
    dct_coefficient_count=dct_coefficient_count)
```

最终的MFCC打印结果如图10.6所示。

```
tf.Tensor(
[[[-2.5562590e+01  7.7602136e-01  5.7751995e-01 ...  1.0614384e-01
   -1.5935692e-01 -2.2132485e-01]
  [-2.4077660e+01  7.1892601e-01 -3.4418443e-01 ... -1.2190597e-01
   -9.5413193e-02 -5.1165324e-02]
  [-2.3112471e+01 -6.2525302e-01  3.7927538e-01 ...  5.3937365e-03
    2.7368121e-02  4.8255619e-02]
  ...
  [-2.4713936e+02  8.8817842e-16  2.2204460e-14 ...  1.7541524e-14
   -5.2735594e-15  2.1405100e-13]
  [-2.4713936e+02  8.8817842e-16  2.2204460e-14 ...  1.7541524e-14
   -5.2735594e-15  2.1405100e-13]
  [-2.4713936e+02  8.8817842e-16  2.2204460e-14 ...  1.7541524e-14
   -5.2735594e-15  2.1405100e-13]]], shape=(1, 332, 40), dtype=float32)
```

图 10.6　MFCC 打印结果

可以看到，最终计算结果是一个大小为[1,332,40]的矩阵，而最后一个维度根据设置被直接计算成40。完整的MFCC提取代码如下：

【程序 10-1】

```
import tensorflow as tf
from tensorflow.python.ops import gen_audio_ops as audio_ops
from tensorflow.python.ops import io_ops
import numpy as np

sample_rate, window_size_ms, window_stride_ms = 16000, 60, 30
dct_coefficient_count = 40
clip_duration_ms = 1000    # 设置每帧多少毫秒
每个音频的时长 = 10
desired_samples = int(sample_rate * 每个音频的时长 * clip_duration_ms / 1000)
window_size_samples = int(sample_rate * window_size_ms / 1000)
window_stride_samples = int(sample_rate * window_stride_ms / 1000)
```

```python
def get_mfcc_simplify(wav_filename, desired_samples,window_size_samples,
window_stride_samples, dct_coefficient_count):
    wav_loader = io_ops.read_file(wav_filename)
    wav_decoder = audio_ops.decode_wav(
        wav_loader, desired_channels=1, desired_samples=desired_samples)

    # Run the spectrogram and MFCC ops to get a 2D 'fingerprint' of the audio.
    spectrogram = audio_ops.audio_spectrogram(
        wav_decoder.audio,
        window_size=window_size_samples,
        stride=window_stride_samples,
        magnitude_squared=True)

    mfcc_ = audio_ops.mfcc(
        spectrogram,
        wav_decoder.sample_rate,
        dct_coefficient_count=dct_coefficient_count)  #
dct_coefficient_count=model_settings['fingerprint_width']

    return mfcc_
```

读者可设置不同来源的音频数据进行计算。

对于MFCC的计算还有一个问题，在预先的参数设置中，定义了desired_samples这个采样值，目的是对每个音频的长度进行限制，但是如果不使用长度限制的参数，依旧可以计算MFCC，不过是基于原始音频数据计算出结果，代码如下：

```python
def get_mfcc_simplify_no_desired_samples(wav_filename,window_size_samples,
window_stride_samples, dct_coefficient_count):
    wav_loader = io_ops.read_file(wav_filename)

    #这里的decode_wav函数没有设置desired_samples参数
    wav_decoder = audio_ops.decode_wav(wav_loader, desired_channels=1)

    audio = ((wav_decoder.audio))

    # Run the spectrogram and MFCC ops to get a 2D 'fingerprint' of the audio.
    spectrogram = audio_ops.audio_spectrogram(
        audio,
        window_size=window_size_samples,
        stride=window_stride_samples,
        magnitude_squared=True)

    mfcc_ = audio_ops.mfcc(
        spectrogram,
        wav_decoder.sample_rate,
```

```
                dct_coefficient_count=dct_coefficient_count)  # dct_coefficient_
count=model_settings['fingerprint_width']

        return mfcc_
```

在这个代码段中,decode_wav函数没有设置指定的desired_samples参数,而使用默认值,即不对输入的音频进行任何补全或者截断操作。此时输出同样的音频文件,其大小维度如下:

```
(1, 18, 40)
```

这是计算好的MFCC的维度大小,有兴趣的读者可以额外打印wav_decoder的维度与前文比较,从而观察其大小的变化。

一个问题来了,相对于自动补全的MFCC计算方法,能否人为地模拟出补全的过程。实际上也是可以的,完整代码如下:

【程序10-2】

```
def get_mfcc_simplify_desired_samples(wav_filename,window_size_samples,
window_stride_samples, dct_coefficient_count,max_length = 160000):
    #这里的max_length = 160000可以当作时间长短,一秒为16000帧,那么可以设置时间乘以
16000
    wav_loader = io_ops.read_file(wav_filename)
    wav_decoder = audio_ops.decode_wav(wav_loader, desired_channels=1)

    audio = ((wav_decoder.audio))

    #这里原本是设置对audio的长度进行处理,长的截断,短的补0
    if len(audio) >= max_length:
        audio = audio[:max_length]
    else:
        audio = tf.concat((audio, tf.reshape([0.] * (max_length - len(audio)),
[-1, 1])), axis=0)

    # Run the spectrogram and MFCC ops to get a 2D 'fingerprint' of the audio
    spectrogram = audio_ops.audio_spectrogram(
        audio,
        window_size=window_size_samples,
        stride=window_stride_samples,
        magnitude_squared=True)

    mfcc_ = audio_ops.mfcc(
        spectrogram,
        wav_decoder.sample_rate,
        dct_coefficient_count=dct_coefficient_count)  #
dct_coefficient_count=model_settings['fingerprint_width']

    return mfcc_
```

可以看到代码段中标黑的部分,max_length限定了一个最大的长度,这个长度是对输入音频长度的修正,即使用0序列进行补全,以及对过长的音频数据进行截断。最终打印结果如下:

(1, 332, 40)

> **提　示**
>
> 不同读者的打印结果,其长度值可能会有所不同,这是由于不同读者的计算机位数或者显存的计算范畴不同,从而造成了计算结果不同。对于使用同样的计算机处理同一批数据的读者来说,没有比较明显的影响。

10.2　语音识别的理论基础2——CTC

对于语音转文字的方法,一个非常重要又实实在在会影响转换结果的问题是长度对齐。在传统的语音识别模型中,研究者对语音模型进行训练之前,往往要将文本与语音进行严格的对齐操作,然而这样会带来一些问题:

- 严格对齐要花费人力、时间。
- 严格对齐之后,模型预测出的 label 只是局部分类的结果,无法给出整个序列的输出结果,往往要对预测出的 label 做一些处理,才可以得到最终想要的结果。
- 由于人为的因素,严格对齐的标准并不统一。

虽然现在已经有了一些比较成熟的开源对齐工具供大家使用,但是随着深度学习越来越火,有人就会想,能不能让设计的网络自己去学习对齐方式呢?

CTC(Connectionist Temporal Classification)是一种避开输入与输出,手动对齐的方式,非常适合语音转换这种应用,如图10.7所示。

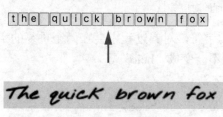

图 10.7　CTC

例如,输入信号用音频符号序列 $X=[x_1,x_2,...,x_T]$ 表示,而对应的输出用符号序列 $Y=[y_1,y_2,...,y_U]$ 表示。为了方便训练这些数据,希望能够找到输入X与输出Y间精确的映射关系。为了更好地理解CTC的对齐方法,先举一个简单的对齐方法的例子。假设对于一段音频,希望输出的是 $Y=[c,a,t]$ 这个序列,一种将输入输出对齐的方式如图10.8所示,先将每个输入对应一个输出字符,然后将重复的字符删除。

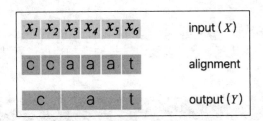

图 10.8 一种将输入输出对齐的方式

上述对齐方式可以使用，但是有两个问题：

- 通常这种对齐方式是不合理的，比如在语音识别任务中，有些音频片可能是无声的，这时应该是没有字符输出的。
- 对于一些本应含有重复字符的输出，这种对齐方式没法得到准确的输出。例如输出对齐的结果为 [h,h,e,l,l,o]，通过去重操作后得到的不是"hello"而是"helo"。

为了解决上述问题，CTC算法引入了一个新的占位符，用于输出对齐的结果。这个占位符称为空白占位符，通常使用符号ε表示，这个符号在对齐结果中输出，但是最后的去重操作会将所有的ε删除，以得到最终的输出。利用这个占位符可以让输入与输出拥有非常合理的对应关系，如图10.9所示。

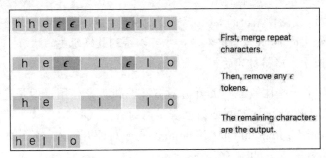

图 10.9 让输入与输出有合理的对应关系

在这个映射方式中，如果在标定文本中有重复的字符，对齐过程中会在两个重复的字符中插入 ε 占位符。利用这个规则，上面的"hello"就不会变成"helo"了。

下面讲一下在TensorFlow中使用CTC进行计算的方法：

tensorflow.keras.backend.ctc_batch_cost(labels, y_pred, input_length, label_length)

其中4个参数的解释如下：

- labels：训练用的真实标签。
- y_pred：神经网络预测输出的标签。
- input_length：CTC 输入的数据长度（这是最可能会出现问题的地方）。
- label_length：标签的长度。

由于CTC的定义，要求input_length的大小比输入的y_pred的第二个维度小2。一个使用CTC Loss函数计算的示例如下：

【程序 10-3】

```
import tensorflow as tf

#注意下部的数之差和使用的位置
seq_len = 70
input_len = seq_len - 2

labels = tf.ones(shape=(10,50))
y_pred = tf.random.truncated_normal(shape=(10,seq_len,312))
input_length = tf.ones(shape=(10,1)) + input_len
label_length = tf.ones(shape=(10,1)) + 50

loss = tf.keras.backend.ctc_batch_cost(labels, y_pred, input_length, label_length)
print(loss.shape)
```

请读者自行打印观察结果。另外，读者可以对上面标黑的地方进行修改，查看不同数值影响下的输出结果。

此外还有一个问题，对于使用CTC Loss进行计算时，需要将其进行包裹，即对于TensorFlow来说，需要将CTC的计算"包装"成一个特定的"匿名层"来进行，对应的代码如下：

```
def ctc_lambda_func(args):
    labels, y_pred, input_length, label_length = args
    return K.ctc_batch_cost(labels, y_pred, input_length, label_length)
```

10.3 实战——语音汉字转换

下面进入本书的重点内容，将语音汉字的转换实战。前面分别介绍了语音汉字转换模型中所需的各个组件，同时为了为本章的实战打基础，前面也介绍了将拼音转换成汉字的方法，本节将实战语音汉字转换模型。

10.3.1 数据集 THCHS-30 简介

THCHS-30是清华大学提供的30个小时的语音文本数据集。它是由清华大学语音和语言技术中心出版的开放式中文语音数据库，可以用于中文语音识别系统的开发。该数据集的语音数据是在安静的办公室环境下录取的，总时长超过30个小时，采样频率为16kHz，采样大小为16bits。

THCHS-30中共有3个文件，分别是：

- data_thchs30.tgz [6.4GB]。
- test-noise.tgz [1.9GB]。
- resource.tgz [24MB]。

THCHS-30数据集的内容如表10.1所示。

表 10.1　THCHS-30 数据集的内容

数　据　集	音频时长/h	句　子　数	词　　数
train（训练）	25	10000	198252
dev（开发）	2:14	893	17743
test（测试）	6:15	2495	49085

无论是训练、开发还是测试，每一个对应的数据集都是由如图10.10所示的文件组成的。

```
A2_0                2015/12/30 10:29
A2_0.wav.trn        2015/12/30 10:45
A2_1                2015/12/30 10:36
A2_1.wav.trn        2015/12/30 10:43
A2_2                2015/12/30 10:43
A2_2.wav.trn        2015/12/30 10:29
```

图 10.10　数据集中的文件

前面是每个音频对应的WAV文件，后面是与其同名的TRN文件，这是一种Windows和Linux通用的文本类格式。对于WAV文件，这里不再过多介绍，前面在讲解语音识别的过程中，相信读者已经对其有较好的掌握。TRN文件的内容如下：

绿 是 阳春 烟 景 大块 文章 的 底色 四月 的 林 峦 更是 绿 得 鲜活 秀媚 诗意 盎然
lv4 shi4 yang2 chun1 yan1 jing3 da4 kuai4 wen2 zhang1 de5 di3 se4 si4 yue4 de5 lin2 luan2 geng4 shi4 lv4 de5 xian1 huo2 xiu4 mei4 shi1 yi4 ang4 ran2
l v4 sh ix4 ii iang2 ch un1 ii ian1 j ing3 d a4 k uai4 uu un2 zh ang1 d e5 d i3 s e4 s iy4 vv ve4 d e5 l in2 l uan2 g eng4 sh ix4 l v4 d e5 x ian1 h uo2 x iu4 m ei4 sh ix1 ii i4 aa ang4 r an2

其中的内容被分成3行：

- 第一行是语音的文本内容文字部分。
- 第二行是语音的文本内容拼音部分。
- 第三行是语音的文本内容音素部分。

本书主要使用音频的数据和TRN中的拼音部分进行语音转换。

10.3.2　数据集的提取与转化

下面对数据集进行提取并转换成所需要的内容。

1. 遍历数据集并提取对应的数据地址

下面遍历数据集并提取对应的地址，代码如下：

```
def walkFile(file):
    wavfiles = []
    trnfiles = []
    for root, dirs, files in os.walk(file):

        # root 表示当前正在访问的文件夹路径
        # dirs 表示该文件夹下的子目录名list
        # files 表示该文件夹下的文件list

        # 遍历文件
```

```
        for f in files:
            filename = (os.path.join(root, f))
            if filename.endswith("wav"):
                wavfiles.append(filename)
            elif filename.endswith("trn"):
                trnfiles.append(filename)
    return wavfiles, trnfiles
```

这里返回了两个值，分别是wavfiles和trnfiles。

2. 遍历数据集建立词库列表

下面对TRN文件进行抽取，获取数据集中所有出现过的拼音作为字库，代码如下：

```
#输入的data_thchs30是数据集存储路径，读者可以根据自身存储的地址进行设置
wavfiles, trnfiles = walkFile("E:/语音识别数据库/数据库/data_thchs30/data")
char_vocab = set()
for trn in trnfiles:
    with open(trn,"r",encoding="UTF-8") as trn_file:
        lines = trn_file.readlines()
        pinyin = lines[1].strip()
        pinyin_list = pinyin.split(" ")
        for char in pinyin_list:
            char_vocab.add(char)
#这里总的字符数目为1208个
char_vocab = list(sorted(char_vocab))    # 1208
```

3. 一些工具类函数的编写

下面是一些工具类函数的编写，主要涉及MFCC特征的抽取，以及根据生成的字库将文本加码和解码的操作，代码如下：

```
#这些是使用tensorflow自带的获取MFCC的方法
#sample_rate是每一秒的采样率
sample_rate, window_size_ms, window_stride_ms = 16000, 60, 30
dct_coefficient_count = 40
clip_duration_ms = 1000
second_time = 16      #这里使用的数据音频最大的长度不超过16秒
desired_samples = int(sample_rate * second_time * clip_duration_ms / 1000)
window_size_samples = int(sample_rate * window_size_ms / 1000)
window_stride_samples = int(sample_rate * window_stride_ms / 1000)

def get_mfcc_simplify(wav_filename, desired_samples =
desired_samples,window_size_samples = window_size_samples, window_stride_samples
= window_stride_samples, dct_coefficient_count = dct_coefficient_count):
    wav_loader = io_ops.read_file(wav_filename)
    wav_decoder = audio_ops.decode_wav(
        wav_loader, desired_channels=1, desired_samples=desired_samples)
```

```python
    # Run the spectrogram and MFCC ops to get a 2D 'fingerprint' of the audio.
    spectrogram = audio_ops.audio_spectrogram(
        wav_decoder.audio,
        window_size=window_size_samples,
        stride=window_stride_samples,
        magnitude_squared=True)

    mfcc_ = audio_ops.mfcc(
        spectrogram,
        wav_decoder.sample_rate,
        dct_coefficient_count=dct_coefficient_count)   #
dct_coefficient_count=model_settings['fingerprint_width']

    return mfcc_
```

下面分别根据生成的字库进行加码和解码，代码如下：

```python
def text_to_int_sequence(text):
    """ Use a character map and convert text to an integer sequence """
    text_list = text.strip().split(" ")
    int_sequence = []
    for c in text_list:
        ch = char_vocab.index(c)
        int_sequence.append(ch)
    return int_sequence

def int_to_text_sequence(seq):
    text_sequence = []
    for c in seq:
        ch = char_vocab[c]
        text_sequence.append(ch)
    return text_sequence
```

4．模型的编写

下面是模型的编写。对于语音识别的深度学习模型来说，模型并没有太多的限定，这里为了简便起见，采用的是一个多卷积特征提取模型，代码如下：

```python
import tensorflow as tf

class WaveTransformer(tf.keras.layers.Layer):
    def __init__(self):
        super(WaveTransformer, self).__init__()

    def build(self, input_shape):

        self.dense_0 = tf.keras.layers.Dense(units=1024,activation=tf.nn.relu)
```

```python
        self.layer_norm_0 = tf.keras.layers.LayerNormalization()

        self.conv_1 = tf.keras.layers.Conv1D(filters=256,kernel_size=2,
padding="SAME",activation=tf.nn.relu)
        self.pool_1 = tf.keras.layers.MaxPooling1D()
        self.layer_norm_1 = tf.keras.layers.LayerNormalization()
        self.dense_1 = tf.keras.layers.Dense(units=256,activation=tf.nn.relu)

        self.conv_2 = tf.keras.layers.Conv1D(filters=1024,kernel_size=2,
padding="SAME",activation=tf.nn.relu)
        self.pool_2 = tf.keras.layers.MaxPooling1D()
        self.layer_norm_2 = tf.keras.layers.LayerNormalization()
        self.dense_2 = tf.keras.layers.Dense(units=1024,activation=
tf.nn.relu)

        self.conv_3 = tf.keras.layers.Conv1D(filters=512,kernel_size=2,
padding="SAME",activation=tf.nn.relu)
        self.pool_3 = tf.keras.layers.MaxPooling1D()
        self.layer_norm_3 = tf.keras.layers.LayerNormalization()
        self.dense_3 = tf.keras.layers.Dense(units=512,activation=tf.nn.relu)

        self.bigru = tf.keras.layers.Bidirectional(tf.keras.layers.GRU(256,
return_sequences=True))
        self.dense = tf.keras.layers.Dense(units=1024,activation=tf.nn.relu)
        self.layer_norm = tf.keras.layers.LayerNormalization()
        self.last_dense = tf.keras.layers.Dense(units=1210, activation=
tf.nn.softmax)
        super(WaveTransformer, self).build(input_shape)   # 一定要在最后调用它

    def call(self, inputs):
        encoder_embedding = inputs

        encoder_embedding = self.dense_0(encoder_embedding)
        encoder_embedding = self.layer_norm_0(encoder_embedding)

        encoder_embedding = self.conv_1(encoder_embedding)
        encoder_embedding = self.pool_1(encoder_embedding)
        encoder_embedding = self.layer_norm_1(encoder_embedding)
        encoder_embedding = self.dense_1(encoder_embedding)

        encoder_embedding = self.conv_2(encoder_embedding)
        encoder_embedding = self.pool_2(encoder_embedding)
        encoder_embedding = self.layer_norm_2(encoder_embedding)
        encoder_embedding = self.dense_2(encoder_embedding)

        encoder_embedding = self.conv_3(encoder_embedding)
        encoder_embedding = self.pool_3(encoder_embedding)
```

```python
        encoder_embedding = self.layer_norm_3(encoder_embedding)
        encoder_embedding = self.dense_3(encoder_embedding)

        encoder_embedding = self.bigru(encoder_embedding)

        encoder_embedding = self.dense(encoder_embedding)
        encoder_embedding = self.layer_norm(encoder_embedding)

        encoder_embedding = tf.keras.layers.Dropout(0.217)(encoder_embedding)
        logits = self.last_dense(encoder_embedding)
        return logits
```

这里使用了多层卷积和pool层，使得最终生成的数据维度大小为：Tensor("wave_transformer/dense_5/Softmax:0", shape=(None,66,1210), dtype=float32)。

5. 动态输入函数的编写

还有一个比较重要的内容是模型的数据输入函数，在前面的章节中使用generator函数生成数据，对于所需要输入的数据都是预先生成和计算好的，需要时自动导入即可。这里采用随着数据导入的过程进行数据输入的动态输入函数，代码如下：

```python
train_length = len(text_list)                       #获取文本长度
def generator(batch_size = 8):
    batch_num = train_length//batch_size            #计算每一个Epoch中batch的个数

    while 1:

        #对数据进行shuffle
        seed = int(np.random.random()*5217)
        np.random.seed(seed);np.random.shuffle(mfcc_list)
        np.random.seed(seed);np.random.shuffle(text_list)

        #对数据开始迭代输入
        for i in range(batch_num):
            start = batch_size * i
            end = batch_size * (i + 1)

            #建立空的数据集
            mfcc_batch = []
            label_btach = []
            input_length_batch = []
            label_length_batch = []
            #使用for循环对数据进行输入
            for j in range(start,end):
                #获取MFCC值
                mfcc_batch.append(mfcc_list[j])
                #根据前面的分析，最终模型输入CTC Loss中计算的长度要大于输入的长度2，因此
```
对于统一PAD后的文本长度如果为64，这里input_length的长度为66

第10章 实战——基于 MFCC 和 CTC 的语音汉字转换

```
            input_length_batch.append(66)

            label = text_to_int_sequence(text_list[j])

            label_length_batch.append(len(label))
            #设定输入的label长度为64,小于生成的数据长度2
            label = label[:64] + [0] * (64 - len(label))

            label_btach.append(label)
        mfcc_batch = np.array(mfcc_batch)
        label_btach = np.array(label_btach)

        input_length_batch = np.array([input_length_batch]).T
        label_length_batch = np.array([label_length_batch]).T
        #这里yield生成了CTC模型训练所需要的值,而作为y值的数据被设定成一个固定
batch_size大小的0值矩阵
        yield (mfcc_batch,label_btach,input_length_batch,
    label_length_batch),tf.zeros(shape=(batch_size,1))
```

6. CTC Loss 函数的编写

关于CTC Loss的计算,由于CTC仅限于模型在训练时使用,而在预测时CTC并不直接使用,因此CTC可以作为一个单独的加上一个额外层的训练模型使用,代码如下:

```
import tensorflow as tf
from tensorflow.keras.models import Sequential, Model
from tensorflow.keras.layers import *
import tensorflow.keras.backend as K


import waveTransformer
def get_speech_model():
    model = Sequential()

    model.add(tf.keras.Input(shape=(532, 40)))
    model.add(waveTransformer.WaveTransformer())
    return model
```

这里读取了第4部分设定的语音模型后,将模型直接返回。而训练模型的建立则由如下函数完成,代码如下:

```
import tensorflow as tf
from tensorflow.keras.models import Sequential, Model
from tensorflow.keras.layers import *
import tensorflow.keras.backend as K


#使用lambda作为CTC损失函数的计算层
```

```python
def ctc_lambda_func(args):
    labels, y_pred, input_length, label_length = args
    return K.ctc_batch_cost(labels, y_pred, input_length, label_length)


import waveTransformer
def get_speech_model():
    model = Sequential()

    model.add(tf.keras.Input(shape=(532, 40)))
    model.add(waveTransformer.WaveTransformer())
    return model


def get_trainable_speech_model():
    model = get_speech_model()
    y_pred = model.outputs[0]
    model_input = model.inputs[0]

    model.summary()

    labels = Input(name='the_labels', shape=[None, ], dtype='int32')
    input_length = Input(name='input_length', shape=[1], dtype='int32')
    label_length = Input(name='label_length', shape=[1], dtype='int32')

    #创建了一个专门的CTC Loss层作为模型的损失函数
    loss_out = Lambda(ctc_lambda_func, name='ctc')([labels, y_pred, input_length, label_length])
    trainable_model = Model(inputs=[model_input, labels, input_length, label_length], outputs=loss_out)
    return trainable_model
```

7. 模型的训练过程

下面是整体语音模型的训练过程，这里直接导入定义好的模型和数据集，使用compile函数设定优化函数。需要注意的是，由于损失函数被设定成一个特殊的层，因此在训练时只需要将计算后的值输出即可，同时由于损失函数计算的是交叉熵，因此需要差异性越小越好，可以将0值矩阵作为标签传递给模型。模型训练的代码如下：

```python
import model
import tensorflow as tf
import get_data2 as get_data

trainable_model = model.get_trainable_speech_model()

#这里是一个计算loss值的巧妙结构，直接将CTC计算后的值返回
def xiaohua_loss(y_true,y_pred):
```

```
    _loss = tf.reduce_mean(y_pred)
    return _loss

from untils import learnrate
lr = learnrate.CosSchedule(2.17e-5)
optimizer = tf.keras.optimizers.Adam(lr)

batch_size = 96
trainable_model.compile(optimizer=optimizer,loss=xiaohua_loss)
for i in range(1024):
    trainable_model.fit_generator(get_data.generator(batch_size),
steps_per_epoch=get_data.train_length//batch_size,epochs=5)
    trainable_model.save_weights("./trainable_model.h5")
    print("-----------------------")
```

注　意

代码中标黑的地方，表示CTC中的计算结果直接被作为损失函数的计算值返回。

8. 模型的预测

训练完毕的模型可以直接进行使用和预测。这里介绍一下进行CTC解码的专用函数tf.keras.backend.ctc_decode。这里也需要设置相应的参数，而其中最重要就是函数参数的设置，即input_length的设置。在本书中根据训练过程中设置label长度，将其设置成64即可，代码如下：

```
tf.keras.backend.ctc_decode(result, np.array([66], dtype=np.int32),
greedy=True, beam_width=100, top_paths=1)[0][0]
```

完整的预测代码段如下：

```
import tensorflow as tf
import model
import numpy as np
import 获取mfcc as get_mfcc
import get_data2

#这里根据需要设置成对应的要解码的语音文件
wav_file = "E:\语音识别数据库\数据库\data_thchs30\data\A11_52.wav"
_mfcc = get_mfcc.get_mfcc_simplify(wav_file)
mfcc = np.array([np.squeeze(_mfcc,axis=0)])

pred_model = model.get_speech_model()
#这里是载入模型训练参数部分
pred_model.load_weights("./trainable_model.h5")
result = pred_model.predict(x=mfcc)

#注意输入的长度大小
_result = tf.keras.backend.ctc_decode(result, np.array([66], dtype=np.int32),
greedy=True, beam_width=100, top_paths=1)[0][0]
```

```
print(_result)

_result = get_data2.int_to_text_sequence(_result.numpy()[0])
print(_result)
```

最终输出结果如图10.11所示。

```
[[  747   80 1086  871 1086  789  956  956  754  758  179 1180  882 1146
    176  545 1003 1094  125 1046  828   -1   -1   -1   -1   -1   -1   -1
     -1   -1   -1   -1   -1   -1   -1   -1   -1   -1   -1   -1   -1   -1
     -1   -1   -1   -1   -1   -1   -1   -1   -1   -1   -1   -1   -1   -1
     -1   -1   -1   -1   -1   -1   -1   -1   -1]], shape=(1, 66), dtype=int64)
```

图10.11 输出结果

可以看到此时语音数据被转化成序号,这是模型训练的结果。对其进行继续转化生成拼音数据,结果如下:

['qing1', 'cao3', 'you4', 'song1', 'you4', 'ruan3', 'wai1', 'wai1', 'qu1', 'qu5', 'de5', 'zhui1', 'sui2',

接下来就是拼音转汉字的步骤,请读者根据第9章的内容自行完成。笔者的实现代码放在下载资源中本章的代码目录下,读者可以参考。

10.4 本章小结

本章介绍了语音识别的基础理论,并实战了TensorFlow语音识别技术。本章是全书的最后一章,也是最重要的一章。本章带领读者完成了一个完整的语音识别项目,从语音转到拼音部分,实际上对于中文的语音转换来说,还能够将语音转换成音素,之后将音素转换成拼音或者中文。当然,直接从语音转换成中文也是可以的,请有兴趣的读者自行完成。

实际上,本书对于语音识别也只是抛砖引玉,只介绍了使用CTC进行语音转换的方法,更多的处理方法如transformer、编码器和解码器的互用、预训练模型都可以应用到语音转化领域,有兴趣的读者可以继续学习和研究。